SI 単位系

(1) SI 基本単位

物理量	単位名	記号	定義
長さ	メータ (meter)	m	光が真空中を 1/299792458 秒間に通過する長さを 1 メータとする。
質量	キログラム (kilogram)	kg	International Bureau of Weights and Measures に保管されている白金―イリジウム原器の質量。
時間	秒 (second)	s	セシウム原子が放射するスペクトルの振動周期の 9192631730 倍を 1 秒とする。
電流	アンペア (ampere)	A	平行にかつ 1m の距離におかれた導線に 1m の長さあたり $2 \times 10^{-7} \mathrm{N\,m^{-1}}$ の力を生ずる電流の大きさを 1A とする。
温度	ケルビン (kelvin)	K	絶対零度は 0K,水の三重点の温度を 273.16K として目盛り幅を定める。温度差 1K は摂氏温度 1℃ と同じである。
物質量	モル (mole)	mol	炭素 12 を正確に 0.012kg 含む炭素原子の数と同数の粒子を含む系の物質の量を 1 モルとする。
光度	カンデラ (candela)	cd	圧力 $101325\,\mathrm{N\,m^{-2}}$ のもとで白金の凝固温度にある黒体の平らな表面 $1/600000\,\mathrm{m^2}$ あたりの垂直方向の光度を 1 カンデラとする。

(2) SI 誘導単位

物理量	名称	記号	定義
力	ニュートン (newton)	N	$1\,\mathrm{N} = 1\,\mathrm{kg\,m\,s^{-2}}$
圧力[a]	パスカル (pascal)	Pa	$1\,\mathrm{Pa} = 1\,\mathrm{N\,m^{-2}}$
エネルギー	ジュール (joule)	J	$1\,\mathrm{J} = 1\,\mathrm{kg\,m^2\,s^{-2}} = 1\,\mathrm{N\,m}$
力率[b]	ワット (watt)	W	$1\,\mathrm{W} = 1\,\mathrm{J\,s^{-1}}$
電荷[c]	クーロン (coulmb)	C	$1\,\mathrm{C} = 1\,\mathrm{A\,s}$
電位差[d] (起電力)	ボルト (volt)	V	$1\,\mathrm{V} = 1\,\mathrm{W\,A^{-1}} = 1\,\mathrm{J\,C^{-1}}$
摂氏温度	セ氏温度 (degree celsius)	℃	℃ = K − 273.15

a) $1\,\mathrm{m^2}$ あたりに作用する力
b) 1 秒間あたりの供給エネルギー
c) 1A の電流が 1 秒間流れたときの電気量
d) 1A の電流が流れたとき 1W の電力が放出されるような電位差を 1 ボルトと定義する

(3) SI 単位で用いられる 10 のべき乗値を示す接頭語

大きさ	接頭語	記号	大きさ	接頭語	記号
10^{-1}	デシ (deci)	d	10^{1}	デカ (deca)	da
10^{-2}	センチ (centi)	c	10^{2}	ヘクト (hecto)	h
10^{-3}	ミリ (milli)	m	10^{3}	キロ (kilo)	k
10^{-6}	マイクロ (micro)	μ	10^{6}	メガ (mega)	M
10^{-9}	ナノ (nano)	N	10^{9}	ギガ (giga)	G
10^{-12}	ピコ (pico)	p	10^{12}	テラ (tera)	T

かいせつ
化学熱力学

小島 和夫 著

培風館

本書の無断複写は，著作権法上での例外を除き，禁じられています．
本書を複写される場合は，その都度当社の許諾を得てください．

はじめに
── 予め知っておきたい熱力学の性格と特徴 ──

　熱力学については，残念ながら"わかりにくい""難しい"というのが大方の見方である。筆者も大学に籍をおき，仕事の関係で熱力学にふれる機会は多かったが，なかなか親しめなかった。何とかして化学熱力学の基本法則や基礎概念を十分身につけ，熱力学の考え方に慣れ，これを使いこなせるようになれないものかとつねづね思っていた。本書は，いわば独学の筆者がまとめた化学熱力学の入門書であり，初めて熱力学を学ぶ方でも慣れることで身に付けることを目標とし，そのためできるだけ平易にまた丁寧に，何よりも体系的な化学熱力学の解説をこころみたものである。したがって書名も「かいせつ化学熱力学」とした。

　熱力学がわかりにくいと言われる理由は，一つはその性格にあるように思う。熱力学は基本的には，三つの法則からなっている。このうちエネルギー保存の法則として知られている「熱力学の第一法則」と全エントロピー増大則といわれる「熱力学の第二法則」がもっとも重要である。これらの法則の内容はいろいろな形で表現されているが，例えばエントロピーという用語の命名者であるクラウジウス(R. Clausius, 1822-88)は次のようにまとめている。

　「宇宙のエネルギーは一定である」，「宇宙のエントロピーは極大に向かう」この表現はまったく正しいのであるが，平素，宇宙のほんの一部分のことしか視野に入れていないわれわれは，宇宙という壮大な言葉を用いたクラウジウスの表現に，はてなとふと戸惑うのではなかろうか。

　実に熱力学の基本となるエネルギーやエントロピーという量は（単にこの問題を解くためにという限定的な考え方で用いられるものではなく），われわれが出会う分子・原子から宇宙までのあらゆる物理化学的変化や現象に広く用いられる性格をもっている。このことは熱力学の普遍性と汎用性を示すものであるが，ややもすると抽象的だと思われがちである。

　化学熱力学が重要だといわれる理由は，実験や経験によって示される物理化学的変化や現象を，定量的に，しかも仮定や近似を用いないで，全く厳密に記

述する表現を与えることである。このことは物理化学的変化や現象の把握に化学熱力学が不可欠な手法であることを意味している。むろん表現式は，変化や現象に関係する各種の量を含むが（目的とする一つの変数を解くという通常用いられる形式の式ではなく），量と量とがどのようにかかわり合っているか，あるいは量が変化したとき，相互にどのように関連し合うかを示す形式であることが特徴である。たとえばエントロピーという量の温度変化による変動は，熱容量と温度の比に等しいという表現はまったく厳密で例外はない。そして，熱容量の温度による変化を示すデータがあると，低温におけるエントロピーの値から高温でのエントロピーの値を知ることができる。熱力学で用いられる関係式は，このように量と量との関連性に着目し，最低限必要とする実験データを用いて目的とする量の値を求める形式をしている。この辺のことは初めて学ぶ方には少し変わったやり方に映るかもしれないが，われわれが取り扱う物理化学的変化や現象の複雑さを考えると，熱力学の手法は有用で魅力的であることがわかってくる。

　上述した熱力学の性格や特徴を考えると，少し回り道ではあるが熱力学の考え方に慣れるという視点で体系的に学ぶことが，熱力学を理解しこれを使いこなすようになるための近道のように思えるのである。したがって，本書をまとめるについては，化学熱力学の法則や基礎事項をできるだけ平易に丁寧に，何よりも体系的に解説するように心がけた。また大事な事柄は，重複や繰返しを恐れずに重ねて説明した。難解とされるエントロピーと化学ポテンシャルの説明には意を注いだ。また純物質と混合物をはっきり分けてその取り扱いを述べた。化学熱力学ではいろいろな熱力学量が定義され，これらの量をめぐる多くの関係式がでてくる。そこで基礎となる熱力学量の定義および基本となる関係式などは，本文中，網でかこって強調した。ぜひうまく利用していただきたいと思う。

　化学熱力学の考え方に慣れ，これを使いこなすようになることを目標として，解説に努めたつもりであるが，何分にも筆者の微力のため意に反して不十分な点が目につく。いろいろな事について御指導，御教示いただければ幸いである。おわりに本書を出版について終始お世話になった，培風館の山本新，小野泰子両氏に厚く御礼を申し上げる。また原稿の整理や図の作成に協力された日本大学大学院生 菊池知恵さんに感謝する。

西暦 2001 年 10 月 9 日
小島　和夫

目　次

1　序　章　——熱力学と基礎となる用語——　　1
- 1-1　系と外界　2
- 1-2　系の状態を規定する状態量　3
- 1-3　系の状態と平衡　5
- 1-4　系の状態変化と可逆過程　5
- 1-5　エネルギー　11

2　熱力学の第一法則　——エネルギー保存則——　　15
- 2-1　第一法則の表現式　15
- 2-2　エンタルピー
  　——定圧過程では熱はエンタルピー変化に等しい——　19
- 2-3　内部エネルギー
  　——定容過程では熱は内部エネルギー変化に等しい——　20
- 2-4　定圧熱容量 C_p と定容熱容量 C_v　20
- 2-5　理想気体のジュールの法則と状態変化　23
- 2-6　熱化学　30

3　熱力学の第二法則　——全エントロピー増大則——　　45
- 3-1　第二法則の表現式　46
- 3-2　エントロピーの定義　46
- 3-3　第二法則の表現式の検証
  　——不可逆過程とエントロピー——　49
- 3-4　エントロピー変化の求め方　51
- 3-5　エントロピーは分子の配置の乱雑さの尺度である　55
- 3-6　自発的変化は全エントロピーが増大するとき起こる　58
- 3-7　化学反応のエントロピー変化　65

4 ギブスエネルギー
　　——第二法則よりギブスエネルギーによる基準へ——　　71

- 4-1 第二法則よりギブスエネルギーによる基準へ　71
- 4-2 ヘルムホルツエネルギー　73
- 4-3 第一および第二法則の結合式とギブスエネルギーをめぐる有用な関係式　73
- 4-4 化学反応のギブスエネルギー変化　78
- 4-5 ギブスエネルギー変化は体積変化の仕事を除いた他の形態の仕事を表す　81

5 純物質の相平衡　83

- 5-1 純物質の相図　83
- 5-2 純物質の二相間の平衡の基準
　　——各相のモルギブスエネルギーは等しい——　86
- 5-3 二相間の平衡における温度と圧力の関係
　　——蒸発曲線，融解曲線および昇華曲線——　90
- 5-4 状態方程式　——P-V-T関係式——　96
- 5-5 フガシチー
　　——ギブスエネルギー変化を求めるための便利な状態量——　101

6 混合物の熱力学の基礎　——化学ポテンシャルの導入——　113

- 6-1 化学ポテンシャル
　　——混合物中で各成分の1 molが実際に寄与しているギブスエネルギー部分——　115
- 6-2 混合物の相平衡の基準　——化学ポテンシャルは等しい——　118
- 6-3 混合物中の成分の部分モル量
　　——混合物中の成分の1 molが実際に寄与している状態量——　124

7 混合物とその性質　——化学ポテンシャルの表現式——　135

- 7-1 理想気体混合物　136
- 7-2 実在気体混合物　138
- 7-3 理想溶液　139
- 7-4 実在溶液　——ラウールの法則からのずれをしめす溶液——　144
- 7-5 理想希薄溶液　——ヘンリーの法則——　149
- 7-6 活量による化学ポテンシャルの表現のまとめ　152

目　次　　　　　　　　　　　　　　　　　　　　　　　　　　　　v

8　不揮発性の溶質を含む理想希薄溶液をめぐる相間の平衡
　　　──溶質モル濃度で表される現象──　　155
- 8-1　凝固点降下
　　　──溶液の凝固点は純溶媒の凝固点より低くなる──　155
- 8-2　沸点上昇　──溶液の沸点は純溶媒の沸点よりも高くなる──　159
- 8-3　浸透圧　──純溶媒の溶液中への浸透──　162

9　化学平衡　165
- 9-1　化学反応と化学ポテンシャル　165
- 9-2　化学平衡と平衡定数　168
- 9-3　均一気相反応の化学平衡　172
- 9-4　均一液相反応の化学平衡　177
- 9-5　純粋固体と気体よりなる不均一反応　178
- 9-6　並行反応の化学平衡　180

10　混合物の相平衡　183
- 10-1　二成分系の気液平衡　183
- 10-2　二成分系の液液平衡　193
- 10-3　二成分系の固液平衡　201

付　録　207
- 1　気体の定圧モル熱容量　207
- 2　固体の定圧モル熱容量　208
- 3　標準生成エンタルピー，標準エントロピーおよび
　　標準生成ギブスエネルギー　(1)無機物質　(2)有機物質　209
- 4　融点，沸点，臨界温度，臨界圧力，臨界圧縮係数
　　(1)無機物質　(2)有機物質　213
- 5　一般化された圧縮因子図　215
- 6　一般化されたフガシチー係数図　219
- 7A　カルノーサイクル　222
- 7B　不可逆過程での仕事の損失は
　　　全エントロピー増加によって起こる　226
- 7C　二成分系の活量係数式　229
- 7D　固液平衡式の導出　231

索　引　235

記号表

アルファベット

A	ヘルムホルツエネルギー
a	ファン・デル・ワールス定数
a_i	物質 i の活量
B	第2ビリアル係数
b	ファン・デル・ワールス定数
C	熱容量,第3ビリアル係数
C_P	定圧熱容量
$C_{P,m}$	モル定圧熱容量
C_V	定容熱容量
$C_{V,m}$	モル定容熱容量
E	エネルギー
E_k	運動エネルギー
E_p	位置エネルギー
f	フガシチー
f_i	混合物中の成分 i のフガシチー
f_i^*	純物質 i のフガシチー
G	ギブスエネルギー
G_m	モルギブスエネルギー
$\bar{G}_i$	部分モルギブスエネルギー
G^E	過剰ギブスエネルギー
G_m^E	モル過剰ギブスエネルギー
$\Delta_f G°$	標準生成ギブスエネルギー
$\Delta_r G°$	標準反応ギブスエネルギー
$\Delta_{mix} G$	混合ギブスエネルギー
H	エンタルピー
H_m	モルエンタルピー
$\bar{H}_i$	部分モルエンタルピー
H^E	過剰エンタルピー
H_m^E	モル過剰エンタルピー
$\Delta_f H°$	標準生成エンタルピー
$\Delta_r H°$	標準反応エンタルピー
$\Delta_{at} H$	原子化エンタルピー
$\Delta_{comb} H$	燃焼エンタルピー
$\Delta_{fus} H$	融解エンタルピー
$\Delta_{mix} H$	混合エンタルピー
$\Delta_{sub} H$	昇華エンタルピー
$\Delta_{vap} H$	蒸発エンタルピー
K	平衡定数
k	ボルツマン定数
K_B	ヘンリー定数
K_b	沸点上昇定数
k_f	凝固点降下定数
M	モル質量
$N_A(L)$	アボガドロ定数
m	質量
n	物質量
P	圧力
$P°$	標準圧力(1bar)
P^*	蒸気圧
P_c	臨界圧力
P_r	対臨界圧力
p_i	成分 i の分圧
q	熱量
R	気体定数
S	エントロピー
S_m	モルエントロピー
$\bar{S}_i$	部分モルエントロピー
$S°$	標準エントロピー
S^E	過剰エントロピー
S_m^E	モル過剰エントロピー

$\Delta_f S°$	標準生成エントロピー		Z_c	臨界圧縮因子
$\Delta_r S°$	標準反応エントロピー		z	固相中のモル分率
$\Delta_{comb} S$	燃焼エントロピー			
$\Delta_{fus} S$	融解エントロピー		**ギリシャ文字**	
$\Delta_{mix} S$	混合エントロピー			
$\Delta_{sub} S$	昇華エントロピー		α	膨張率
$\Delta_{vap} S$	蒸発エントロピー		γ	活量係数,
$\Delta S_{系}$	系のエントロピー変化			熱容量比($=C_P/C_V$)
$\Delta S_{外界}$	外界のエントロピー変化		κ_T	等温圧縮率
$\Delta S_{全}$	全エントロピー変化		μ_i	混合物中の成分 i の化学ポテンシャル
T	温度			
T_b	沸点		μ_i^*	純物質 i の化学ポテンシャル
T_c	臨界温度		ν_i	物質 i の化学量論係数
T_f	凝固点		Π	浸透圧
T_r	対臨界温度		ρ	密度
T_t	三重点		ϕ	フガシチー係数
U	内部エネルギー		ϕ_i	混合物中の成分 i のフガシチー係数
U_m	モル内部エネルギー			
$\overline{U}_i$	部分モル内部エネルギー		ϕ_i^*	純物質 i のフガシチー係数
V	体積		ξ	反応進行度
V_m	モル体積			
V_r	対臨界体積		**添え字**	
$\overline{V}_i$	部分モル体積		(上 付)	
w	仕事		$\circ$	標準状態
w_{lost}	損失仕事		$*$	純物質
$w_{理想}$	理想仕事		E	過剰量
$w_{実際}$	実際仕事		g	気体
$w_{可逆}$	可逆仕事		ideal	理想気体
$w_{不可逆}$	不可逆仕事		l	液体
X	一般に状態量		M	混合量
$\overline{X}_i$	混合物中の成分 i の部分モル量		s	固体
			V	蒸気
x	液相中のモル分率, 一般に混合物中のモル分率		(下 付)	
			i	成分
y	気相中のモル分率		A, B, C, D	成分
Z	圧縮因子, 高さ		$1, 2, 3\cdots$	成分あるいは状態

本書を読まれる方へ

　本書で述べる化学熱力学のポイントを簡単に説明します。
　序章は**熱力学の基礎用語**の説明です。ここで理解されたいことは，熱力学で用いられる圧力 P，温度 T，内部エネルギー U などの状態量はすべて平衡状態で測定され，計算できる量であること，熱力学は平衡状態にある系を対象としていること，そして平衡状態の系を取り扱うために，可逆過程という常に平衡状態が保たれ，変化を逆行させることができるプロセスが用いられることです。可逆過程は，エネルギーが100パーセント有効に用いられる熱力学のモデルとして重要です。
　2章は**熱力学の第一法則**です。ここで理解されたいことは，エネルギーの出入りが行われるとき量としてのエネルギーは必ず保存されること，つまり「孤立系の全エネルギーは一定であり，エネルギーは創造も破壊もされない。」ことであり，これらの内容が式としてどのように表現されるかということです。熱，仕事，内部エネルギー変化やエンタルピー変化，さらに理想気体のさまざまな状態変化の求め方，また熱化学では反応エンタルピー（反応熱）の求め方とその基礎となるヘスの法則を十分に学んで下さい。
　3章は**熱力学の第二法則**です。ここでは「すべての自発的といわれる実際に起こる変化は孤立系の全エントロピーが増大する方向に起こり，全エントロピー極大において平衡状態となる。」という全エントロピー増大則の内容，エントロピーの定義およびエントロピー変化の求め方をよく理解して下さい。熱力学の第二法則は普遍的法則であり例外はなく，この法則に反する変化は決して起こらないのです。
　4章は**ギブスエネルギー**です。ここでは全エントロピー増大則から出発して，閉じた系について温度一定，圧力一定の条件下で起こる自発的変化と平衡の基準がギブスエネルギーで表され「系の変化はギブスエネルギーが減小する方向に起こり，ギブスエネルギー極小において平衡状態になる。」ということ，また，ギブスエネルギー変化を求めるための熱力学関係式，化学反応のギブス

エネルギー変化の求め方などを理解して下さい．化学平衡や相平衡などの基礎式はギブスエネルギーの判定基準に基づいて展開されるので，ギブスエネルギーは重要な状態量です．

5章は**純物質の相平衡**です．ここでは，ギブスエネルギーによる状態変化の方向性と平衡状態の基準の応用として，純物質の二相間の平衡を考え，蒸発曲線，融解曲線，および昇華曲線における温度と圧力の関係を表すクラペイロンの式，および低圧下の蒸発，昇華曲線を表すクラウジウス–クラペイロンの式の導出，また純物質の状態方程式として，ファン・デル・ワールスの式とビリアル状態方程式と物質の P–V–T 関係の求め方を学んで下さい．

また，化学平衡や相平衡を実際に取り扱うとき，ギブスエネルギーの圧力による変化を求める式が必要となります．理想気体に限れば，ギブスエネルギーの圧力による変化は容易に求められます．これに対して，理想気体法則が適用できない実在気体および液体，固体のギブスエネルギーの圧力による変化を求めるためにフガシチーという量が用いられます．フガシチーはギブスエネルギーを求めるための便利な量であり，修正された圧力と考えられ，P–V–T 関係から容易に求められます．

6章は**混合物の熱力学の基礎となる化学ポテンシャル**，7章は**混合物とその性質を求めるための化学ポテンシャルの表現式**です．純物質と比べて，混合物の取り扱いは急に難しくなる感じはいなめません．化学ポテンシャルとは，物質の出入りが行われる開いた系で中心的役割を果たす量です．端的に言えば，混合物中の成分のモルギブスエネルギーであり，成分物質の出入りがあるとき，ギブスエネルギー（および状態量）がどのように変化するかを表すのに用いられ，混合物の相平衡の基準は「各成分の化学ポテンシャルが各相において等しい．」ことで与えられます．

化学ポテンシャルの表現式については丁寧に説明しましたが，いわば定義の一種であり，7-6節の『活量による化学ポテンシャルの表現式のまとめ』に一括してあるので，8章，9章，10章と先に進み，必要に応じて6章，7章を読み返すのも一つの方法ではないかと思います．

8章は**理想希薄溶液をめぐる相間の平衡**，9章は**化学平衡**，10章は**混合物の相平衡**であり，これらは化学ポテンシャルの応用です．

化学熱力学については，ここまでが範囲であるという境界はないように思います．ともかく，よく慣れて熱力学の面白さと有用性を会得して下さい．

序　章
────熱力学と基礎となる用語────

　化学反応についての大きな関心の一つは，化学反応はどの方向に起こりどこまで進むかということである。例えば，もしCO_2ガスが常温，常圧でCとO_2に分解できれば好都合であり資源化できよう。しかしCO_2は簡単には分解されず，逆方向の変化，Cが空気中で燃焼しCO_2がつくられる反応は容易に起こるわけである。化学反応はすべてこのような方向性をもつ。同じように方向性をもつ変化は無数にあげることができる。例えば，コップに入れた熱い茶湯は大気中で冷めてやがて大気温度となる。しかし，冷めた茶湯が自然に熱い茶湯になることはないので，熱い茶湯は冷めるという方向性を示す。同様に，いろいろの気体，例えばSO_x，NO_x，フロンなどは，別の気体である空気と自然に混ざり合って大気汚染の原因をつくる。一度混合した気体が自然にもとの成分に分かれることはないので，気体の混合は混合するという方向性を示すのである。

　熱力学(thermodynamics)は，エネルギーという観点から自然界で起こるあらゆる現象や物質の変化がなぜ"起こる"という方向性をもつのか，そしてもはやそれ以上は変化が進まない平衡状態になるのかという原理を明らかにする。この原理の解明に用いられるのがエントロピーといわれる熱力学量である。

　熱力学という用語は，熱も仕事と同じエネルギーであるという熱学と力学の結合を意味しており，初期には熱の仕事への変換がもっぱら取り扱われた。しかし今日ではエネルギーの変換に関する分野を広く扱う科学と定義され，基本的に三つの法則から成っている。熱力学の第一法則はエネルギー保存の法則といわれ「エネルギーは変換されるだけでその総和はつねに一定である。」ことを表明する。自然界で起こるいろいろな現象や物質の変化は必ずエネルギーの出入りをともなうので，エネルギーの観点からこれらの問題を考察するのに必須の法則である。

　熱力学の第二法則は，エントロピーという量を用いて表現され，「孤立された系で起こるすべての現象や物質の変化は，系全体のエントロピーが増大する方向に起こり，エントロピー極大でそれ以上変化が進まない平衡状態になる。」ことを明らかにする。熱力学の第二法則より出発して，化学熱力学で最も重要なギブスエネルギーといわれる量が導入される。ギブスエネルギーにより，「温度一定，圧力一定のもとで起こるあらゆる変化は，ギブスエネルギーが減少する方向に起

こり，ギブスエネルギー極小においてそれ以上変化が進まない平衡状態となる。」ことが明らかにされる。化学平衡や相平衡はギブスエネルギーによるこの基準から出発して論じられる。

熱力学の第三法則はエントロピーの値0を規約するものであり，「完全結晶物質の0Kにおけるエントロピーは0である。」を表明する。この規約は化学反応の標準エントロピーを計算するときの基礎となる。

これらの熱力学の法則とその意味，そして実際問題にどのように活用するかをこれから学ぶのであるが，基礎となる考え方をしっかりと理解し，熱力学の内容を体系的に把握するよう心がけることで，必ず熱力学を使いこなすことができるようになるものと確信している。頑張っていきましょう。

付言として，熱力学は巨視的といわれ，物質全体が示しかつ測定できる量，例えば圧力，温度，体積，内部エネルギーなどで記述され，物質を構成する分子に主体をおく微視的考察は含まない。分子の集団的挙動に基づく熱力学体系の構築は統計力学または統計熱力学で論じられる。また熱力学は，化学反応がどの方向に起こりどこまで進むかを明らかにするが，それがどれだけの時間で達成されるかという時間的考察は含まない。これは反応速度論で取り扱われる。

1-1 系と外界

エネルギーの受け渡しを考える場合，エネルギーを与える方と受け取る方をはっきりと区別する必要がある。一般に熱力学で考える対象物は，宇宙の一部分であり，例えば反応している物質のような，考察の対象とする任意の量の物質，空間の任意の領域を**系**(system)という。系以外の部分を**外界**(surroundings，周囲ともいう)という。系と外界を分ける仮想的で厚さのない閉じられた面を境界という。

系は外界との間でエネルギーの出入り，物質の出入りが有るか無いかにより，次の三つのタイプに分類される。(図1・1)

- **閉じた系**：エネルギーの出入りはあるが，物質の出入りはない。したがって系の質量は一定である。
- **開いた系**：エネルギーの出入りがあり，物質の出入りもある。
- **孤立系**：エネルギーの出入りも物質の出入りもない。したがって孤立系では系内でエネルギーの交換や物質の移動があっても，エネルギーと質量はつねに一定に保たれる。

宇宙は一つの孤立系である。

図1・1からわかるように系と外界との和は孤立系をつくる。

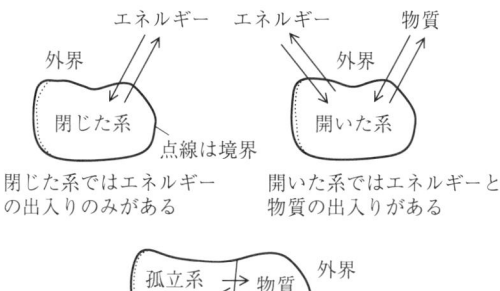

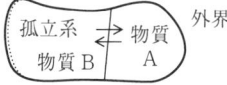

図 1・1 閉じた系，開いた系および孤立系

1-2 系の状態を規定する状態量

系(物質)の状態を規定するのに用いられる熱力学的性質を**状態量**(state function, 状態関数ともいう)という。よく知られている状態量は温度 T，圧力 P，体積 V，および熱力学の法則で主体となる内部エネルギー U(物質を構成する分子の内部運動に基づいて物質が所有するエネルギー)とエントロピー S(分子の配置の仕方の尺度であり，配置が乱雑になるほど大きい値をとり，化学反応などの変化が起こるかどうかを決めるのに用いられる)などである。決められた状態では，すべての状態量は固定された値をもつ。しかし，系の状態を決めるのには全ての状態量を規定する必要はなく，例えば純物質が均一相をなすときの系の状態は，二つの状態量，例えば温度 T，圧力 P で規定される(必要な変数の数は後で述べる相律の自由度できまる)。したがって温度 T，圧力 P のうち一つでもその値が違うと異なる状態である。図1・2に温度 T，圧力 P で規定した二つの異なる状態を示す。

● **示量性質と示強性質**

状態量はその値が物質の量(または質量)に比例するとき**示量性質**といい，一方，物質の量に依存しないとき**示強性質**という。例えば図1・3に示すように，体積，内部エネルギー，エントロピーなどは物質量が $n\,\mathrm{mol}$ のときの値を V, U, S とすると，物質量が $2n\,\mathrm{mol}$ のときは2倍の $2V$, $2U$, $2S$ となるので示量性質である。これに対し，圧力，温度および物質の量を $1\,\mathrm{mol}$ と固定した

モル状態量(下付 m で示す)すなわちモル体積 V_m, モル内部エネルギー U_m, モルエントロピー S_m は物質の量に依存しないので示強性質である。

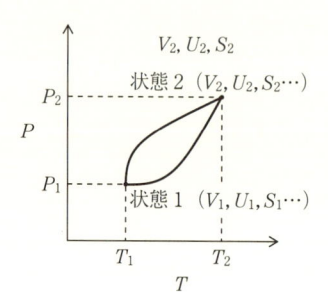

図 1・2 温度 T と圧力 P で規定した二つの異なる状態

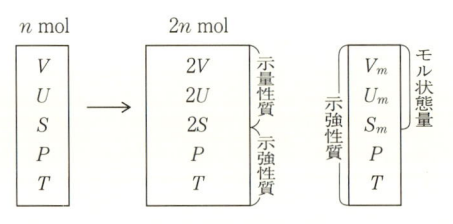

図 1・3 示量性質と示強性質

........例題 1・1........
水 100 mol と水蒸気 2 mol とが圧力 101.3 kPa でその沸点 373 K で平衡状態で共存している。系全体の体積を求めよ。ただし、水のモル体積は $1.88 \times 10^{-5}\,\mathrm{m^3\,mol^{-1}}$ ($1.044\,\mathrm{cm^3\,g^{-1}}$), 水蒸気は理想気体とする。

[解] 体積は示量性質であるので, 系全体の体積 V は水と水蒸気の体積の和である。
$$V = V_\text{水} + V_\text{水蒸気}$$
物質量 n を, モル体積を V_m とすると $V = nV_m$ であるから
$$V = n_\text{水} V_{m,\text{水}} + n_\text{水蒸気} V_{m,\text{水蒸気}}$$
水蒸気のモル体積を $PV_m = RT$ で求めると
$$V_{m,\text{水蒸気}} = \frac{8.3145 \times 373}{101325} = 3.061 \times 10^{-2}\,\mathrm{m^3\,mol^{-1}}$$
したがって系全体の体積は
$$V = 100 \times (1.88 \times 10^{-5}) + 2 \times (3.061 \times 10^{-2}) = 0.0631\,\mathrm{m^3\,mol^{-1}}$$
なお, 水と水蒸気のモル体積の比は次のようであり

$$\frac{V_{m,水蒸気}}{V_{m,水}} = 1628$$

1 mol の水が水蒸気になると 373 K では体積は 1628 倍となる。

1-3 系の状態と平衡

　化学平衡のように系が自発的な変化を起こさない状態にあるとき，系は**平衡**(equilibrium)または平衡状態にあるという。このような平衡状態では系内に温度の分布はなく（温度の違いがあると熱が流れ変化が起こる），圧力の分布もなく（圧力の違いがあると圧縮や膨張が起こる），また系が混合物のときには系内に組成の分布は存在しない（組成の違いがあると物質の移動が起こる）。われわれが取り扱う状態量，温度 T，圧力 P，体積 V などはすべて平衡状態において測定され，また計算できるのである。そして熱力学は平衡状態にある系を考察する。

　孤立系を除き，一般に系と外界とは熱や仕事のエネルギーのやりとりを行うので，系の平衡状態は系の変化を起こす原因となる系と外界との温度差や圧力差（一般に推進力）が 0 となり，両者の値が等しくまさにつり合うとき達成される。例えば系と外界の温度が等しくなりまさにつり合うとき，もはやそれ以上熱が流れることはなく系は平衡状態となり，系と外界とは**熱平衡**となる。同様に系の圧力と外界の圧力が等しくなりまさにつり合うとき系は平衡状態となり，系と外界とは**力学的平衡**となる。

　化学平衡は，化学反応がもはやそれ以上は自発的に進まなくなった状態であり，系内の生成物と反応物の組成は時間に対して変化しない。**相平衡**は系が二つあるいはそれ以上の相を含み，各相の質量，つまり各相に含まれる分子の数が時間とともに変わらなくなった状態である。

1-4 系の状態変化と可逆過程

　系が一つの平衡状態から他の平衡状態へ移ることを**状態変化**という。また状態変化の経路を**過程**といい，定温，定圧，定容，断熱などの過程がある。図 1·4 に定圧過程での状態変化を示す。次に熱力学では系が常に平衡状態にあり，平衡状態が連続して連なる形の経路を**可逆過程**(reversible process)という。

　さて，可逆過程の説明をする前に，簡単な実際に起こる変化を考えておこ

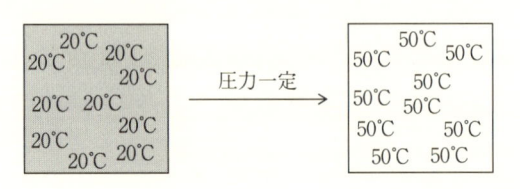

図 1・4 系の状態変化とは一つの平衡状態から
もう一つの平衡状態への変化である

う。いまコップに温かい茶湯を入れて大気中に放置すると，茶湯は自然に冷めてやがて大気温度となる。この変化で，系である茶湯は熱を失い外界である大気は熱をもらう。この場合，熱は系と外界との有限の温度差で茶湯から大気へ流れるので系内には温度分布が生じ，したがって非平衡状態(系内に温度分布があると系の状態は定まらない)で変化は進行し，終点では熱平衡となる。一度冷めた茶湯が自然にもとの高い温度にもどることはないので，茶湯が冷める過程は冷めるという一方向だけに進行し，自然に逆行はできないという意味で**不可逆過程**(irreversible process)という。われわれが実際に出会うような自然に起こる変化はすべて不可逆である。また，この過程では外界である大気に捨てられた熱はもはや有効に使えないので，不可逆過程では必ず無効となるエネルギーが生じるのが特徴である。

これに対し，可逆過程は平衡状態にある系の考察に有用な概念であり，系の変化は一方向だけでなく逆方向への変化も行うことができるので"可逆"といい，また無効となるエネルギーが生じることはなく，エネルギーのすべてが有効に用いられるのが特徴である。

では可逆過程はどのようにして実現されるのであろうか。可逆過程は，系の変化の原因となる系と外界との温度差や圧力差(一般的には推進力)を無限小とし，常に無限小差となるように調整して無限にゆっくりと行う，一種の理論的な状態変化であり，**準静的過程**(quasistatic process)といわれる。

● 可逆的な加熱と冷却

例えば，系の温度 T と外界の温度 T' の差が無限小で，常に無限小差となるように調整して行う変化は可逆過程である(図1・5)。

ここに T が T' より無限小だけ高いとき，系から外界へ熱が流れる。この場合，熱は無限にゆっくりと流れるので系内に温度分布が生じることはなく，系は常に平衡状態を保って温度変化が行われる。このような可逆過程では T と

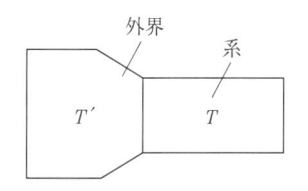

1-4 系の状態変化と可逆過程

図 1·5 可逆的な加熱と冷却

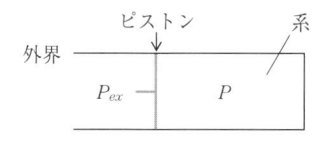

T と T' との差がつねに無限小差でなされる変化は可逆過程である。

系は加熱される ⟶ $T'>T$ （ここに $T'=T+dT$）
系は冷却される ⟵ $T'<T$ （ここに $T'=T-dT$）

可逆過程では温度差を（$+dT$）から（$-dT$）へかえることで変化の方向を逆向きに変えることができる。

図 1·6 可逆的な膨張と圧縮

P と P_{ex} との差がつねに無限小差でなされる変化は可逆過程である。

系は膨張する ⟵ $P_{ex}<P$ （ここに $P_{ex}=P-dP$）
系は圧縮される ⟶ $P_{ex}>P$ （ここに $P_{ex}=P+dP$）

可逆過程では圧力差を（$-dP$）から（$+dP$）へかえることで変化の方向を逆向きに変えることができる。

T' の値を逆転させ，T' を T よりも無限小だけ高くすることで変化の方向を変え，熱を外界から系の方向に流すことができる。例えば，コップの中の茶湯を可逆的に冷却して大気温度まで下げ，次に可逆的に加熱してもとの温度とすることができ，このとき系にも外界にも何一つ変化を起こさないで系をもとの状態に戻すことができる。これは可逆過程では無効となるエネルギーは発生せず，エネルギーのすべてが有効に使われるからである。

● **可逆的な膨張と圧縮**

もう一つの例として，系の圧力 P と外界の圧力 P_{ex} との差が無限小で常に無限小差となるように調整して行う可逆過程での膨張，あるいは圧縮を考えよう（図 1·6）。ただし，変化は温度一定で行い，シリンダー内のピストンの移動で摩擦は生じないものとする。いま P が P_{ex} より無限小だけ大きいとすると，系は外界に膨張の仕事をなす。

一般に，仕事は力と距離の積で定義されるエネルギーであり，力 F によって作用点が距離 ds だけ移動したときの仕事を dw とすると次式で与えられる。

$$dw=Fds \quad \text{または} \quad w=\int_{s_1}^{s_2}Fds \qquad (1\cdot1)$$

さて系の膨張は外界の圧力 P_{ex} に逆らってなされ，系の圧縮は外界の圧力によってなされるので，仕事に関係するのは外界の圧力 P_{ex} である。すなわち，力＝圧力×面積であるので，ピストンの断面積を A とすると $F=P_{ex}A$，また

体積変化を dV とすると $dV = A\,ds$ であるから，**体積変化の仕事**は次式で表される．

$$dw = -P_{ex}\,dV \quad \text{または} \quad w = -\int_{V_1}^{V_2} P_{ex}\,dV \tag{1・2}$$

外界の圧力 P_{ex} が一定の場合には次のようになる．

$$w = -\int_{V_1}^{V_2} P_{ex}\,dV = -P_{ex}(V_2 - V_1) \tag{1・2・a}$$

ここに負の符号 $(-)$ は，系に外界から加えられる仕事を正 $(+)$ と約束するためである．すなわち，系が圧縮されるとき $dV<0$ であり，仕事は正すなわち $+dw$ となる．一方系が外界になす仕事は負すなわち $-dw$ となる．

可逆過程は系の平衡状態が保たれる過程であり，系と外界は常につり合いを保つので系と外界の圧力は事実上等しい．

$$P = P_{ex} \tag{1・3}$$

したがって，可逆過程での体積変化の仕事は次式で表される．

$$dw_{可逆} = -P\,dV \quad \text{または} \quad w_{可逆} = -\int_{V_1}^{V_2} P\,dV \tag{1・4}$$

ここに P は系の圧力であり可逆仕事は系の圧力を用いて表される．

可逆過程で系が体積 V_1 から V_2 まで，温度一定で膨張したとき系が外界になす仕事 $-w_{可逆}$ を図 1・7 に示す（$-w_{可逆}$ の値は $\int_{V_1}^{V_2} P\,dV$ で正）．さて可逆過程では，状態 2 の系を可逆的に圧縮し，もとの状態 1 にもどしたとき，系にも

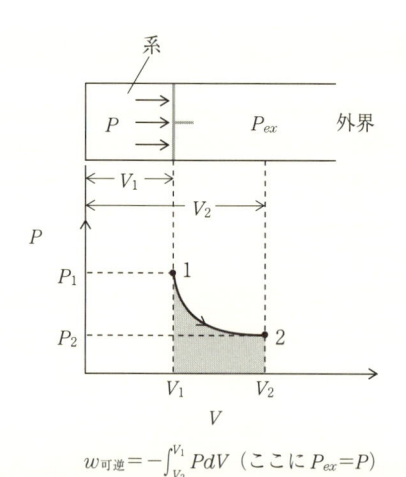

$$w_{可逆} = -\int_{V_2}^{V_1} P\,dV \quad (\text{ここに } P_{ex}=P)$$

図 1・7 可逆過程での体積変化による仕事

1-4 系の状態変化と可逆過程

外界にも何一つ変化を起こさないで系はもとの状態に復帰する。これは，可逆過程では無効となるエネルギーが発生せず，エネルギーがすべて有効に使われるからである。したがって可逆過程では系が外界になす仕事は最大であり，一方，外界が系になす仕事は最小となる。

では，不可逆過程で系が膨張したときの仕事はどうなるのであろうか。実際の膨張は，系の圧力 P が外界の圧力 P_{ex} より高く有限の圧力差でなされるので，図1·8に示すようにピストンは止め金で押さえておく。止め金をはずすと，系は外界の一定圧力に抗して急激に膨張する。このとき系内には流体の渦巻が起こり，圧力や温度の分布が生じ非平衡状態で変化は行われる。したがって，不可逆変化では系の始めと終わりの状態を除いて，系の途中の状態は定まらないことになる。

いま系が大気圧 P_2 に対して，温度一定で始めの V_1，P_1 の状態から終わりの V_2，P_2 の状態へ不可逆的に膨張するとき，系が外界になす不可逆仕事は式 (1·2·a) で $P_{ex}=P_2$（一定）とおいて次式で与えられる。

$$w_{不可逆} = -P_2(V_2-V_1) \tag{1·5}$$

不可逆仕事の大きさ $-w_{不可逆}$ は図1·8の斜線をほどこした面積で与えられる（$-w_{不可逆}$ の値は $P_2(V_2-V_1)$ で正である）。

同じ温度で，同じ体積変化の仕事を可逆過程と不可逆過程で行った。ここに，$P>P_2$ であるから $\int_{V_1}^{V_2} P\,dV > \int_{V_1}^{V_2} P_2\,dV$ であり，可逆過程で系がなす仕

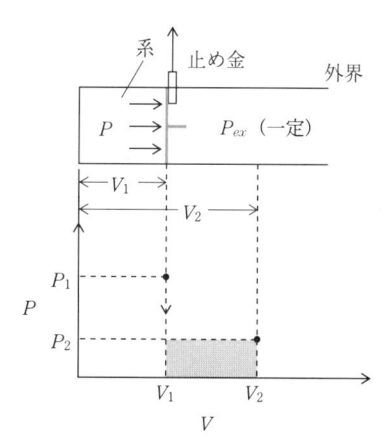

$$w_{不可逆} = -P_{ex}(V_2-V_1)\ (ここに P_{ex}=P_2=一定)$$

図 1·8 不可逆過程での体積変化による仕事

事 $-w_{可逆}$ は不可逆過程より大きく最大であることがわかる。

$$(-w_{可逆}) > (-w_{不可逆}) \tag{1・6}$$

同じように化学反応を可逆的に行うとき，系は最大の仕事をなす。

例題 1・2

理想気体 5 mol を温度 323 K で 500 kPa から 100 kPa まで定温膨張させる。(a) 可逆的に膨張，(b) 100 kPa 一定の外圧に抗して 500 kPa から 100 kPa まで不可逆的に膨張させる。可逆過程と不可逆過程で系が外界になす仕事 $(-w)$ を計算し比較せよ。

[解] （a）可逆過程の仕事は式(1・4)で計算できる。理想気体の定温過程の経路は $PV=nRT$ で表されるので

$$-w_{可逆} = -\int_{V_1}^{V_2} P\,dV = -nRT\ln\frac{V_2}{V_1} = -nRT\ln\frac{P_1}{P_2}$$

題意より $n=5\,\text{mol}$, $T=353\,\text{K}$, $P_1=500\,\text{kPa}$, $P_1=100\,\text{kPa}$

$$-w_{可逆} = 5\times(8.3145\times10^{-3})\times323\ln\frac{500}{100} = 21.6\,\text{kJ}$$

（b）不可逆過程の仕事は式(1・2・a)で計算でき，$PV=nRT$ を用い，また $P_{ex}=P_2$ とおくと

$$w_{不可逆} = -nRT(1-P_2/P_1)$$

題意の数値を用いると

$$w_{不可逆} = 5\times(8.3145\times10^{-3})\times323\times(1-100/500) = 10.75\,\text{kJ}$$

計算結果を $P\text{-}V$ 図にプロットするため，系の始めと終わりの体積 V_1 と V_2 を求めると

$$V_1 = \frac{nRT}{P_1} = \frac{5\times8.3145\times323}{500\times10^3} = 0.0269\,\text{m}^3$$

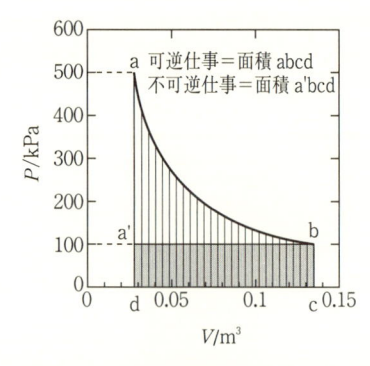

図 E1・2・1

可逆仕事＝面積 abcd
不可逆仕事＝面積 a'bcd

$$V_2 = \frac{nRT}{P_2} = \frac{5 \times 8.3145 \times 323}{100 \times 10^3} = 0.1343\,\mathrm{m}^3$$

系が外界になす可逆仕事$(-w_{可逆})$は図 E 1·2 の面積 abcd で，不可逆仕事$(-w_{不可逆})$は a'bcd で表され，可逆仕事は不可逆仕事より大きい．

実際の変化がすべて不可逆であるにもかかわらず，可逆過程を主体的に考えるのが熱力学の特徴である．それは可逆過程であることは平衡状態にあることであり，化学熱力学の対象である化学平衡や相平衡など平衡状態にある系の考察には文字通り有効であるからである．また可逆過程により実際過程はモデル化され容易に解析できることである．例えば，可逆的な膨張仕事が，系がなす最大仕事を与えるように，可逆過程の解析により実際に意味のある限界値(最大値または最小値)が明らかにされるのである．可逆過程と不可逆過程の相違と特徴は第二法則でさらに理論的に考察する．その際，式(1·6)は第二法則の表現式を検証するために用いられる．

1-5　エネルギー

系のエネルギーとはその系の仕事をする能力であり，エネルギーの単位は仕事と同じ J(ジュール)または kJ で表される．ここに

$$1\,\mathrm{J} = 1\,\mathrm{N\,m} = 1\,(\mathrm{N/m^2})\,\mathrm{m}^3 = 1\,\mathrm{Pa\,m}^3．$$

エネルギーは大別して，運動エネルギー，位置エネルギーおよび内部エネルギーのように系である物体が貯える貯蔵型のエネルギーと，熱や仕事のように系の境界を通じて，系と外界とを物質をともなわずに移動するだけの移動型のエネルギーに分けられる．

● 運動エネルギーと位置エネルギー

運動エネルギー　系である質量 m の物体の速度が u_1 から u_2 へ増加したとき，系に貯えられる運動エネルギー増加を ΔE_k とすると次式で与えられる．

$$\Delta E_k = \frac{m}{2}(u_2^2 - u_1^2) \tag{1·7}$$

位置エネルギー　系である質量 m の物体を重力場で，高さ Z_1 から Z_2 へおし上げるとき，系に貯えられる位置エネルギー増加を ΔE_p とすると次式で与えられる．

$$\Delta E_p = mg(Z_2 - Z_1) \tag{1·8}$$

ここに物体の速度 u は相対的なものであり,座標軸を指定しなければ決まらない。同じように重力場での物体の高さは絶対的なものではなく,基準面を指定したときに求められる。したがって運動エネルギー,位置エネルギーは系が貯えるエネルギーではあるが,外部条件を決めたとき求められるので,外部エネルギーといわれる。

● **内部エネルギー**

系である物質を構成している全分子(1モルの物質は 6×10^{23} 個の分子を含む)の運動エネルギーおよび位置エネルギーの総和は,系が貯えている全エネルギーであり,これを系の内部エネルギーという。

分子の運動にもとづくエネルギーとしては並進運動のエネルギーがある。二原子分子以上では分子内運動である振動運動と回転運動のエネルギーが加わる。

分子の位置や形状によって決められるエネルギーは位置エネルギー,あるいはポテンシャルエネルギーといわれる。分子と分子の間に働く分子間力によるエネルギーは位置エネルギーである。すなわち分子と分子の間には分子をお互いに引きつける分子間力が働いており,固体がもっとも強く,気体がもっとも弱く小さい。例えば固体の溶解熱は固体における分子間力を破り,分子を液体の形でばらばらにするのに必要なエネルギー,液体の蒸発熱は液体における分子間力を破り分子を気体の形でばらばらにするためのエネルギーである。したがって液体の内部エネルギーは固体の内部エネルギーより大きく,気体の内部エネルギーは液体の内部エネルギーより大きい。

● **系の全エネルギー**

系に貯えられる全エネルギーは,系の運動エネルギー ΔE_k,位置エネルギー ΔE_p および内部エネルギー ΔU の和で与えられる。したがって系の全エネルギー変化を ΔE とすると,次式で表される。

$$\Delta E = \Delta U + \Delta E_k + \Delta E_p \qquad (1 \cdot 9)$$

ここに,外部からの影響がない系(熱や仕事の出入りがない系)では系の内部エネルギー変化はないので $\Delta U = 0$ とおき,

$$\Delta E = \Delta E_k + \Delta E_p \qquad (1 \cdot 10)$$

この式は力学的エネルギーが保存されることを示す。

また，系である物体が静止している場合には $\Delta E_k=0$，さらにある基準面に固定されているときには $\Delta E_p=0$ であるから，全エネルギー変化は内部エネルギー変化に等しくなる。

$$\Delta E = \Delta U \tag{1・11}$$

化学熱力学では，普通，全エネルギー変化は内部エネルギー変化であると考える。

● **熱および仕事**

熱　熱は系と外界との間を移動する移動型のエネルギーである。熱は貯えられることはなく，外界から移動した熱はただちに系の内部エネルギーに交換される。仕事がまったく加えられない条件下では，外界から系に加えられた熱は系の内部エネルギー増加に等しい。

仕事　仕事は系と外界との力の差に応じて，系と外界との間で受け渡しされる移動型のエネルギーである。仕事も貯えられることもなく，外界から系に加えられた仕事はただちに系の内部エネルギーに交換される。熱をまったく加えない断熱条件下では，外界から系に加えられた仕事は系の内部エネルギー増加に等しい。

熱力学の第一法則

――― エネルギー保存則 ―――

2

　熱力学の第一法則はエネルギー保存則といわれ，系と外界との間でエネルギーの受け渡しが行われるとき，系のエネルギーと外界のエネルギーの和は常に一定，すなわち保存されることを表明する。いろいろな形の表現があるが本質的にすべて同等である。例えば

- 「系と外界との間でエネルギーの受け渡しが行われたとき，系のエネルギー増加は，系が外界からもらった全エネルギーに等しい。」
- 「宇宙のエネルギーは一定である」あるいは「孤立した系の全エネルギーは一定である。」
- 「エネルギーは相互に変換されるだけで，創造も破壊もされない。」

2-1　第一法則の表現式

　いま閉じた系を考え，図2・1に示すように系が外界より熱qと仕事wもらい，このとき系の内部エネルギーが$U_2-U_1=\Delta U$だけ増加したとすると，エ

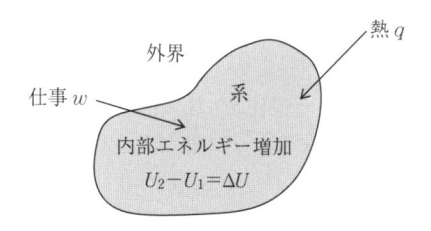

系が外界より熱qと仕事wをもらったとき
系の内部エネルギーは$U_2-U_1=\Delta U$だけ増加する

図 2・1　系と外界との間での熱と仕事のやりとり

ネルギーは保存されるので，系の内部エネルギー増加は系が外界からもらった全エネルギー，すなわち熱と仕事の和に等しく次式が成立する。

$$\varDelta U = q + w \tag{2・1}$$

次に系が外界より微小の熱 dq と微小の仕事 dw をもらい，系の内部エネルギーが dU だけ増加したときには，次式が成立する。

$$dU = dq + dw \tag{2・2}$$

式(2・1)，(2・2)は第一法則の表現式である。

さて，すぐに説明する式(2・5)が示すように，内部エネルギー U は状態量であるので，内部エネルギー変化 $\varDelta U$ は系の始めの状態と終わりの状態だけで決まり，変化がどのような経路で行われたかには無関係である。

$$\varDelta U = U_2(終わりの値) - (始めの値)$$

内部エネルギーのように，その変化が始めと終わりの状態だけで決まる状態量は**完全微分**で表される。

また内部エネルギー変化は同じ始終状態の状態変化であれば，可逆過程でも不可逆過程でも同じになる。式(2・1)，(2・2)は可逆過程，不可逆過程にかかわりなく適用できる。

内部エネルギーと違って，熱と仕事は系と外界との間を移動するエネルギーであり，状態量ではないので完全微分ではない(熱や仕事は完全微分ではないので，dq，dw を用いないで，δq，δw あるいは Dq，Dw と書いて区別する場合もあるが，本書ではこのような区別はしないので念のため書き添えておく)。熱と仕事の符号の約束は，系が外界から熱や仕事をもらう場合を正(＋)，系が外界に与える場合を負(－)とする。

● **孤立した系の全エネルギーは一定である。**

第一法則の表現式，$\varDelta U_系 = q + w$ で q と w は系が外界からもらった熱と仕事である。いま系に対する外界を考えると，外界は熱 $-q$ と仕事 $-w$ を失うので，外界の内部エネルギー変化を $\varDelta U_{外界}$ とすると，$\varDelta U_{外界} = -q - w$ である。したがって，式(2・1)は次のように書くことができる。

$$\varDelta U_系 + \varDelta U_{外界} = 0 \tag{2・3}$$

あるいは系と外界との和は孤立系であるので，次のように表される。

$$\varDelta U_{孤立系} = 0 \tag{2・4}$$

式(2・3)，(2・4)は孤立した系の全エネルギーは一定であることを示す。

2-1 第一法則の表現式

コラム 1

完全微分

いま z の変化が x と y の変化の和で表される次の場合を考えると，
$$z = f(x, y)$$
z の全変化（全微分）dz は次式で与えられる。

$$dz = \left(\frac{\partial z}{\partial x}\right)_y dx + \left(\frac{\partial z}{\partial y}\right)_x dy = M\, dx + N\, dy \tag{1}$$

ここに

$$\left(\frac{\partial z}{\partial x}\right)_y \equiv M, \quad \left(\frac{\partial z}{\partial y}\right)_x \equiv N$$

は z の偏微分係数といい，たとえば $(\partial z/\partial x)_y$ は $y = $ 一定として z を x で微分した値である。

さて z の全微分が次式を満足するとき完全微分であるという。

$$\left(\frac{\partial M}{\partial y}\right)_x = \left(\frac{\partial N}{\partial x}\right)_y \quad \text{（完全微分の条件）} \tag{2}$$

この式は dz が完全微分であるための必要にして十分な条件である。

dz が完全微分であるとき式(1)を状態 1 から状態 2 まで積分すると

$$\int_1^2 dz = z_2 - z_1 = \int_1^2 (M\, dx + N\, dy) \tag{3}$$

z は積分の終わりと始めの値のみに依存し，変化の経路には無関係である。

例えば理想気体についてモル体積の微分 dV_m が完全微分であることを確かめよう。モル体積の圧力と温度による変化を $V_m = f(P, T)$ として求めると

$$dV_m = \left(\frac{\partial V_m}{\partial P}\right)_T dP + \left(\frac{\partial V_m}{\partial T}\right)_P dT = M\, dP + N\, dT \tag{4}$$

ここに

$$M = \left(\frac{\partial V_m}{\partial P}\right)_T = -\frac{RT}{P^2}, \quad N = \left(\frac{\partial V_m}{\partial T}\right)_P = \frac{R}{P} \tag{5}$$

次に $(\partial M/\partial T)_P$，$(\partial N/\partial P)_T$ を求めると，次のようになり完全微分の条件がみたされる。

$$\left(\frac{\partial M}{\partial T}\right)_P = -\frac{R}{P^2} = \left(\frac{\partial N}{\partial P}\right)_T \tag{6}$$

したがってモル体積の微分 dV_m は完全微分である。

$$dV_m = -\frac{RT}{P^2} dP + \frac{R}{P} dT \tag{7}$$

そこで式(7)を状態 1$(P_1, V_{m,1}, T_1)$ から状態 2$(P_2, V_{m,2}, T_2)$ まで積分すると

$$\int_{V_{m,1}}^{V_{m,2}} dV_m = V_{m,2} - V_{m,1} = -RT_1 \int_{P_1}^{P_2} \frac{dP}{P^2} + \frac{R}{P_2} \int_{T_1}^{T_2} dT$$
$$= \frac{RT_2}{P_2} - \frac{RT_1}{P_1} \tag{8}$$

すなわち，モル体積の変化は終わりと始めの値だけで決められ変化の経路には無関係である。

● エネルギーは創造も破壊もされない

一般に，系と外界との間で熱や仕事の受け渡しがあると，系の温度や圧力が変化し，すなわち状態変化が起こり系の内部エネルギーも変化する。したがって，状態変化の経路は図2・2のように圧力-温度図にプロットできる。

いま系と外界との間で微小の熱や仕事をやりとりさせて，系の状態を変化させる。まず，系を状態1から状態2へ矢印の方向へ変化させる。次に状態2から状態1へ矢印の方向に変化させて，系を再びもとの状態に戻す $1 \to 2 \to 1$ のサイクル変化を行う。

微小の状態変化には式(2・2)が適用できるので，サイクル変化の積分を $\oint$ で表すと内部エネルギーは状態量であり，もとの状態に戻ったとき同じ値となるから次式が成立する。

$$\oint dU = 0 = \oint (dq + dw) \qquad (2 \cdot 5)$$

もし式(2・5)が成立しないときには，次のようにエネルギーの創造や破壊が起こり矛盾した結果が生じる。

$$\oint dU > 0 \quad （エネルギーは創造される）$$

$$\oint dU > 0 \quad （エネルギーは破壊される）$$

したがって，サイクル変化を行ったとき熱と仕事の総和は必ず0であり，これを表す次式は

$$\oint (dq + dw) = 0 \quad \text{または} \quad \oint dq + \oint dw = 0 \qquad (2 \cdot 6)$$

"エネルギーは創造されることも破壊されることもない"ということをより直接的に示すものである。

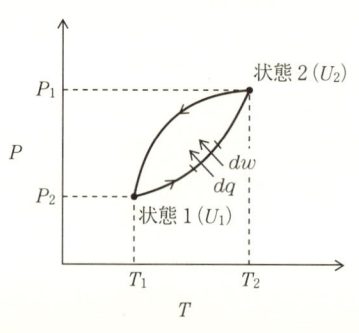

図 **2・2** 圧力-温度図にプロットした状態変化の経路

また内部エネルギーについての式(2·5)より，一般に次式を満足する量は状態量である。

$$\oint d(状態量) = 0 \tag{2·7}$$

2-2 エンタルピー
―― 定圧過程では熱はエンタルピー変化に等しい ――

熱力学の第一法則は，定圧過程では，熱は系のエンタルピー変化に等しいという，広くどのような状態変化にも適用できる一般的な関係を与える。

定圧過程で系が外界より熱をもらうと，系の内部エネルギー変化と同時に系は膨張し（気体では大きく，液体や固体ではわずかであるが）体積変化の仕事をする。変化が可逆的に行われると第一法則より $P=$ 一定では

$$q_P = \Delta U - w_P = (U_2 - U_1) - w_P \qquad (P=一定)$$

ここに体積変化の仕事は式(1·4)より

$$w_P = -\int_{V_1}^{V_2} P\, dV = -P(V_2 - V_1) \qquad (P=一定)$$

したがって定圧過程では熱は次のように表される。

$$q_P = (U_2 + PV_2) - (U_1 + PV_1) \qquad (P=一定) \tag{2·8}$$

上式の右辺の括弧内は，定圧過程の熱を表現するのに有用な因子であるので，これをエンタルピーと定義し記号 H で表す。

$$\text{エンタルピー} \qquad H = U + PV \tag{2·9}$$

ここに，U，P，V はいずれも状態量であるので，エンタルピーも状態量である。

エンタルピーの定義を用いると，式(2·8)は次のようになる。

$$q_P = H_2 - H_1 = \Delta H \qquad (P=一定) \tag{2·10}$$

すなわち，定圧過程では熱は系のエンタルピー変化に等しい。

たとえば，化学反応が定圧下で行われたときの反応熱は，系の終わりの状態である生成系のエンタルピーと始めの状態である反応系のエンタルピーの差で与えられる。あるいは定圧下で液体を加熱して気体とするときの蒸発熱は，気相のエンタルピーと液相のエンタルピーの差で与えられる。

2-3 内部エネルギー
―― 定容過程では熱は内部エネルギー変化に等しい ――

定容過程は系の体積が一定に保たれる過程であるので，$V=$一定$(dV=0)$であり，式(1・4)より，体積変化の仕事は0である．

$$w_V = -\int_{V_1}^{V_2} P\,dV = 0 \quad (V=\text{一定})$$

したがって第一法則，$\Delta U = q + w$，より定容過程では熱は内部エネルギー変化に等しい．

$$q_V = U_2 - U_1 = \Delta U \quad (V=\text{一定}) \tag{2・11}$$

例えば，化学反応がオートクレーブのような体積一定の密閉容器内で行われたとき，反応熱は系の終わりの状態である生成系の内部エネルギーと始めの状態である反応系の内部エネルギーの差で与えられる．

2-4 定圧熱容量 C_P と定容熱容量 C_V

物質の熱容量 C とは，特定過程で一定量の物質の温度を1度だけ上げるのに必要な熱量であり単位は $\mathrm{J\,K^{-1}}$ である．単位質量あたりの熱容量は比熱容量といい，$\mathrm{J\,K^{-1}\,kg^{-1}}$ が単位である．また単位物質量あたりの熱容量はモル熱容量といい，記号 C_m で表し $\mathrm{J\,K^{-1}\,mol^{-1}}$ が単位である．

すでに述べたように，同一質量の系を同一温度だけ加熱する場合でも定圧過程と定容過程で熱量は異なる．これは定圧下では内部エネルギーを変化させるだけでなく系を膨張させるためにも熱が必要であり，定容下よりも余計熱が必要だからである．つまり定圧過程では，式(2・10)より熱はエンタルピー変化で $q_P = \Delta H$，定容過程では，式(2・11)より，内部エネルギー変化で $q_V = \Delta U$ で与えられ，$q_P > q_V$ である．

したがって，定圧熱容量 C_P と定容熱容量 C_V とは異なり，それぞれ次のように定義される．

定圧熱容量 $\quad C_P = \left(\dfrac{\partial q}{\partial T}\right)_P = \left(\dfrac{\partial H}{\partial T}\right)_P \tag{2・12}$

定容熱容量 $\quad C_V = \left(\dfrac{\partial q}{\partial T}\right)_V = \left(\dfrac{\partial U}{\partial T}\right)_V \tag{2・13}$

一般に，熱容量の値が小さい物質ほど加熱しやすく，つまり少ない熱量で温度を上げることができる．

2-4 定圧熱容量 C_P と定容熱容量 C_V

C_P と C_V の間には熱力学的に相互関係があり（一般的な関係は 4 章で述べる），例えば理想気体では次式（式（2・24））が成立し

$$C_P - C_V = nR$$

一方の値がわかれば他方を知ることができる。

理想気体の熱容量については，古典気体運動論より分子の並進運動，回転運動および振動運動に基づいて，定容モル熱容量が次式で与えられることが知られている（ただし常温付近では振動運動による寄与は無視できる）。

$$C_{V,m} = \frac{f}{2}R \quad \text{したがって} \quad C_{P,m} = \left(\frac{f+2}{2}\right)R$$

ここに f は分子の運動の自由度といい，

- ❏ 1 原子分子では，x, y, z の 3 方向への並進運動があるので自由度は
$$f = 3$$
- ❏ 2 原子分子では，直線分子は並進のほかに回転の自由度 2 を加え
$$f = 3 + 2 = 5$$
- ❏ 3 原子分子では，直線分子は 2 原子分子と同じで自由度 5，非直線分子では回転の自由度 3 を加えて $f = 3 + 3 = 6$ である。

これよりアルゴン，ヘリウムのような 1 原子分子のモル熱容量は次のようになる。

$$C_{V,m} = \frac{3}{2}R, \quad C_{P,m} = \frac{5}{2}R, \quad \gamma = \frac{C_{P,m}}{C_{V,m}} = 1.667$$

1 原子分子の熱容量は温度に独立である。

O_2, N_2 のような 2 原子分子のモル熱容量は常温付近では次のようである。

$$C_{V,m} = \frac{5}{2}R, \quad C_{P,m} = \frac{7}{2}R, \quad \gamma = \frac{C_{P,m}}{C_{V,m}} = 1.40$$

実際に多くの 2 原子分子の $C_{P,m}$ は常温で $7R/2$ であり，温度とともにゆるやかに上昇し，高温では $9R/2$ に近づく。熱容量の増加は振動運動の寄与によるものであり，高温での寄与量は R である。

H_2O のような非直線 3 原子分子のモル熱容量は，常温付近では次のようである。

$$C_{V,m} = 3R, \quad C_{P,m} = 4R, \quad \gamma = \frac{C_{P,m}}{C_{V,m}} = 1.333$$

実際に，非直線 3 原子分子の $C_{P,m}$ は常温ではで $4R$ あり，温度とともに大きく変化し高温では $11R/2$ に近づく。

$C_{V,m} = (f/2)R$ は，分子の運動エネルギーが 1 自由度あたり $(1/2)kT$ で与えられることを表し（1 mol あたりでは $(1/2)RT$），これをエネルギー等分則という。

熱容量の値は一般に温度が高くなる程大きくなり，実用的には温度の関数，例えば温度の三次式で表される。

$$C_{P,m} = a + bT + cT^2 + dT^3 \qquad (2\cdot14)$$

ここに，a, b, c, d は物質の種類によって定められる定数である。気体の定圧モル熱容量を式(2·14)で表したときの定数 a, b, c, d の値を付録1に示した。

液体の定圧モル熱容量は，これと隣接する気体や固体の定圧モル熱容量よりも一般に大きい。液体の常温付近(例えば 283～373 K)の定圧モル熱容量は温度とともに直線的に変化する。しかし，臨界温度近くの高温では温度とともに急激に増加する。

固体の 0 K から高温に至るまでの定容モル熱容量の一例を図 2·3 に示す(固体では，厳密に扱う場合は別として，定容モル熱容量は定圧モル熱容量に等しいとおくことができる)。0 K 付近の極低温の $C_{V,m}$ は式(2·14)のような簡単な式では表すことができず，理論的に導出された次のデバイの T^3 法則で表され，$T \to 0$ のとき $C_{V,m} \to 0$ となる。

$$C_{V,m} = \frac{12}{5}\pi^4 R \left(\frac{T}{\theta_D}\right)^3 = aT^3$$

ここに a は物質の種類で決められる定数(θ_D はデバイの特性温度といわれる)である。一方高温では $C_{V,m}$ の値は $3R(24.9\,\text{JK}^{-1}\text{mol}^{-1})$ に近づく。固体の定圧モル熱容量(常温～1000 K)を式(2·14)で表したときの定数 a, b, c, d の値を付録2に示した。

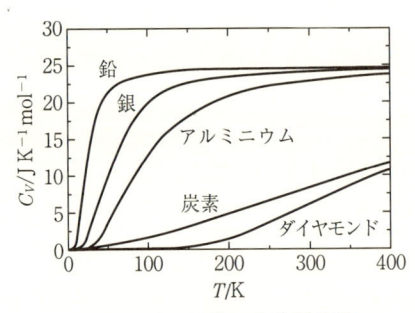

図 2·3　固体の定容熱容量

● **定圧過程におけるエンタルピー変化**

定圧熱容量 C_P の定義より，定圧過程におけるエンタルピー変化は次式で与えられる。

$$dq_P = dH = C_P\,dT \quad \text{および} \quad q_P = \Delta H = \int_{T_1}^{T_2} C_P\,dT \qquad (2\cdot 15)$$
$$(P=一定)$$

定圧熱容量 C_P は狭い温度範囲では一定とみなすことができ，このとき次式となる．

$$q_P = \Delta H = C_P(T_2 - T_1) \qquad (2\cdot 16)$$

定圧熱容量 C_P が温度の関数で表されるとき，例えば式(2・14)を用いると式(2・15)は容易に積分できる．

● 定容過程における内部エネルギー変化

定容熱容量 C_V の定義より，定容過程における内部エネルギー変化は次式で与えられる．

$$dq_V = dU = C_V\,dT \quad \text{および} \quad q_V = \Delta U = \int_{T_1}^{T_2} C_V\,dT \qquad (2\cdot 17)$$
$$(V=一定)$$

定容熱容量 C_V が一定とみなされる場合には次式となる．

$$q_V = \Delta U = C_V(T_2 - T_1) \qquad (2\cdot 18)$$

2-5 理想気体のジュールの法則と状態変化

● 理想気体のジュールの法則
――― 内部エネルギーは温度だけの関数である ―――

理想気体とは状態方程式が $PV = nRT$ で表される気体であるが，熱力学的にはさらに次の**ジュールの法則**(Joule's law)が成り立つ気体である．理想気体の内部エネルギーは温度だけの関数であり，体積や圧力が変化しても変化しない式で書くと次のようである．

$$\left(\frac{\partial U}{\partial V}\right)_T = 0 \qquad (2\cdot 19\cdot\text{a})$$

$$\left(\frac{\partial U}{\partial P}\right)_T = 0 \qquad (2\cdot 19\cdot\text{b})$$

この法則はジュールによって実験的に明らかにされた．ジュールが用いた装置の略図を図2・4に示す．装置はコック付きの二つのフラスコ(片方に気体を封入し，もう片方は真空にしておく)を水熱量計(水の温度変化から熱量を測定

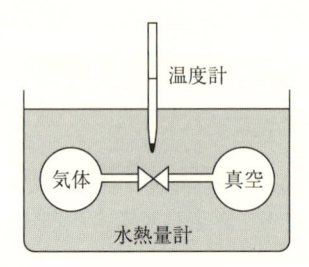

図 2・4 ジュールによる気体の自由膨張

する)内に置いたものである。連結コックを開くと、気体は真空にむかって自発的に自由膨張する。ジュールは、自由膨張の過程で熱が発生するかどうかを水の温度変化で測定したが、温度変化はなかった。したがって、自由膨張の過程で熱の発生はなく $q=0$ である。また気体は真空に向かって膨張するが、真空は物質が存在しない状態でいるので仕事を受けとる相手がなく、$w=0$、したがって第一法則 $\varDelta U=q+w$ より $\varDelta U=0$、すなわち系の内部エネルギー変化は 0 である。

さて、内部エネルギーの体積と温度による変化を $U=f(V, T)$ として求めると

$$dU=\left(\frac{\partial U}{\partial V}\right)_T dV+\left(\frac{\partial U}{\partial T}\right)_V dT \qquad (2\cdot20)$$

自由膨張の過程では、体積の増加 $(dV>0)$ にもかかわらず温度変化はなく $(dT=0)$、内部エネルギー変化もなかったので

$$dU=0=\left(\frac{\partial U}{\partial V}\right)_T dV \qquad (2\cdot21)$$

ここに $dV\neq0$ であるから式(2・19・a)が与えられる。

次に、自由膨張の過程は圧力の減少にもかかわらず温度変化はなく、内部エネルギー変化もないとみなすことができるので、$U=f(P, T)$ として同様に考えると式(2・19・b)が与えられる。内部エネルギーについてのジュールの法則は理想気体だけに適応され、実在気体では成立しない。

理想気体の内部エネルギーについてのジュールの法則を用いると、理想気体のエンタルピーについて次式をえる。

$$\left(\frac{\partial H}{\partial V}\right)_T=0 \qquad (2\cdot22\cdot\text{a})$$

$$\left(\frac{\partial H}{\partial P}\right)_T=0 \qquad (2\cdot22\cdot\text{b})$$

コラム 2

ジュール-トムソン効果

ジュールが行ったもう一つの実験はトムソン(後のケルヴィン卿，熱力学温度の Kelvin で知られる Lord Kelvin)との共同研究によるジュール-トムソン効果(Joule-Thomson effect)の発見である。すなわち気体を多孔質の絞り弁(スロットル)を通して高圧から低圧へ断熱的に膨張させると，系の圧力の減少にともなって温度の変化が起こる現象である。ジュール-トムソン膨張のプロセスはエンタルピー一定で行われることは，第一法則を用いて次のように説明できる。

いま一定量の気体を図 C 2·1 に示すように絞り弁を通して，始め P_1, V_1 から終わりの P_2, V_2 まで膨張させる。このプロセスに要する仕事は，始めの気体を圧縮して絞り弁をおしだす仕事と終わりの気体を膨張させる仕事の和である。

$$w = \left(-\int_{V_1}^{0} P_1 \, dV\right) + \left(-\int_{0}^{V_2} P_2 \, dV\right) = P_1 V_1 - P_2 V_2$$

断熱過程であるから $q=0$, したがって第一法則 $\Delta U = q + w$ より

$$U_2 - U_1 = P_1 V_1 - P_2 V_2$$

または

$$U_2 + P_2 V_2 = U_1 + P_1 V_1 \quad \therefore \quad H_2 = H_1 \tag{1}$$

すなわちこのプロセスではエンタルピーは一定である。

エンタルピー一定の条件下で圧力減少にともなう温度変化の大きさは，ジュール-トムソン係数と定義される。

$$\text{ジュール-トムソン係数} \quad \mu = \left(\frac{\partial T}{\partial P}\right)_H \tag{2}$$

次にジュール-トムソン係数の求め方を考えよう。そのためエンタルピーの圧力，温度による変化を $H = f(P, T)$ として考えると

$$dH = 0 = \left(\frac{\partial H}{\partial P}\right)_T dP + \left(\frac{\partial H}{\partial T}\right)_P dT = \left(\frac{\partial H}{\partial P}\right)_T dP + C_P \, dT$$

これより

$$\left(\frac{\partial T}{\partial P}\right)_H = \frac{-(\partial H/\partial P)_T}{C_P} \tag{3}$$

したがってジュール-トムソン係数は次式で表される。

$$\mu = \frac{-(\partial H/\partial P)_T}{C_P} \tag{4}$$

図 C2·1 ジュール-トムソン効果

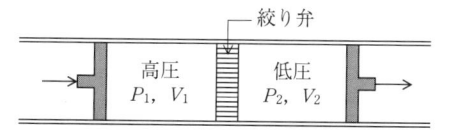

気体が理想気体の場合にはジュールの法則の式(2・22・b)より$(\partial H/\partial P)_T=0$であるから，ジュール-トムソン係数$\mu=0$となる．分子間力のない理想気体では圧力変化による温度変化は起こらない．

実在気体では次式が成り立つので(後で説明する式(4・16)とコラム5のマクスウェルの関係式(7)で与えられる)

$$\left(\frac{\partial H}{\partial P}\right)_T = V - T\left(\frac{\partial V}{\partial T}\right)_P \tag{5}$$

これと実在気体の状態方程式

$$PV = nZRT \tag{6}$$

より，ジュール-トムソン係数は次式で与えられる．

$$\mu = \frac{nRT^2}{PC_P}\left(\frac{\partial Z}{\partial T}\right)_P \tag{7}$$

式(7)より

$$(\partial Z/\partial T)_P \lessgtr 0 \quad \text{のとき} \quad \mu \lessgtr 0$$

ジュール-トムソン係数の定義式(2)より$\mu>0$の領域では圧力が下がるとき温度も下がるので，ガスの冷却および液化に利用される．

すなわち，理想気体のエンタルピーは温度だけの関数であり，体積や圧力には依存しない．この関係は，エンタルピーの定義を理想気体に適用して

$$H = U + PV = U + nRT \tag{2・23}$$

上式を$T=$一定でVまたはPで微分すれば求まる．

● 理想気体のC_PとC_Vの関係

エンタルピーの定義を理想気体に適用した式(2・23)を$P=$一定としてTで微分すると

$$\left(\frac{\partial H}{\partial T}\right)_P = \left(\frac{\partial U}{\partial T}\right)_P + nR$$

次に$U=f(T,P)$および$U=f(T,V)$と書くと

$$dU = \left(\frac{\partial U}{\partial T}\right)_P dT + \left(\frac{\partial U}{\partial P}\right)_T dP$$

$$dU = \left(\frac{\partial U}{\partial T}\right)_V dT + \left(\frac{\partial U}{\partial V}\right)_T dV$$

理想気体のジュールの法則より$(\partial U/\partial P)_T=0$，$(\partial U/\partial V)_T=0$であるから

$$\left(\frac{\partial U}{\partial T}\right)_P = \left(\frac{\partial U}{\partial T}\right)_V = \frac{dU}{dT}$$

したがって，次式をえる．

$$\left(\frac{\partial H}{\partial T}\right)_P = \left(\frac{\partial U}{\partial T}\right)_V + nR$$

2-5 理想気体のジュールの法則と状態変化

すなわち
$$C_P - C_V = nR \tag{2.24}$$

● **理想気体の状態変化**

理想気体を定温,断熱,定容,定圧などの過程で状態変化させるときの仕事,熱および内部エネルギー変化を求めよう。

定 温 過 程　定温過程での理想気体の状態変化ではジュールの法則より内部エネルギー変化は 0 である。
$$\Delta U = 0$$
したがって第一法則,$\Delta U = q + w$ より
$$w_T = -q_T \quad \text{または} \quad q_T = -w_T$$
すなわち,系が外界からもらった仕事 w_T(または熱 q_T)は,系が外界に与える熱 $-q_T$(または仕事 $-w_T$)に等しい。

理想気体の定温過程の経路は
$$PV = nRT = 一定$$
で表されるので,可逆過程では次式がえられる。
$$-q_T = w_T = -\int_{V_1}^{V_2} P\,dV = -nRT\int_{V_1}^{V_2}\frac{dV}{V} = -nRT\ln\frac{V_2}{V_1}$$
$$= +nRT\ln\frac{P_2}{P_1} \tag{2.25}$$

断 熱 過 程　断熱過程とは,系と外界との間で熱の受け渡しが全く行われない場合であるので,
$$q = 0$$
したがって第一法則,$\Delta U = q + w$ より
$$\Delta U = w \quad \text{または} \quad dU = dw \tag{2.26}$$
すなわち断熱過程では,系に外界より加えられた仕事は系の内部エネルギー増加に等しい。

仕事を求めるために,断熱過程における理想気体の状態変化の経路を考える。まず定容熱容量の定義より
$$dU = C_V\,dT \tag{2.27}$$
体積変化の仕事は理想気体では
$$dw = -P\,dV = -nRT\frac{dV}{V} \tag{2.28}$$
断熱過程では式(2.26)より $dU = dw$ であるから

$$P_1V_1^\gamma = P_2V_2^\gamma = PV^\gamma = K \text{ (一定)}$$

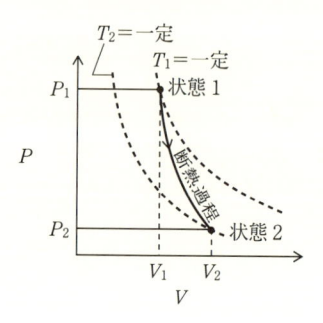

図 2・5 理想気体の断熱過程の経路

$$C_V\,dT = -nRT\frac{dV}{V} \quad \text{または} \quad dT = -\frac{P}{C_V}dV \tag{2・29}$$

次に $PV=nRT$ を微分すると

$$P\,dV + V\,dP = nR\,dT \tag{2・30}$$

式(2・29)の dT を式(2・30)の右辺に代入し $C_P - C_V = nR$ を用いると

$$\left(1+\frac{nR}{C_V}\right)P\,dV = -V\,dP \quad \text{または} \quad \frac{C_P}{C_V}\frac{dV}{V} = -\frac{dP}{P} \tag{2・31}$$

$C_P/C_V = \gamma$（ガンマ）とおき（γ を熱容量比という），γ=一定として式(2・31)を状態1(P_1, V_1, T_1)から状態2(P_2, V_2, T_2)まで積分すると

$$\ln\left(\frac{V_2}{V_1}\right)^\gamma = \ln\frac{P_1}{P_2} \tag{2・32}$$

したがって次式を得る．

$$P_1V_1^\gamma = P_2V_2^\gamma \equiv PV^\gamma = K\text{（一定）} \tag{2・33}$$

式(2・33)は断熱過程での理想気体の状態変化の経路を示す．これを図 2・5 に示す．式(2・33)は $V_1 = nRT_1/P_1$, $V_2 = nRT_2/P_2$ とおくと次式となる．

$$T_1^\gamma P_1^{(1-\gamma)} = T_2^\gamma P_2^{(1-\gamma)} \equiv T^\gamma P^{(1-\gamma)} = K'\text{（一定）} \tag{2・34}$$

式(2・33)，(2・34)は二つの状態の一方から他方を決めるのに用いられる．

断熱過程での状態変化に必要な仕事は，式(2・33)を用いて次式で与えられる．

$$\Delta U = w = -\int_{V_1}^{V_2} P\,dV = -K\int_{V_1}^{V_2}\frac{dV}{V^\gamma}$$
$$= -K\left[\frac{V^{(1-\gamma)}}{1-\gamma}\right]_{V_1}^{V_2} = C_V(T_2 - T_1) \tag{2・35}$$

2-5 理想気体のジュールの法則と状態変化

例題 2・1

気体ヘリウム 8 mol を可逆的に断熱圧縮する。始めの状態を 273 K, 200 kPa とし, 終わりの温度を 373 K としたい。(a) 終わりの圧力, (b) 初めと終わりの体積, (c) 圧縮に必要な仕事を求めよ。ただし, ヘリウムは理想気体としモル熱容量は $C_{P,m}=5R/2$, $C_{V,m}=3R/2$ である。

[**解**] (a) 始めを 1, 終わりを 2 とすると理想気体の断熱変化の経路は式(2・34)より

$$T_1^{\gamma} P_1^{(1-\gamma)} = T_2^{\gamma} P_2^{(1-\gamma)}$$

これより

$$P_2 = P_1 \left(\frac{T_1}{T_2}\right)^{\frac{\gamma}{1-\gamma}} \quad \text{ただし} \quad \gamma = C_P/C_V = 5/3$$

したがって終わりの圧力 P_2 は

$$P_2 = 200 \times \left(\frac{273}{373}\right)^{-\frac{5}{2}} = 436.4 \text{ kPa}$$

(b) 始めと終わりの体積 V_1 と V_1 は

$$V_1 = nRT_1/P_1 = 8 \times 8.3145 \times 273/200 \times 10^3 = 0.09079 \text{ m}^3$$
$$V_2 = nRT_2/P_2 = 8 \times 8.3145 \times 373/436.4 \times 10^3 = 0.05685 \text{ m}^3$$

ここに式(2・33)

$$P_1 V_1^{\gamma} = P_2 V_2^{\gamma} = 3668 \text{ J}$$

が成立する。

(c) 系を圧縮するために外界から加える仕事 w は式(2・35)より

$$w = -K\left[\frac{V_2^{(1-\gamma)} - V_1^{(1-\gamma)}}{1-\gamma}\right] = -3668\left[\frac{(0.05685)^{-2/3} - (0.09079)^{-2/3}}{-2/3}\right] = 9977 \text{ J}$$

あるいは

$$w = C_V(T_2 - T_1) = 8 \times \frac{3R}{2}(373 - 273) = 9977 \text{ J}$$

定 容 過 程 定容過程では, $V=$ 一定$(dV=0)$であり, 系と外界との間での仕事のやりとりはない。

$$w_V = -\int_{V_1}^{V_2} P \, dV = 0$$

したがって第一法則, $\Delta U = q + w$ より

$$\Delta U = q_V$$

すなわち, 系に外界より加えられた熱は系の内部エネルギー増加に等しい。C_V が一定とみなせる場合には式(2・18)である次式で表される。

$$q_V = \Delta U = C_V(T_2 - T_1) \tag{2・18}$$

定 圧 過 程 定圧過程での理想気体の状態変化に必要な仕事は, 式(1・4)より次式で与えられる。

$$w_P = -\int_{V_1}^{V_2} P\,dV = -P\int_{V_1}^{V_2} dV = -P(V_2 - V_1)$$
$$= -nR(T_2 - T_1) \qquad (2\cdot 36)$$

次に熱は式(2・16)である次式で与えられる。
$$q_P = \Delta H = C_P(T_2 - T_1) \qquad (2\cdot 16)$$
したがって，内部エネルギー変化は第一法則 $\Delta U = q + w$ と $C_P - C_V = nR$ を用いて次のようになる。
$$\Delta U = q_P + w_P = C_P(T_2 - T_1) - nR(T_2 - T_1)$$
$$= C_V(T_2 - T_1) \qquad (2\cdot 37)$$

2-6 熱化学

化学反応により反応物が生成物に変換するとき，物質のエネルギーは同じ温度，圧力でも物質の種類によって異なるので，生成系(全生成物)と反応系(全反応物)のエネルギー差によって熱の放出(発熱)や吸収(吸熱)が起こり，これを**反応熱**という。

● 定圧反応熱 ΔH と定容反応熱 ΔU

化学反応は大気圧下のように圧力一定で行う場合と，オートクレーブのような密閉容器内で体積一定で行う場合とがある。すでに第一法則で学んだように，定圧過程では熱は系のエンタルピー変化に等しく，定容過程では熱は系の内部エネルギー変化に等しい。したがって，**定圧反応熱**は生成系と反応系のエンタルピーの差で与えられる。
$$\text{定圧反応熱} = H(\text{生成系}) - H(\text{反応系}) = \Delta H \qquad (2\cdot 38)$$
また，**定容反応熱**は生成系と反応系の内部エネルギー差で与えられる。
$$\text{定容反応熱} = U(\text{生成系}) - U(\text{反応系}) = \Delta U \qquad (2\cdot 39)$$
ここに定圧反応熱と定容反応熱の間には相互関係があり，一方がわかると他方を求めることができる。すなわちエンタルピーの定義，$H = U + PV$，を生成系と反応系に適用すると
$$\Delta H = \Delta U + P\Delta V \qquad (2\cdot 40)$$
ただし，ΔV は生成系と反応系の体積の差である。
$$\Delta V = V(\text{生成系}) - V(\text{反応系}) \qquad (2\cdot 40\cdot a)$$
反応の体積変化は，例えば均一気体反応で理想気体とすると $PV = nRT$ より次のようになり
$$\Delta V = [\nu(\text{生成系}) - \nu(\text{反応系})]RT/P = \Delta\nu RT/P$$

2-6 熱化学

ΔH と ΔU とは次のように関係づけられる。

$$\Delta H = \Delta U + \Delta \nu RT \tag{2·41}$$

ただし $\Delta \nu$ (ニュー)は

$$\Delta \nu = \nu (\text{生成物の化学量論係数の和})$$
$$- \nu (\text{反応物の化学量論係数の和}) \tag{2·41·a}$$

したがって，以下では定圧反応熱を反応熱すなわち**反応エンタルピー**として解説する。

例題 2·2

アンモニア合成反応

$$N_2(g) + 3H_2(g) \longrightarrow 2NH_3(g)$$

の温度 298 K で標準圧力 1 bar における定圧反応熱 ΔH は -91.8 kJ(発熱)である。温度 298 K における定容反応熱 ΔU を求めよ。ただし系は理想気体とする。

[**解**] ΔH と ΔU の関係は式(2·41)より

$$\Delta U = \Delta H - \Delta \nu RT$$

化学量論係数の差 $\Delta \nu$ は式(2·41·a)より

$$\Delta \nu = \nu (\text{生成系}) - \nu (\text{反応系}) = 2 - (1+3) = -2$$

したがって，温度 298 K における定容反応熱 ΔU は次のようである。

$$\Delta U = (-91.8) - (-2) \times (8.3145 \times 10^{-3}) \times 298 = -86.8 \text{ kJ}$$

● **標準反応エンタルピー $\Delta rH°$**

化学反応はいろいろな温度，圧力で行われるが，どのような条件で行われる場合でも熱力学で最も重要なのは標準反応エンタルピーである。

いま，次の化学反応を考える。

$$\nu_A A + \nu_B B \longrightarrow \nu_C C + \nu_D D \tag{2·42}$$

ただし，ν_A, ν_B は反応物 A と B，ν_C, ν_D は生成物 C と D の化学量論係数である。

標準反応エンタルピーとは，標準状態にある別々の純粋な反応物が標準状態にある別々の純粋な生成物へ変換したときのエンタルピー変化である。ここに**標準状態**とは圧力が 1 bar(厳密に 1×10^5 Pa)であるときの純粋物質であり，標準状態にある状態量には上付きの"°"をつける。例えば標準状態の圧力は $P°$ と書く。標準状態について温度は特に指定はなく，一般に系の温度が用いられる。広く用いられている系の温度は 298 K である。

式(2·42)の化学反応について，標準反応エンタルピー $\Delta rH°$ は次のように表

される。

$$\Delta rH° = (\nu_C H°_{m,C} + \nu_D H°_{m,D})_{生成系} - (\nu_A H°_{m,A} + \nu_B H°_{m,B})_{反応系} \quad (2\cdot43)$$

ここに $H°_{m,i}$ は純粋物質 i の標準状態の圧力 1 bar で，系の温度におけるモルエンタルピー (kJ mol^{-1}) である。系の温度が 298 K のときの標準反応エンタルピーは $\Delta rH°_{298}$ と書く。

ここにエンタルピーは状態量であるので，エンタルピー変化は系の終わりの状態と始めの状態のみで決められ，変化がどのような経路で行われたかには無関係である。

反応エンタルピーについて注意すべき点として次のようなことがある。

(1) **化学量論係数**：例えば次の同一の反応でも，(a)と比べて(b)の標準反応エンタルピーは2倍となる。

(a) $\frac{1}{2} N_2(g) + \frac{3}{2} H_2(g) \longrightarrow NH_3(g)$ $\Delta rH°_{298} = -45.9$ kJ

(b) $N_2(g) + 3 H_2(g) \longrightarrow 2 NH_3(g)$ $\Delta rH°_{298} = 2 \times (-45.9)$ kJ

(2) **相のタイプ**：気相は g，液相は l，固相は s で表す。例えば次の同一物質がつくられる反応でも，生成物の相のタイプが違うと標準反応エンタルピーは違ってくる。

(a) $H_2(g) + \frac{1}{2} O_2(g) \longrightarrow H_2O(g)$ $\Delta rH°_{298} = -241.8$ kJ

(b) $H_2(g) + \frac{1}{2} O_2(g) \longrightarrow H_2O(l)$ $\Delta rH°_{298} = -285.8$ kJ

(a)と(b)の違いをしらべるために，(b)の逆方向の反応を(b′)とすると

(b′) $H_2O(l) \longrightarrow H_2(g) + \frac{1}{2} O_2(g)$ $\Delta rH°_{298} = +285.8$ kJ

(b′)+(a)をつくると

$H_2O(l) \longrightarrow H_2O(g)$ $\Delta rH°_{298} = 44$ kJ

これは 298 K，圧力 1 bar で液相の水を気相の水とするための標準転位エンタルピー，あるいは 298 K における水の標準蒸発エンタルピーである。

(3) **吸熱と発熱の区別**：系が外界から熱をもらうときを正(+)，系が外界に熱を与えるときを負(−)と約束するので，吸熱は+，発熱は−である。たとえば，

(a) $CaCO_3(s) \longrightarrow CaO(s) + CO_2(g)$ $\Delta rH°_{298} = 177.8$ kJ   (吸熱)

(b) $C_3H_8(g) + 5 O_2(g) \longrightarrow 3 CO_2(g) + 4 H_2O(l)$

$\Delta rH°_{298} = -2220$ kJ   (発熱)

2-5 理想気体のジュールの法則と状態変化

● **ヘスの法則** —— 反応エンタルピーは代数方式で求まる ——

例えば黒鉛と水素からメタンをつくるとき，圧力1bar，298Kでは反応は仮想的と考えられるので反応熱の測定は実際にはできない。しかしメタン，水素，および黒鉛をそれぞれ燃焼させたときの標準反応エンタルピーを用いると，次のように簡単に求められる。

(a) $CH_4(g) + 2O_2(g) \longrightarrow CO_2(g) + 2H_2O(l)$　　$\Delta rH°_{298} = -890.4\,kJ$

(b) $H_2(g) + \frac{1}{2}O_2(g) \longrightarrow H_2O(l)$　　$\Delta rH°_{298} = -285.8\,kJ$

(c) $C(黒鉛) + O_2(g) \longrightarrow CO_2(g)$　　$\Delta rH°_{298} = -393.7\,kJ$

これら三つの反応より

$$(c) + 2 \times (b) - (a)$$

をつくると次式となり

$$C(黒鉛) + 2H_2(g) \longrightarrow CH_4(g)$$

$\Delta rH°_{298}$ についても同様にして

$$\Delta rH°_{298} = (-393.7) + 2 \times (-285.8) - (-890.4) = -74.9\,kJ$$

まとめると次のようである。

　　$C(黒鉛) + 2H_2(g) \longrightarrow CH_4(g)$　　$\Delta rH°_{298} = -74.9\,kJ$

次に黒鉛のダイヤモンドへの転位エンタルピーは，圧力1bar，298Kでは測定できない。しかし，黒鉛とダイヤモンドを燃焼させたときの標準反応エンタルピーを用いると容易に求められる。

(a) $C(黒鉛) + O_2(g) \longrightarrow CO_2(g)$　　$\Delta rH°_{298} = -393.5\,kJ$

(b) $C(ダイヤモンド) + O_2(g) \longrightarrow CO_2(g)$　　$\Delta rH°_{298} = -395.40\,kJ$

(a)−(b)をつくると

　　$C(黒鉛) \longrightarrow C(ダイヤモンド)$　　$\Delta rH°_{298} = +1.89\,kJ$

「エンタルピーは状態量であり，エンタルピー変化は系の終わりの状態と始めの状態だけで決められ，変化がどのような経路で行われたかには無関係である。」この考え方に従い化学反応をいくつかの段階に分け，代数方式で反応エンタルピーを求める手法は**ヘスの法則**(Hess's law)といわれ，熱力学第一法則の一つの表現である。

------- 例題 **2·3** -------

温度273Kにおける氷の融解エンタルピーは $\Delta_{fus}H = 6.01\,kJ\,mol^{-1}$，また水の蒸発エンタルピーは $\Delta_{vap}H = 45.03\,kJ\,mol^{-1}$ である。273Kで氷を昇華させるときのエン

タルピー変化 $\Delta_{sub}H$ を求めよ。

[解]　273 K における氷の融解エンタルピーおよび水の蒸発エンタルピーは次式による変化である。

(a) $H_2O(s) \longrightarrow H_2O(l)$　　$\Delta_{fus}H = 6.01 \text{ kJ mol}^{-1}$
(b) $H_2O(l) \longrightarrow H_2O(g)$　　$\Delta_{vap}H = 45.03 \text{ kJ mol}^{-1}$

(a)+(b) をつくると求める昇華エンタルピーは次のようになる。

$$H_2O(s) \longrightarrow H_2O(g)$$
$$\Delta_{sub}H = \Delta_{fus}H + \Delta_{vap}H = 6.01 + 45.03 = 51.04 \text{ kJ mol}^{-1}$$

● **標準生成エンタルピー $\Delta_f H°$ とヘスの法則の定式化**

ヘスの法則より着目する化学反応の標準反応エンタルピーは，いくつかの鍵となる化学反応の標準反応エンタルピーがわかれば求められる。この目的に対して，鍵となる有用な反応は化合物 1 mol をその構成元素からつくる反応であり，反応が標準状態で行われるときには**標準生成エンタルピー**といい，記号 $\Delta_f H°$ で表す。一例を示すと，系の温度が 298 K のときの標準生成エンタルピーは次のようである。

(a) $H_2(g) + \frac{1}{2}O_2(g) \longrightarrow H_2O(l)$　　$\Delta_f H° = -285.83 \text{ kJ mol}^{-1}$
(b) $C(黒鉛) + O_2(g) \longrightarrow CO_2(g)$　　$\Delta_f H° = -393.51 \text{ kJ mol}^{-1}$
(c) $S(斜方) + O_2(g) \longrightarrow SO_2(g)$　　$\Delta_f H° = -296.83 \text{ kJ mol}^{-1}$

このような標準生成エンタルピーは多くの化合物について測定されている。通常よく用いられる化合物についての温度 298 K における標準生成エンタルピー値を付録 3 に示す。

さて，例えば，CO_2 の標準生成エンタルピーを式(2·43)に従って書くと，次のようである。

$$\Delta_f H°_{CO_2(g)} = H°_{m,CO_2(g)} - H°_{m,C(黒鉛)} - H°_{m,O_2(g)} \tag{2·44}$$

ただし $H°_{m,i}$ は化合物 i の圧力 1 bar，298 K におけるモルエンタルピーである。

一般にエンタルピー H については，ある状態における絶対的な値を決めることはできない（$H = U + PV$ であるから，内部エネルギーの絶対値が決まらないためである）。しかし熱力学で必要なのは変化量だけであり，変化量は基準状態を指定し，このときの値を 0 と規約すれば計算できるのである。反応エンタルピーの計算では，基準状態を"圧力 1 bar，298 K で安定した状態にある元素のエンタルピーを 0 と規約する。"ここに安定した状態にある元素とは

2-6 熱化学

表 2・1 いくつかの元素のエンタルピーの基準状態

元　素	基準状態
H_2(水素)	気　体
N_2(窒素)	〃
O_2(酸素)	〃
Hg(水銀)	液　体
Br(臭素)	〃
I(ヨウ素)	固　体
C(炭素)	黒　鉛
S(硫黄)	斜方硫黄

注) 基準状態にはないダイヤモンド, 単斜硫黄は1 bar, 298 K でそれぞれ 1.9 および 0.3 kJ mol^{-1} のエンタルピーをもつ。

文字通り, 1 bar, 298 K で安定状態にある元素のことであり, 表 2・1 に示すように N_2, O_2 などは気体, 炭素は黒鉛, 硫黄は斜方硫黄などである。

エンタルピーの基準状態の規約により, $H°_{m,C(黒鉛)}=0$, $H°_{m,O_2(g)}=0$ であるから式(2・44)は次のようになる。

$$H°_{m,CO_2(g)} = \Delta_f H°_{CO_2(g)} \tag{2・45}$$

$\begin{pmatrix}化合物の圧力 1 bar, 298 K\\におけるモルエンタルピー\end{pmatrix}$ $\begin{pmatrix}化合物の圧力 1 bar, 298 K における標準生成エンタルピー\end{pmatrix}$

このことは一般化でき, 化合物のモルエンタルピーは化合物の標準生成エンタルピーに等しいとおくことができる。

$$H°_m = \Delta_f H° \tag{2・46}$$

$\begin{pmatrix}化合物の圧力 1 bar, 298 K\\におけるモルエンタルピー\end{pmatrix}$ $\begin{pmatrix}化合物の圧力 1 bar, 298 K における標準生成エンタルピー\end{pmatrix}$

次に, 式(2・46)を式(2・43)へ代入すると, 温度 298 K における標準反応エンタルピー $\Delta rH°_{298}$ は, 温度 298 K における標準生成エンタルピー $\Delta_f H°$ を用いて次式で与えられる。

$$\Delta rH°_{298}=(\nu_C \Delta_f H_C° + \nu_D \Delta_f H_D°)_{生成物} - (\nu_A \Delta_f H_A° + \nu_B \Delta_f H_B°)_{反応物} \tag{2・47}$$

式(2・47)は反応エンタルピーのデータが豊富に与えられている標準生成エンタルピーに基づく標準反応エンタルピーの計算式であり, ヘスの法則を定式化した表現である。

.... 例題 2・4 ....

次の反応の298Kにおける標準反応エンタルピーを標準生成エンタルピーから求めよ。

(a) $CH_4(g) + H_2O(g) \longrightarrow CO(g) + 3H_2(g)$

(b) $SO_2(g) + \dfrac{1}{2}O_2(g) \longrightarrow SO_3(g)$

(c) $H_2O(g) + C_2H_4(g) \longrightarrow C_2H_5OH(l)$

(d) $N_2(g) + 3H_2(g) \longrightarrow 2NH_3(g)$

(e) $H_2O(g) + C(s) \longrightarrow CO(g) + H_2(g)$

(f) $CO(g) + 2H_2(g) \longrightarrow CH_3OH(g)$

[解] 標準反応エンタルピーは式(2・47)で求まり,付録3の標準生成エンタルピーを用いると次のようになる。

(a) $\Delta rH°_{298} = \Delta_f H°_{CO(g)} + 3\Delta_f H°_{H_2(g)} - \Delta_f H°_{CH_4(g)} - \Delta_f H°_{H_2O(g)}$
$= (-110.5) + 3\times(0.0) - (-74.4) - (-241.8) = +205.7\,\mathrm{kJ}$

(b) $\Delta rH°_{298} = \Delta_f H°_{SO_3(g)} + \Delta_f H°_{SO_2(g)} - \dfrac{1}{2}\Delta_f H°_{O_2(g)}$
$= (-395.7) - (-296.8) - \dfrac{1}{2}\times(0.0) = -98.9\,\mathrm{kJ}$

(c) $\Delta rH°_{298} = \Delta_f H°_{C_2H_5OH(l)} + \Delta_f H°_{H_2O(g)} - \Delta_f H°_{C_2H_4(g)}$
$= (-277.7) - (-241.8) - (52.5) = -88.4\,\mathrm{kJ}$

(d) $\Delta rH°_{298} = \Delta_f H°_{NH_3(g)} - \Delta_f H°_{N_2(g)} - 3\Delta_f H°_{H_2(g)}$
$= 2\times(-45.9) - (0.0) - 3\times(0.0) = -91.8\,\mathrm{kJ}$

(e) $\Delta rH°_{298} = \Delta_f H°_{CO(g)} + \Delta_f H°_{H_2(g)} - \Delta_f H°_{H_2O(g)} - \Delta_f H°_{C(s)}$
$= (-110.5) + (0.0) - (-241.8) - (0.0) = +131.3\,\mathrm{kJ}$

(f) $\Delta rH°_{298} = \Delta_f H°_{CH_3OH(g)} + \Delta_f H°_{CO(g)} - 2\Delta_f H°_{H_2(g)}$
$= (-210.5) - (-110.5) - 2\times(0.0) = -91.0\,\mathrm{kJ}$

● 反応エンタルピーの温度による変化 ── キルヒホッフの法則 ──

反応エンタルピーの温度による変化は,エンタルピーを圧力一定で,温度で微分した値が定圧熱容量に等しいことに着目して与えられる。式(2・42)の化学反応が圧力1bar,温度 T で行われたときの標準反応エンタルピーを $\Delta rH°$ とすると,式(2・43)に従って次式で表される。

$$\Delta rH° = (\nu_C H°_{m,C} + \nu_D H°_{m,D})_{\text{生成物}} - (\nu_A H°_{m,A} + \nu_B H°_{m,B})_{\text{反応物}} \quad (2\cdot48)$$

ここに,$H°_{m,i}$ は純物質 i の圧力1bar,温度 T におけるモルエンタルピーである。

式(2・48)を圧力一定として温度で微分すると

2-6 熱化学

$$\frac{\partial \Delta rH^\circ}{\partial T} = \left(\nu_C \frac{\partial H^\circ_{m,C}}{\partial T} + \nu_D \frac{\partial H^\circ_{m,D}}{\partial T} \right) - \left(\nu_A \frac{\partial H^\circ_{m,A}}{\partial T} + \nu_B \frac{\partial H^\circ_{m,B}}{\partial T} \right) \quad (2\cdot 49)$$

ここに右辺の微分値は，式(2・12)より各物質の定圧モル熱容量 $C_{P,m}$ である．

$$\frac{\partial H^\circ_{m,i}}{\partial T} = C_{P,m,i}$$

したがって，式(2・49)は次のようになる．

$$\frac{\partial \Delta rH^\circ}{\partial T} = \Delta C_P \quad \text{または} \quad d\Delta rH^\circ = \Delta C_P\, dT \quad (P = 一定) \quad (2\cdot 50)$$

ただし ΔC_P は生成物と反応物の定圧熱容量の差である．

$$\begin{aligned}\Delta C_P &= (\nu_C C_{P,m,C} + \nu_D C_{P,m,D})_{生成物} - (\nu_A C_{P,m,A} + \nu_B C_{P,m,B})_{反応物} \\ &= C_P(生成物) - C_P(反応物)\end{aligned} \quad (2\cdot 51)$$

式(2・50)を温度 298 K から T K まで積分すると，求める温度 T における標準反応エンタルピーは次式で与えられる．

$$\Delta rH^\circ = \Delta rH^\circ_{298} + \int_{298}^T \Delta C_P\, dT \quad (2\cdot 52)$$

この式は**キルヒホッフの法則**(Kirchhoff's law)として知られている．

さて式(2・52)は図 2・6 からわかるようにヘスの法則を表し，ΔrH° は

(1) 反応物を温度 T K から 298 K まで冷却するときのエンタルピー変化

$$\int_T^{298} C_P(反応物)\, dT = -\int_{298}^T C_P(反応物)\, dT$$

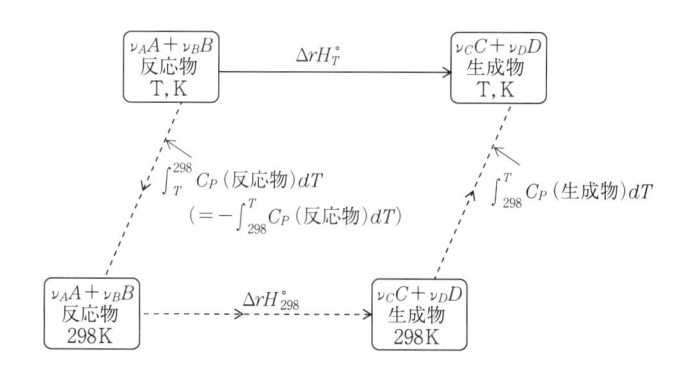

$$\Delta rH^\circ_T = -\int_{298}^T C_P(反応物)\, dT + \Delta rH^\circ_{298} + \int_{298}^T C_P(生成物)\, dT$$
$$= \Delta rH^\circ_{298} + \int_{298}^T \Delta C_P\, dT$$

図 **2・6** 標準反応エンタルピーの温度による変化
——キルヒホッフの法則の図示

(2) 温度 298 K における標準反応エンタルピー $\Delta rH°_{298}$
(3) 生成物を温度 298 K から T K まで加熱するときのエンタルピー変化の和で表される。

$$\int_T^{298} C_P(\text{生成物}) \, dT$$

次に定圧熱容量が一定とみなせるときには，$\Delta C_P =$ 一定とおいて式(2·52)は次式となる。

$$\Delta rH° = \Delta rH°_{298} + \Delta C_P (T - 298) \qquad (2·53)$$

定圧モル熱容量が温度の関数として，次の式(2·14)で表されるときには

$$C_{P,m} = a + bT + cT^2 + dT^3 \qquad (2·14)$$

式(2·52)は次のようになる。

$$\Delta rH° = \Delta rH°_{298} + \Delta a(T - 298) + \left(\frac{\Delta b}{2}\right)(T^2 - 298^2)$$
$$+ \left(\frac{\Delta c}{3}\right)(T^3 - 298^3) + \left(\frac{\Delta d}{4}\right)(T^4 - 298^4) \qquad (2·54)$$

ただし

$$\left.\begin{array}{l}\Delta a = (\nu_C a_C + \nu_D a_D) - (\nu_A a_A + \nu_B a_B) \\ \Delta b = (\nu_C b_C + \nu_D b_D) - (\nu_A b_A + \nu_B b_B) \\ \Delta c = (\nu_C c_C + \nu_D c_D) - (\nu_A c_A + \nu_B c_B) \\ \Delta d = (\nu_C d_C + \nu_D d_D) - (\nu_A d_A + \nu_B d_B)\end{array}\right\} \qquad (2·55)$$

ここに例えば a_C, b_C, c_C, d_C は物質 C についての式(2·14)の定数である。

● **結合エンタルピー**

化学反応にともなうエンタルピー変化は，分子内のいろいろな化学結合が切断され新しい化学結合が形成されるときのエンタルピー変化と考えることができる。したがって，気相反応(分子間力の影響がない理想気体系の場合に限られる)については，反応エンタルピーに基づいて分子内の化学結合の結合エンタルピーを知ることができる。

たとえば，化学結合 C−H の結合エンタルピー $D(\text{C}-\text{H})$ とは，C−H 結合を切断するためのエンタルピー変化であり，たとえば気体のメタン $\text{CH}_4(g)$ を気体状態の炭素原子 $\text{C}(g)$ と水素原子 $\text{H}(g)$ に解離させるためのエンタルピー変化，すなわち原子化エンタルピー $\Delta_{at}H(\text{CH}_4)$ を四つの結合に割り当てた値として求められる。

$$\text{CH}_4(g) \longrightarrow \text{C}(g) + 4\,\text{H}(g), \qquad D(\text{C}-\text{H}) = \frac{\Delta_{at}H(\text{CH}_4)}{4}$$

2-6 熱化学

ここに $CH_4(g)$ を $C(g)$ と $H(g)$ に解離させるための原子化エンタルピーは，次の(a), (b), (c)のエンタルピー変化から求められる．

（a）$CH_4(g)$ を黒鉛および水素分子に分解するときのエンタルピー変化
ΔrH（$CH_4(g)$ の生成エンタルピーを $\Delta_f H$ として $\Delta rH = -\Delta_f H$）
（b）固体黒鉛を気体状態の炭素とするときの昇華エンタルピー $\Delta_{sub}H$
（c）水素分子を水素原子とするときの原子化エンタルピー $\Delta_{at}H$

付録3の標準生成エンタルピーの表を参照して

（a）$CH_4(g) \longrightarrow C(黒鉛) + 2H_2(g)$　　　$\Delta rH°_{298} = 74.4 \, kJ$
（b）$C(黒鉛) \longrightarrow C(g)$　　　$\Delta_{sub}H°_{298} = 716.7 \, kJ$
（c）$\frac{1}{2}H_2(g) \longrightarrow H(g)$　　　$\Delta_{at}H°_{298} = 218 \, kJ$

これより (a)+(b)+4×(c) をつくると

$CH_4(g) \longrightarrow C(g) + 4H(g)$　　　$\Delta_{at}H°_{298}(CH_4) = 1663.1 \, kJ$

C-Hの結合エンタルピー $D(C-H)$ は次のようになる．

$$D(C-H) = 1663.1/4 = 415.8 \, kJ \, mol^{-1}$$

C-Hの結合エンタルピーは同様の手法で，一連の関連化合物を用いて求められる．たとえばエタン $C_2H_6(g)$，プロパン $C_3H_8(g)$ を用いると，C-H結合と同時にC-C結合の結合エンタルピー $D(C-C)$ も次式で与えられる．

$$\Delta_{at}H°_{298}(C_2H_6) = 2825.2 = D(C-C) + 6D(C-H)$$
$$\Delta_{at}H°_{298}(C_3H_8) = 3998.8 = 2D(C-C) + 8D(C-H)$$

連立方程式より，C-HとC-Cの結合エンタルピーとして次の値をえる．

表 2・2 平均結合エンタルピー（温度298K）[a]

化学結合	$kJ \, mol^{-1}$	化学結合	$kJ \, mol^{-1}$
C-C	346	C=S	536
C=C	610	Br-Br	193
C≡C	835	Cl-Cl	242
C-Cl	339	F-F	155
C-H	413	H-H	436
C-N	305	N-H	391
C≡N	890	N-N	163
C-O	358	O-H	463
C=O	745	O-O	146
C-S	272	O=O	498

a) I. M. KLOTZ & R. M. ROSENBERG, *Chemical Thermodynamics*, 6th ed., John Wiley & Sons, Inc., New York, 2000, pp. 58, Table 4-8. より抜粋．

$$D(\mathrm{C-H}) = 412.9\,\mathrm{kJ\,mol^{-1}}, \quad D(\mathrm{C-C}) = 347.8\,\mathrm{kJ\,mol^{-1}}$$

C−Hの結合エンタルピーを求めたが，メタンから求めた値とエタンとプロパンから求めた値とはぴったりとは一致しない．このことは結合エンタルピーが分子内の位置によって若干異なるということである．したがって，一連の関連化合物から求めた結合エンタルピーの平均値が採用され，**平均結合エンタルピー**という．種々の化学結合の温度298Kにおける平均結合エンタルピーを表2・2に示す．平均結合エンタルピーを用いると，分子内の結合がエンタルピー変化にどのように寄与しているかを知ることができる．また反応エンタルピーのデータがまったくない場合，その概算値を求めることができる．

例題 2・5

エチレンの水素添加でエタンをつくる．
$$\mathrm{C_2H_4}(g) + \mathrm{H_2}(g) \longrightarrow \mathrm{C_2H_6}(g)$$
平均結合エンタルピーを用いて298Kにおける標準反応エンタルピーを求めよ．

[解] 標準反応エンタルピー $\Delta rH°_{298}$ は反応系と生成系の原子化エンタルピーの差で与えられる．

(a) $\mathrm{C_2H_4}(g) + \mathrm{H_2}(g) \longrightarrow 2\,\mathrm{C}(g) + 6\,\mathrm{H}(g)$, $\Delta_{at}H$(反応系)
(b) $\mathrm{C_2H_6}(g) \longrightarrow 2\,\mathrm{C}(g) + 6\,\mathrm{H}(g)$, $\Delta_{at}H$(生成系)

ここに，反応系の原子化エンタルピーは $\mathrm{C_2H_4}(g)$ の4個のC−H結合，1個のC=C結合，および $\mathrm{H_2}(g)$ の1個のH−H結合の結合エンタルピーで与えられる．表2・2を参照して

$$\Delta_{at}H(\text{反応系}) = 4 \times D(\mathrm{C-H}) + 1 \times D(\mathrm{C=C}) + 1 \times D(\mathrm{H-H})$$
$$= 4 \times 413 + 1 \times 610 + 1 \times 436 = 2698\,\mathrm{kJ}$$

生成系の原子化エンタルピーは $\mathrm{C_2H_6}(g)$ の6個のC−H結合と1個のC−C結合の結合エンタルピーで与えられる．

$$\Delta_{at}H(\text{生成系}) = 6 \times D(\mathrm{C-H}) + 1 \times D(\mathrm{C-C})$$
$$= 6 \times 413 + 1 \times 346 = 2824\,\mathrm{kJ}$$

(a)−(b) より，求める標準反応エンタルピーは

$$\Delta rH°_{298} = \Delta_{at}H(\text{反応系}) - \Delta_{at}H(\text{生成系}) = 2698 - 2824 = -126\,\mathrm{kJ} \quad (\text{発熱})$$

なお，標準生成エンタルピーから求めた値は $-136.3\,\mathrm{kJ}$ でありほぼ一致する．

● **燃焼と火炎温度**

燃焼は物質と酸素との反応であり，熱と光の発生をともなうのが特徴である．燃焼エンタルピーは，物質が酸素で完全に燃焼した時に放出する熱量であるので，その数値は負である．燃焼エンタルピーを他の反応エンタルピーと区

別するときには記号 $\Delta_{comb}H$ を用いる。燃焼が標準状態(圧力 1 bar)で行われたときには**標準燃焼エンタルピー** $\Delta_{comb}H°$ という。

一例としてメタン，プロパン，水素を空気または酸素で完全燃焼させたときの 298 K における標準燃焼エンタルピーは次のようである。

$$CH_4(g) + 2\,O_2(g) + 7.52\,N_2(g) \longrightarrow CO_2(g) + 2\,H_2O(g) + 7.52\,N_2(g)$$
$$\Delta_{comb}H°_{298} = -802.7\,\text{kJ mol}^{-1}$$

$$C_3H_8(g) + 5\,O_2(g) + 18.8\,N_2(g) \longrightarrow 3\,CO_2(g) + 4\,H_2O(g) + 18.8\,N_2(g)$$
$$\Delta_{comb}H°_{298} = -2063.9\,\text{kJ mol}^{-1}$$

$$H_2(g) + \frac{1}{2}O_2(g) + 1.88\,N_2(g) \longrightarrow H_2O(g) + 1.88\,N_2(g)$$
$$\Delta_{comb}H°_{298} = -241.8\,\text{kJ mol}^{-1}$$

ここに生成される水は $H_2O(g)$ としたが，$H_2O(l)$ のときのエンタルピーを知りたいときには，298 K における次の標準反応エンタルピーを引けばよい。

$$H_2O(l) \longrightarrow H_2O(g) \qquad \Delta rH°_{298} = +44\,\text{kJ}$$

次に，燃料である物質を断熱条件下で空気で完全燃焼したときの生成物(反応物は含まない)が到達する最高温度を**理論火炎温度**という。まず断熱条件下では熱の出入りはないので

$$q = \Delta H = 0$$

であり，系の終わりのエンタルピーと始めのエンタルピーは等しい。この系の終わりと始めのエンタルピーの差は，図 2·7 を参照してヘスの法則により次の二つの変化の和に等しい。

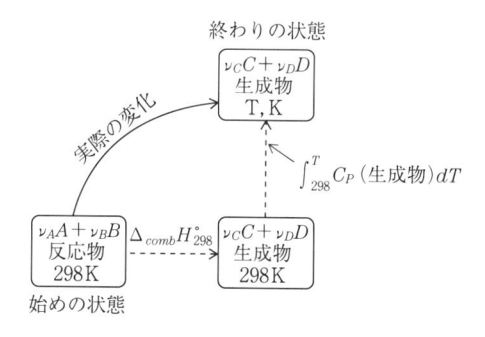

$$q = \Delta H = 0 = \Delta_{comb}H°_{298} + \int_{298}^{T} C_P(\text{生成物})dT$$

図 2·7 理論火炎温度を求めるときのエンタルピー変化

(1) 298 K における標準燃焼エンタルピー $\Delta_{comb}H°_{298}$。
(2) 生成物を 298 K から T K（理論火炎温度）まで加熱するためのエンタルピー変化 $\int_{298}^{T} C_P(生成物) dT$

$$q = \Delta H = 0 = \Delta_{comb}H°_{298} + \int_{298}^{T} C_P(生成物) dT \quad (2\cdot56)$$

すなわち理論火炎温度 T は次式で計算できる。

$$0 = \Delta_{comb}H°_{298} + \int_{298}^{T} C_P(生成物) dT \quad (2\cdot57)$$

ここに

$$C_P(生成物) = \sum^{生成物} \nu_i C_{P,m,i} \quad (2\cdot58)$$

であり，$C_{P,m} = a + bT + cT^2 + dT^3$ を用いると積分項は次のようになる。

$$\int_{298}^{T} C_P(生成物) dT = \Delta a(T-298) + \frac{\Delta b}{2}(T^2-298^2)$$
$$+ \frac{\Delta c}{3}(T^3-298^3) + \frac{\Delta d}{4}(T^4-298^4) \quad (2\cdot59)$$

ただし

$$\Delta a = \sum^{生成物} \nu_i a_i, \quad \Delta b = \sum^{生成物} \nu_i b_i, \quad \Delta c = \sum^{生成物} \nu_i c_i, \quad \Delta d = \sum^{生成物} \nu_i d_i$$

理論火炎温度 T は，式(2·59)を式(2·57)に代入し，これが 0 となる温度を求めればよい。

例題 2·6

メタンの理論火炎温度を求めよ。ただしメタンを空気で完全燃焼させるとき 298 K における標準燃焼エンタルピー $\Delta_{comb}H°_{298}$ は -802.6 kJ mol^{-1} である。

[解] 反応は
$$CH_4(g) + 2O_2(g) + 7.52 N_2(g) \longrightarrow CO_2(g) + 2H_2O(g) + 7.52 N_2(g)$$
$$\Delta_{comb}H°_{298} = -802.6 \text{ kJ mol}^{-1}$$

理論火炎温度は式(2·57)で求まる。
$$0 = \Delta_{comb}H°_{298} + \int_{298}^{-T} C_P(生成物) dT$$

ここに
$$C_P(生成物) = \sum \nu_i C_{P,m,i}(生成物)$$

各生成物の定圧モル熱容量 $C_{P,m}$ を
$$C_{P,m} = a + bT + cT^2 + dT^3 \quad (C_{P,m}/\text{kJ K}^{-1}\text{mol}^{-1}, \ T/\text{K})$$
で表し，付録1のデータを用いると
$$\Delta a = a_{CO_2} + 2a_{H_2O} + 7.52 \, a_{N_2} = 287.7 \times 10^{-3}$$
$$\Delta b = b_{CO_2} + 2b_{H_2O} + 7.52 \, b_{N_2} = 12.1 \times 10^{-5}$$

2-6 熱化学

$$\Delta c = c_{CO_2} + 2c_{H_2O} + 7.52\,c_{N_2} = -3.71 \times 10^{-8}$$
$$\Delta d = d_{CO_2} + 2d_{H_2O} + 7.52\,d_{N_2} = 0.996 \times 10^{-11}$$

これより
$$C_P(生成物) = \Delta a + \Delta b T + \Delta c T^2 + \Delta d T^3$$

積分項は次のようになる。
$$\int_{298}^{T} C_P(生成物)\,dT = \Delta a T + \frac{\Delta b}{2}T^2 + \frac{\Delta c}{3}T^3 + \frac{\Delta d}{4}T^4 - I$$

ただし
$$I = \Delta a \times 298 \frac{\Delta b}{2} \times (298)^2 + \frac{\Delta c}{3} \times (298)^3 + \frac{\Delta d}{4} \times (298)^4$$

Δa, Δb, Δc, Δd の数値を用いると, I の値は次のようである。
$$I = 90.77$$

結局理論火炎温度 T の式は次式となり
$$0 = (-802.6) + \Delta a T + \frac{\Delta b}{2}T^2 + \frac{\Delta c}{3}T^3 + \frac{\Delta d}{4}T^4 - 90.77$$

右辺が 0 となる温度 T を試行錯誤法で求めると理論火炎温度は
$$T = 2285\,\mathrm{K}$$
である。

熱力学の第二法則

—— 全エントロピー増大則 ——

3

　序章で述べたように，自然に起こる自発的といわれる変化はすべて方向性をもち一方向に進行する。化学反応はなぜ"反応が進行する"という方向性をもち，やがてそれ以上は変化が進まない平衡状態となるか。コップに入れた熱い茶湯は大気中でなぜ"冷める"という方向性を持ち，やがて大気温度と等しくなって熱平衡となるのか。気体である SO_x と空気はなぜ"混合する"という方向性をもち，やがて完全に混合してそれ以上変化が進まない平衡状態となるのか。このような自然に起こる変化の方向性と平衡状態の基準は，エネルギーの量だけを考察する熱力学の第一法則では解明できない。

　熱力学の第二法則は，自然に起こるすべての現象や変化をめぐって，自発的な変化の起こる方向とそれ以上は変化が進まなくなる平衡状態の基準を明らかにする。そしてこの基準を表すのに，エントロピーと呼ばれる状態量が用いられる。エントロピーの記号は S である。ここに，自然に起こる変化は非平衡状態で進行し，一方向のみに進行するので不可逆過程である。平衡状態は可逆過程に属するので，エントロピーは不可逆過程と可逆過程を特徴づける因子と考えられる。

　エントロピーと呼ばれる状態量は，歴史的には，熱を仕事に変換するサイクル型の理想的エンジン，カルノーサイクルの研究を通して導入された。そしてエントロピーが広範な内容をもつ因子であることが次第に明らかにされ，化学分野にも応用されるようになった。エンジンの話は，化学の学生にとって必ずしも親しみやすいとは思われないので，カルノーサイクルについては付録7Aで解説することにしたい。ここでは，エントロピーの定義を述べ，エントロピーの意味をよく考え，いかに活用するかにポイントをおいて話を進めたい。

　熱力学の第二法則は，全エントロピー増大則ともいわれ，いろいろな表現があるが本質的にはすべて同等である。

　例えば…

- 「すべての自然に起こる変化は，系のエントロピー変化と外界のエントロピー変化の和である孤立系の全エントロピーが増大する方向に起こり，全エントロピー極大において平衡状態となる。」

3. 熱力学の第二法則

- 「孤立系で不可逆過程が進行するとき，孤立系の全エントロピーは増大し，全エントロピー極大において平衡状態となる。」
- 「宇宙のエントロピーは極大に向かう。」
- 「熱はそれ自身で一つの物体からより高温の物体に流れることはない。」

本章では，順序は逆になるが，まずエントロピー S を用いて表される熱力学の第二法則の表現式を示す。次にエントロピーの定義とその計算法を述べ，熱力学の第二法則の表現式がどのように導出されるかを解説する。またエントロピーが分子の配置の乱雑さを表す尺度であることを示し，さらに全エントロピー増大則の内容を 3-6 節（自発的変化は全エントロピーが増大するとき起こる）で具体的に解説する。

3-1 熱力学の第二法則の表現式

熱力学の第二法則は，エントロピー S を用いて表現され次式で表される。

$$\Delta S_{全} = \Delta S_{系} + \Delta S_{外界} > 0 \quad (不可逆過程または自発的変化) \quad (3\cdot1)$$

$$\Delta S_{全} = \Delta S_{系} + \Delta S_{外界} = 0 \quad (可逆過程または平衡状態) \quad (3\cdot2)$$

式(3・1)はすべての自発的に起こる変化は不可逆過程で進行し，系のエントロピー変化 $\Delta S_{系}$ と外界のエントロピー変化 $\Delta S_{外界}$ の和である孤立系の全エントロピー $\Delta S_{全}$ が増大するときに起こることを表す。式(3・2)は全エントロピー $\Delta S_{全}$ が極大のとき平衡状態になることを示す。この熱力学の第二法則は裏返しにしてみると，全エントロピーが減少する $\Delta S_{全} < 0$ となる変化は決して起こらないことを表明する。

3-2 エントロピーの定義

エントロピー (entropy) について，まず指摘できることは，エントロピーは密度や熱容量やエンタルピーと同じように，物質が示す物理化学的性質の一つであるということである。エントロピーという言葉はクラウジウスがつくった造語であり，ギリシア語の"変化"を意味する"$\varepsilon\nu\tau\rho o\pi\eta$"に由来している。エネルギーが保存されるのに対して，宇宙のエントロピーは常に増加するからである。

● エントロピーの定義

エントロピーの定義を示そう．系である物質の物理化学的性質を示すエントロピーと呼ばれる量がある．いま温度 T の系があり，外界より系に微小熱量 dq を可逆的に加える．系が熱量 $dq_{可逆}$ を受けとったとき，$dq_{可逆}/T$ だけ変化する量があり，これを系のエントロピー変化といい記号 dS で表す．

$$\text{エントロピー変化} \quad dS = \frac{dq_{可逆}}{T} \quad (3\cdot3)$$

ここに熱を可逆的に加えるとは，系がつねに平衡状態にあり，系内に温度分布が生じないように系と外界との温度差を極めて小さくし，逐次，無限にゆっくりと加熱することである．エントロピーが可逆過程で定義されることは大事な条件である．エントロピーの単位は $J\,K^{-1}$ または $kJ\,K^{-1}$ である．物質量で割ったモルエントロピーは記号 S_m で示し，単位は $J\,K^{-1}mol^{-1}$ または $kJ\,K^{-1}mol^{-1}$ である．

式(3・3)で定義されるエントロピーが状態量であることは，状態1から出発して再び状態1へ戻すサイクル変化を行ったとき，サイクル変化の積分が0となり，式(2・7)が満足されることで理解できる．(例題3・1参照)

次に，熱が吸収される間に温度が変化し，系の状態が1から2へ変化したときのエントロピー変化 $\Delta S = S_2 - S_1$ は，式(3・3)を積分して次式で与えられる．

$$\Delta S = S_2 - S_1 = \int_1^2 \frac{dq_{可逆}}{T} \quad (3\cdot4)$$

系の温度 T が一定に保たれる定温過程では，式(3・4)は次のようになる．

$$\Delta S = \frac{q_{可逆}}{T} \quad (3\cdot5)$$

エントロピーは可逆過程で定義されるので，不可逆過程のエントロピー変化はどのように求めるのであろうか．エントロピーは状態量であるので，系の変化が不可逆であっても，系の始めの状態と終わりの状態は平衡状態にあるとして，この始終状態について考えやすい可逆過程を選んで式(3・4)で求めることができる．問題はこのようにして求めた系のエントロピー変化が，不可逆過程をどのように特徴づけるかということであり，熱力学の第二法則であるエントロピー増大則を理解するためのもっとも重要な点である．次の不可逆過程とエントロピーでこの問題を考える．

コラム 3

仕事と熱の類似性とエントロピー

系の膨張，圧縮による体積変化の仕事は，体積変化を dV として可逆過程では次式で与えられる。

$$dw = -P\,dV \tag{1}$$

ここに P は系の圧力である。仕事は状態量ではないので $\int_1^2 dw = w$ と書き，$\int_1^2 dw = w_2 - w_1$ とは書けない。したがって式(1)は積分形では

$$w = -\int_{V_1}^{V_2} P\,dV \tag{2}$$

ところで式(1)を体積変化 dV について解いて，次の形で用いることは実際にはほとんどない。

$$dV = -\frac{dw}{P} \tag{3}$$

しかし，理論的には大変興味深い形であり積分すると

$$\int_{V_1}^{V_2} dV = V_2 - V_1 = -\int_1^2 \frac{dw}{P} \tag{4}$$

体積 V は状態量であるので，その変化は終わりと始めの値だけで決められる。一方仕事は状態量ではないが，仕事を圧力でわった dw/P は状態量であることがわかる。

次にエントロピーは可逆過程で次式で定義される。

$$dS = \frac{dq}{T} \tag{5}$$

このエントロピーの定義は，仕事の式(3)に相当し，積分すると

$$\int_{S_1}^{S_2} dS = S_2 - S_1 = \int_1^2 \frac{dq}{T} \tag{6}$$

すなわち，熱を温度でわった dq/T は状態量である，式(6)は式(4)に相当する。

さて，エントロピーの定義を示す式(5)より熱 dq は可逆過程では次のように表される。

$$dq = T\,dS \tag{7}$$

この式は仕事の式(1)に相当し，仕事が体積変化に依存するように，熱はエントロピー変化に依存することを示す。ただし体積変化は見ることができるが，エントロピー変化は見えないのでこの点が問題である。しかしエントロピーは分子の配置の乱雑さの尺度であり，乱雑さの増加とエントロピーの増加とは同等の意味をもっている。したがって分子の配置の乱雑さを(dS だけ)増加させるための熱 dq は TdS で与えられると考えると式(7)は理解しやすいと思う。系の乱雑さを増加させることで温度が変化する場合には積分して次のようである。

$$q = \int_1^2 T\, dS \qquad (8)$$

仕事と熱の共通点は，いずれも示強性質×d(示量性質)で表されることである。

3-3 第二法則の表現式の検証 —— 不可逆過程とエントロピー ——

　熱力学の第二法則の表現式である式(3·1), (3·2)は，孤立系の不可逆過程では全エントロピーは増大し，可逆過程では0で変化しないことを示して，エントロピーが不可逆過程と可逆過程を特徴づける因子であることを表す。そこで，あらためて第二法則の表現式がどのように導出されるかを検証しよう。いま図3·1を参照し，同一始終状態の状態1から状態2への変化を，可逆過程と不可逆過程でそれぞれ系と外界との間で熱と仕事をやりとりさせ，定温過程で実現させる。

　同一始終状態の変化では，可逆，不可逆にかかわらず系の内部エネルギー変化は等しく，第一法則は

$$\varDelta U = q_{可逆} + w_{可逆} \qquad (3\cdot 6\cdot a)$$
$$\varDelta U = q_{不可逆} + w_{不可逆} \qquad (3\cdot 6\cdot b)$$

ただし，$q_{可逆}$，$w_{可逆}$ は可逆過程での熱と仕事，$q_{不可逆}$，$w_{不可逆}$ は不可逆過程での熱と仕事である。内部エネルギー変化 $\varDelta U$ は同一であるから，両式を等置して移項すると

$$(-w_{可逆}) - (-w_{不可逆}) = q_{可逆} - q_{不可逆} \qquad (3\cdot 7)$$

ここに，$-w_{可逆}$，$-w_{不可逆}$ は可逆過程および不可逆過程で系が外界に与える仕事である。系が外界に仕事を与える場合，1-5節で述べたように可逆過程でなさ

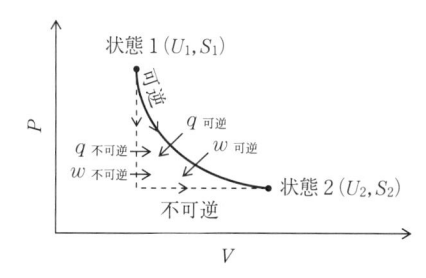

図 3·1　可逆過程と不可逆過程で同一始終状態の状態変化を行う

れる仕事は最大であり，常に不可逆過程でなされる仕事より大きく，式(1・6)より次式が成立する。

$$(-w_{可逆}) > (-w_{不可逆}) \tag{3・8}$$

式(3・7)へ式(3・8)を代入すると

$$q_{可逆} > q_{不可逆} \tag{3・9}$$

同様にして，微小の状態変化について次式をえる。

$$dq_{可逆} > dq_{不可逆} \tag{3・10}$$

上式の両辺を系の温度 T で割ると

$$\frac{dq_{可逆}}{T} > \frac{dq_{不可逆}}{T} \tag{3・11}$$

ここに，系のエントロピー変化 dS は可逆過程で次の式(3・3)で定義される。また同一の始終状態の状態変化では可逆，不可逆にかかわりなく，系のエントロピー変化は等しいので，式(3・11)は次の式(3・12)で表される。

$$dS = \frac{dq_{可逆}}{T} \quad (可逆過程) \tag{3・3}$$

$$dS > \frac{dq_{不可逆}}{T} \quad (不可逆過程) \tag{3・12}$$

すなわち可逆過程では，系のエントロピー変化は系がもらった熱 $dq_{可逆}$ を系の温度 T で割った値 $dq_{可逆}/T$ に等しい。しかし不可逆過程では，系のエントロピー変化は系がもらった熱 $dq_{不可逆}$ を系の温度 T で割った $dq_{不可逆}/T$ より大きくなる。これは，不可逆過程は非平衡状態(系内には温度の分布や圧力の分布が生じている)で変化が進行し，非平衡状態であるという条件により系内にエントロピーが生成されるからである。不可逆過程で系内に生成されるエントロピーは**不可逆エントロピー**あるいは**内部生成エントロピー**といわれる。不可逆エントロピーを $dS_{生成}$ とすると(必ず増加するので $dS_{生成} > 0$)，式(3・12)は等号を用いて次式で表される。

$$dS = \frac{dq_{不可逆}}{T} + dS_{生成} \tag{3・13}$$

これより，可逆過程では $dS_{生成} = 0$ であるから(このとき $dq_{不可逆}$ は $dq_{可逆}$ とおく)式(3・3)が，不可逆過程では $dS_{生成} > 0$ であるから式(3・12)となる。式(3・12)はクラジウスの不等式として知られている。

次に孤立系を考えると，孤立系とは系内でエネルギーのやりとりはあっても，系と外界との間ではエネルギーの出入りも物質の出入りもないので式(3・3)，式(3・12)で $dq_{可逆} = 0$，$dq_{不可逆} = 0$ とおいて次式が与えられる。

$$dS_{全}=0 \quad （可逆過程） \tag{3・14・a}$$

$$dS_{全}>0 \quad （不可逆過程） \tag{3・14・b}$$

あるいは，積分形では次式となる。

$$\varDelta S_{全}=0 \quad （可逆過程） \tag{3・15・a}$$
$$\varDelta S_{全}>0 \quad （不可逆過程） \tag{3・15・b}$$

ここに，$\varDelta S_{全}$ は孤立系の全エントロピーである。式(3・15・a), (3・15・b)は第二法則の表現式である式(3・2), (3・1)である。なお，参考までに$(-w_{可逆})>(-w_{不可逆})$の解釈として，なぜ不可逆過程では仕事の損失が生じるかを付録7Bにまとめた。

3-4　エントロピー変化の求め方

エントロピーの定義式 $\varDelta S=\int_1^2 dq_{可逆}/T$ を用いて，状態変化にともなうエントロピー変化を典型的な場合について求めてみよう。

● エントロピー変化の計算式

定圧過程　定圧過程で温度によるエントロピー変化は，式(3・4)へ式(2・15)である $dq_P=dH=C_P dT$ を代入して，次式で与えられる。

$$\varDelta S_P=\int_1^2 \frac{dq_{可逆}}{T}=\int_1^2 \frac{dH}{T}=\int_{T_1}^{T_2} \frac{C_P\,dT}{T}=\int_{T_1}^{T_2} C_P\,d\ln T \tag{3・16}$$

C_P が一定とみなされる場合には，次のようである。

$$\varDelta S_P=C_P \ln \frac{T_2}{T_1} \tag{3・17}$$

C_P が温度の関数として表される場合には，$C_P=nC_{P,m}$ であるから，$C_{P,m}=a+bT+cT^2+dT^3$ を用いると，式(3・16)は次式となる。

$$\varDelta S_P=n\left\{a\ln\frac{T_2}{T_1}+b(T_2-T_1)+\frac{c}{2}(T_2{}^2-T_1{}^2)+\frac{d}{3}(T_2{}^3-T_1{}^3)\right\} \tag{3・18}$$

定容過程　定容過程で温度によるエントロピー変化は，式(3・4)へ式(2・17)である $dq_V=dU=C_V\,dT$ を代入して，次式で与えられる。

$$\varDelta S_V=\int_1^2 \frac{dq_{可逆}}{T}=\int_1^2 \frac{dU}{T}=\int_{T_1}^{T_2} \frac{C_V\,dT}{T}=\int_{T_1}^{T_2} C_V\,d\ln T \tag{3・19}$$

C_V が一定とみなされる場合には次のようである。

$$\Delta S_V = C_V \ln \frac{T_2}{T_1} \tag{3・20}$$

断熱過程 断熱過程は系と外界との間で熱の出入りがない場合であるので
$$dq_{可逆}=0$$
したがって式(3・4)より
$$\Delta S = \int_1^2 \frac{dq_{可逆}}{T} = 0 \tag{3・21}$$

すなわち系のエントロピー変化は 0 でエントロピーは一定である。したがって断熱可逆過程は等エントロピー過程といわれる。

定温過程 系の温度が一定の場合には、エントロピー変化は次の式(3・5)で与えられる。
$$\Delta S = \frac{q_{可逆}}{T} \tag{3・5}$$

特に理想気体の系を考えると、$T=$一定では理想気体のジュールの法則より内部エネルギー変化は 0 である。したがって、第一法則は $0=dq+dw$ となり、式(1・4)の $dw_{可逆}=-P\,dV$ を用いると
$$dq_{可逆}=-dw_{可逆}=P\,dV$$
これを式(3・4)へ代入し $PV=nRT$ を用いると、理想気体の定温過程での体積あるいは圧力によるエントロピー変化は次式で与えられる。

$$\Delta S_T = \int_1^2 \frac{dq_{可逆}}{T} = \int_{V_1}^{V_2} \frac{P\,dV}{T} = nR \int_{V_1}^{V_2} \frac{dV}{V}$$
$$= nR \ln \frac{V_2}{V_1} = nR \ln \frac{P_1}{P_2} \quad (\text{理想気体}) \tag{3・22}$$

⋯⋯⋯⋯ **例題 3・1** ⋯⋯⋯⋯

理想気体を次の3つの状態変化を行ってサイクル変化させる。(a) 状態1(P_1, V_1, T_1)の気体を定容過程で可逆的に冷却して状態2(P_2, V_1, T_2)とする。次に、(b) 定圧過程で可逆的に加熱して状態2から状態3(P_2, V_3, T_1)とする。ついで、(c) 定温過程で可逆的に圧縮して状態3からもとの状態1へもどす。エントロピーについて、サイクル変化の積分は 0 となることを示せ。
$$\oint dS = 0$$
ただし、理想気体のモル熱容量は一定とする。

[解] 定容過程で温度によるエントロピー変化は式(3・20)で、定圧過程での温度によるエントロピー変化は式(3・17)で、また理想気体の定温過程での体積変化によるエントロピー変化は式(3・22)で与えられる。過程(a), (b), (c)でのエントロピー変化は

3-4 エントロピー変化の求め方

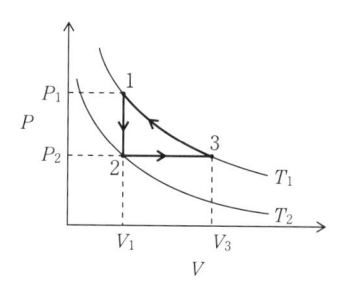

(a) $\Delta S_V = C_V \ln \dfrac{T_2}{T_1}$

(b) $\Delta S_P = C_P \ln \dfrac{T_1}{T_2}$

(c) $\Delta S_T = nR \ln \dfrac{V_1}{V_3}$

ここに,状態2と3に $PV = nRT$ を適用すると,$P_2 V_1 = nRT_2$,$P_2 V_3 = nRT_1$ であるから

$$V_1/V_3 = T_2/T_1$$

したがって,エントロピーについてのサイクル変化の積分は (a)+(b)+(c) より

$$\oint dS = (C_P - C_V - nR) \ln \dfrac{T_1}{T_2}$$

理想気体では,$C_P - C_V = nR$ であるから

$$\oint dS = 0$$

エントロピーは状態量である。(なおエントロピー導入のきっかけとなったカルノーサイクルでは,理想気体を用い,二つの定温過程と二つの断熱過程でサイクルを完成させ,サイクル変化ではエントロピーが0となることを示した)

例題 3・2

理想気体 n mol を温度 $T=$ 一定で圧力 P_1 から P_2 まで可逆的に定温膨張させる。(a) 膨張のため系が外界より吸収する熱 q,(b) 系のエントロピー変化 ΔS を求めよ。また (c) 定温過程では $q = T\Delta S$ となることを示せ。

[解] (a) 理想気体の定温過程では,ジュールの法則より内部エネルギー変化はなく系が吸収する熱 q は系が外界になす仕事 $-w$ に等しい。理想気体では式 (2・25) より

$$q = -w = nRT \ln \dfrac{V_2}{V_1} = nRT \ln \dfrac{P_1}{P_2}$$

(b) 理想気体の定温過程では系のエントロピー変化は式 (3・22) より

$$\Delta S = nR \ln \dfrac{V_2}{V_1} = nR \ln \dfrac{P_1}{P_2}$$

(c) (a), (b)より定温過程では
$$q = T\Delta S$$
すなわち熱は温度とエントロピー変化の積で与えられる。

相変化(蒸発，融解，昇華)にともなうエントロピー変化　純物質の蒸発, 融解および昇華などの相変化は，温度および圧力一定で行われ，相が違うとエントロピーは異なることが示される。さて定温下では系のエントロピー変化は次の式(3・5)で与えられる。

$$\Delta S = \frac{q_{可逆}}{T} \tag{3・5}$$

また定圧下では，式(2・10)より熱は系のエンタルピー変化に等しい。

$$q_P = H_2 - H_1 = \Delta H \tag{2・10}$$

したがって，例えば液相から気相への変化である蒸発が，温度一定，圧力一定で可逆的に行われたときの系のエントロピー変化すなわち**蒸発エントロピー**は式(3・5)，(2・10)より次式で表される。

$$\Delta_{vap}S = \frac{\Delta_{vap}H}{T_b} \tag{3・23}$$

ただし，T_b は蒸発温度，$\Delta_{vap}H$ は蒸発エンタルピーである。ここに液体の蒸発には加熱が必要で，$\Delta_{vap}H > 0$ であるから $\Delta_{vap}S > 0$ であり，気相のエントロピーは液相のエントロピーより大きい。

いくつかの液体の圧力 101.3 kPa における蒸発エントロピーを表 3・1 に示すが，非極性物質の蒸発エントロピーはほぼ $85\,\mathrm{J\,K^{-1}\,mol^{-1}}$ であり，一定値を示す。

表 3・1　液体の蒸発エントロピー(圧力 101.3 kPa)

物質名	$\Delta_{vap}S°$ ($\mathrm{J\,K^{-1}\,mol^{-1}}$)	物質名	$\Delta_{vap}S°$ ($\mathrm{J\,K^{-1}\,mol^{-1}}$)
ヘキサン	84.4	メタノール	104.4
ヘプタン	85.3	エタノール	110.2
トルエン	86.4	水	108.9
四塩化炭素	85.8	ギ酸	58.6
臭化エチル	85.0	酢酸	60.5
ブロムベンゼン	85.1	酸素	75.6

注)　アルコール，水は水素結合があるので蒸発エントロピーは大きく，有機酸は気相会合があるので蒸発エントロピーは小さい。なお酸素の沸点は $-182.96\,°\mathrm{C}$ である。

$$\Delta_{vap}S = \Delta_{vap}H/T_b = 85 \qquad (3\cdot24)$$

式(3・24)は**トルートンの規則**(Trouton's rule)として知られている。極性物質であるアルコール,水,有機酸などはこの規則からずれる。

融解,昇華についても同様であり,**融解エントロピー** $\Delta_{fus}S$,**昇華エントロピー** $\Delta_{sub}S$ は次のように与えられる。

$$\Delta_{fus}S = \frac{\Delta_{fus}H}{T_f} \qquad (3\cdot25)$$

$$\Delta_{sub}S = \frac{\Delta_{sub}H}{T_s} \qquad (3\cdot26)$$

ただし,T_f は融解温度,$\Delta_{fus}H$ は融解エンタルピー,また T_s は昇華温度,$\Delta_{sub}H$ は昇華エンタルピーである。融解や昇華には加熱が必要で,$\Delta_{fus}H>0$,$\Delta_{sub}H>0$ であるから $\Delta_{fus}S>0$,$\Delta_{sub}S>0$ であり,液相のエントロピーは固相より大きく,また気相のエントロピーは固相より大きい。

3-5 エントロピーは分子の配置の乱雑さの尺度である

エントロピーの定義とその求め方を学んだが,エントロピーとは何かをもう少し具体的にはっきりつかめないかという所である。そこで,まず氷を水蒸気とする次のような状態変化を圧力 101.3 kPa で行い,このときのエントロピー変化を求めてみよう。

(a) 273 K にて氷を融解して水とする。
(b) 273 K の水を沸点 373 K まで加熱する。
(c) 373 K の水を蒸発させて 373 K の水蒸気とする。

氷の融解,水の定圧加熱および水の蒸発のエントロピー変化は式(3・25),式(3・17)および式(3・23)で与えられ,次の結果をえる。

(a) $\Delta_{fus}S = \dfrac{\Delta_{fus}H}{T_f} = \dfrac{6008}{273} = 22 \text{ J K}^{-1}\text{ mol}^{-1}$

(b) $\Delta S_P = C_P \ln \dfrac{T_2}{T_1} = 75 \ln \dfrac{373}{273} = 23.8 \text{ J K}^{-1}\text{ mol}^{-1}$

(c) $\Delta_{vap}S = \dfrac{\Delta_{vap}H}{T_b} = \dfrac{40700}{373} = 109 \text{ J K}^{-1}\text{ mol}^{-1}$

この結果をプロットしたのが図 3・2 である。氷よりも水のエントロピーは大きく,液相の水のエントロピーは温度が高くなるほど大きくなる。そして水よりも水蒸気のエントロピーの方がさらに大きい。

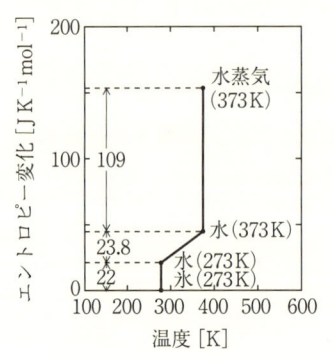

図 3·2　氷を水蒸気とするときのエントロピー変化

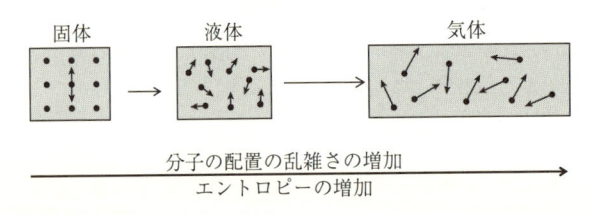

図 3·3　エントロピーは分子の配置の乱雑さの尺度である

このことは水に限らず一般的にいえることで，同じ物質では固体，液体，気体の順にエントロピーは大きくなる。

$$S(固体) < S(液体) < S(気体)$$

また，同一相にある物質では，系のエントロピーは温度が高くなる程大きくなる。

$$S(低温) < S(高温)$$

さて，物質は分子から構成されており，固体，液体および気体における分子の配置を模型的に示したのが図 3·3 である。すなわち固体では，分子は格子点に固定されており規則的な配置をとっている。温度が上がると，分子の振動運動が盛んになるので，その分だけ不規則さが増加する。液体では，分子はバラバラに配置され，相互の制約のもとで絶えず不規則な運動を行うので，分子の配置は固体に比べて乱雑である。気体では，分子はお互いに制約されず自由な運動を行っており，その配置は液体に比べてまったく乱雑である。

このことは，分子の配置の乱雑さの増加とエントロピーの増加とは比例しており，エントロピーは分子の配置の乱雑さの尺度であると解釈できるのである。

3-5 エントロピーは分子の配置の乱雑さの尺度である

さて，エントロピーの定義，$dS=dq_{可逆}/T$ からは，エントロピーが分子の配置の乱雑さの尺度であることは，直接読むことはできない(計算してみて初めてわかることである)。しかし，物質は分子から構成されており，分子集団の挙動を考えミクロの立場からエネルギーやエントロピーを考察する統計熱力学によると，エントロピー S は**ボルツマンの式**(Boltzmann formula)として知られている次式で表される。

$$S = k \ln W \qquad (3\cdot27)$$

ここに，W は分子の可能な配置の仕方の数であり，分子が乱雑に配置されるほど大きくなる。k はボルツマン定数(分子1個あたりの気体定数)である。ボルツマンの式より，エントロピー S は k を比例定数として $\ln W$ に比例し，エントロピーが分子の配置の乱雑さの尺度であることが理論的に示されるのである。

具体的に考えよう。ボルツマンの式からただちに分かることは

$$W=1 \text{ のとき } S=0 \qquad (3\cdot27\cdot a)$$

を与えることである。これは分子を完全に規則的に配置する仕方はただの一通りしかなく($W=1$)，このとき物質のエントロピーの値は0となることを示す。実験によると分子の完全な規則的な配置は絶対0度で達成され，「完全に規則的な配置をとる完全結晶物質のエントロピーは $0\,K(T=0)$ で0である」ことが確認されている。これを熱力学の第三法則という(第三法則の説明は3-7節で行う)。$W=1$ のとき $S=0$ はボルツマンの式による第三法則の表現である。

ところで結晶物質では一つ一つの分子は格子点に固定されており，位置が決められていることで区別できる。いま，分子は区別できるものとし(番号をつけることで区別できる)，例えば二原子分子 AB をすべて同一の向きに配置するとき，完全に規則的な配置であり，図 3・3・a に示すように配置の仕方はただの一通りしかない。

これに対し図 3・3・b に示すように分子が一つでも逆向き配置されるとき不規則な配置であり，完全結晶に対して不完全結晶である。さて，N 個の区別できる分子があり，これを AB の向きの N_a 個の分子と，BA の向きの N_b 個

```
AB   AB   AB   AB              AB  [BA]  AB   AB
AB   AB   AB   AB              [BA] AB   AB   AB
```

図 **3・3・a** 二原子分子 AB の　　　図 **3・3・b** 二原子分子 AB の
　　　　完全に規則的な配置　　　　　　　　　不規則な配置

の分子に配置する仕方の数を W とすると，組合せの方法により次のように表される．

$$W = \frac{N!}{N_a! N_b!} = \frac{N!}{(N-N_b)! N_b!} \qquad (3\cdot27\cdot b)$$

例えば，仮に分子の数を $N=8$ 個とし，分子がすべて AB の向きをとるときには，$N_b=0$ であり，0 の階乗は 1 $(0!=1)$ であるから，完全に規則的な配置の仕方は次のようにただの一通りである．

$$W = \frac{8!}{8! 0!} = 1$$

次に，8 個のうち 2 個が BA の向きをとるとき，配置の仕方の数は次のように 28 通りである．(分子を実際に配置して確認をして下さい)

$$W = \frac{8!}{6! 2!} = 28$$

配置が不規則になると配置の仕方の数は増加する．なお，配置の仕方の数は微視的状態の数といわれる．

ボルツマンの式は，分子が整然とした規則的な配置から不規則な乱雑な配置へと変化するとき，配置の仕方の数 W は増加し，エントロピー S もまた増加することを示す．つまりエントロピーは分子の配置の乱雑さの尺度であり，系のエントロピーが増加することは，系を構成する分子がより乱雑な配置をとることであり，逆に系のエントロピーが減少することは，分子がより規則的な整然とした配置をとることである．このように，エントロピーの増加と分子の配置の乱雑さの増加は同等な意味をもつのである．分子の配置という見方により，エントロピーはおおいに理解しやすくなる．

3-6　自発的変化は全エントロピーが増大するとき起こる

熱力学の第二法則より，実際に起こる変化は不可逆であり，孤立系の全エントロピーが増大するときに起こる．ここでは，次のような簡単な変化について全エントロピーを計算し，第二法則の内容を具体的に確認しよう．

❏　コップに入れた茶湯はなぜ大気中で大気温度まで冷めるか
❏　熱はなぜ高温から自然に低温の方向へ流れるか
❏　二種類の気体はなぜ自然に混ざり合うか
❏　酸化カルシウム(CaO)はなぜ大気中で炭酸カルシウム($CaCO_3$)となるか

ただし，最後の化学反応については，化学反応のエントロピー変化の求め方がわからないと計算できないので，次節の例題 3・4 で説明することになる．

3-6 自発的変化は全エントロピーが増大するとき起こる

● コップに入れた温い茶湯はなぜ大気中で大気温度まで冷めるか

いま，コップの中に温度 323 K の茶湯 0.1 kg を入れて，温度 288 K の大気である外界に置くとしよう（図 3・4）．系である茶湯は大気に熱を奪われ，冷め，やがて外界の温度と同じになり熱平衡となる．一度，冷めた茶湯が自然にもとの高い温度にもどることはないので，茶湯が冷めるという変化は一方向のみに進行する不可逆過程である．

自然に起る変化はすべて不可逆であるが，エントロピーは可逆過程で定義されるので，不可逆過程における系のエントロピー変化は，系の始めと終わりの状態を知って，考えやすい可逆過程を選んで計算する．この場合には，定圧下で，系を可逆的に 323 K より 288 K まで冷却すればよく，系のエントロピー変化は式(3・17)より次のようになる．

$$\Delta S_{系} = mC_P \ln \frac{T_2}{T_1} = 0.1 \times 4.2 \ln \frac{288}{323} = -0.0482 \text{ kJ K}^{-1}$$

ここに系の温度が下がるのでエントロピーは減少する．ただし，茶湯の比熱容量 C_P は水についての値 $4.2 \text{ kJ K}^{-1} \text{ kg}^{-1}$ を用いた．

次に，外界のエントロピー変化を求める．茶湯が冷めるとき，系である茶湯が失う熱は

$$q = mC_P(T_2 - T_1) = 0.1 \times 4.2 \times (288 - 323) = -14.7 \text{ kJ}$$

系に対する外界を考えると，系が -14.7 kJ の熱を失うとき，外界は $+14.7 \text{ kJ}$ の熱を受けとる．また外界である大気温度は 288 K で一定であり，熱を可逆的に吸収させると，外界のエントロピー変化は式(3・5)より次のようである．

$$\Delta S_{外界} = \frac{q_{可逆}}{T} = \frac{+14.7}{288} = 0.051 \text{ kJ K}^{-1}$$

したがって，孤立系の全エントロピー増加は式(3・1)より

$$\Delta S_{全} = \Delta S_{系} + \Delta S_{外界} = 0.0028 \text{ kJ K}^{-1} > 0$$

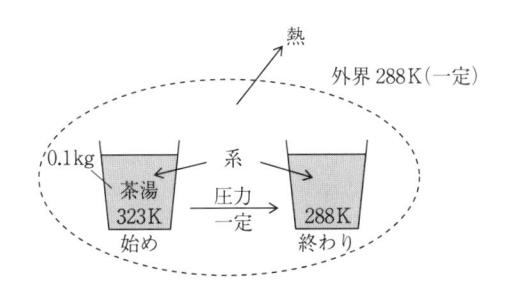

図 3・4 コップに入れた茶湯は大気中で冷める

第二法則より変化は $\Delta S_全 > 0$ のとき起こるので，茶湯が冷めるのは全エントロピーが増加するからだと説明できる．ここに，茶湯が冷めることで宇宙のエントロピーは $0.0028\,\mathrm{kJ\,K^{-1}}$ だけ増加する．このようにすべての自発的変化は宇宙のエントロピーを増大させる条件で起こるので，第二法則は「宇宙のエントロピーは極大に向かう．」とも表現される．

***

例題 3・3

氷は常温，常圧下で自然に溶ける．氷 1kg が溶けるとき全エントロピー増加はどれだけか．なお，氷の 273K における融解エンタルピーは $334\,\mathrm{J\,g^{-1}}$ である．

[解] 氷が融解するときの全エントロピー増加 $\Delta S_全$ は
$$\Delta S_全 = \Delta S_系 + \Delta S_{外界}$$
で与えられる．

氷の融解は外界である大気の熱で温度 273K で行われる．熱の吸収が可逆的であると，系のエントロピーは式(3・5)より
$$\Delta S_系 = \frac{q_{可逆}}{T} = \frac{334 \times 10^3}{273} = 1223\,\mathrm{J\,K^{-1}}$$
ここにエントロピーが増加するのは，固体がより乱雑さの大きい液体へ変化するからである．

外界のエントロピー変化は，系が外界より熱 q をもらうとき，外界は熱 $-q$ を失うので，大気温度を 293K とし熱の放出が可逆的であると
$$\Delta S_{外界} = \frac{-q_{可逆}}{T} = \frac{-334 \times 10^3}{293} = -1140\,\mathrm{J\,K^{-1}}$$
熱を失うのでエントロピーは減少する．

全エントロピー増加は
$$\Delta S_全 = \Delta S_系 + \Delta S_{外界} = 1223 + (-1140) = 83\,\mathrm{J\,K^{-1}} > 0$$
氷が自然に溶けるのは全エントロピーが増加するからであり，氷 1kg が溶けると宇宙のエントロピーは $83\,\mathrm{J\,K^{-1}}$ だけ増加する．

***

● **熱はなぜ高温から低温の方向へ流れるのか**

いま，高い温度 T_h の金属と低い温度 T_c の金属を接触させる (図3・5)．ただし同一の金属で質量も同じであるとし，また両金属間のみを熱が流れるように周囲は完全に断熱しておく．いま高い温度の金属を系，低い温度の金属を外界とすると全体は一つの孤立系である．

さて，両金属を接触させると熱は自然に高温から低温の方向へ流れ，やがて両金属は同じ温度となって熱平衡となる．逆方向の変化，すなわち同じ温度の金属が自然に高温と低温の部分に分かれることはないので，熱は高温から低温

3-6 自発的変化は全エントロピーが増大するとき起こる

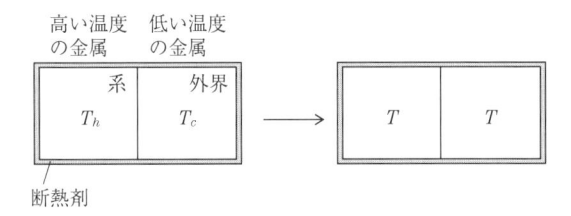

図 3・5 温度が違う金属間での熱の移動

の一方向のみに流れ不可逆過程である。

熱平衡になったときの温度を T とすると，第一法則より系が失った熱は外界が得た熱に等しいので，式(2・16)を用いて

$$C_P(T_h - T) = C_P(T - T_c)$$

したがって

$$T = \frac{T_h + T_c}{2}$$

次に，系と外界とのエントロピー変化を求める。実際の変化は不可逆であるが，系のエントロピー変化は不可逆過程の始めと終わりの状態を知って，考えやすい可逆過程をえらんで計算する。この場合には次の二つの変化を組み合わせて求める。

(1) 系を温度 T_h より T まで可逆的に冷却する，別に外界を T_c から T まで可逆的に加熱する。
(2) 次に同一温度の両者を断熱的に接触させる。

定圧下の温度によるエントロピー変化は式(3・17)で与えられる。また，断熱可逆過程では式(3・21)よりエントロピー変化は 0 である。したがって，系と外界のエントロピー変化の和である孤立系の全エントロピーは次のようである。

$$\Delta S_\text{全} = \Delta S_\text{系} + \Delta S_\text{外界} = C_P \ln \frac{T}{T_h} + C_P \ln \frac{T}{T_c} = C_P \ln \frac{T^2}{T_h T_c}$$

ここに $T_h > T_c$ とおいたので $(T_h - T_c)^2 > 0$，これと第一法則より $T = \frac{T_h + T_c}{2}$ であるから $T^2 > T_h T_c$ すなわち $T^2/T_h T_c > 1$ あり

$$\Delta S_\text{全} = \Delta S_\text{系} + \Delta S_\text{外界} = C_P \ln \frac{T^2}{T_h T_c} > 0$$

すなわち，熱が自然に高温から低温の方向へ流れるのは，全エントロピーが増大するからである。

もし，熱が自然に低温から高温へ流れることが可能であれば，図 3・5 に示した矢印 → と反対方向の ← の変化が起こることになる。このとき，系の温度は

コラム 4

高温物体から低温物体へ熱が流れるとき全エントロピーは増加する

すでに「熱はなぜ高温から低温の方向へ流れるのか」について，全エントロピー増加によって起ることを解説した．ここでもう1つの例として，高温物体から低温物体へ有限の温度差で熱が移動する場合を述べておこう．

いま，高温物体(温度 T_h)から低温物体(温度 T_c)へ熱 q が移動するとしよう．

有限の温度差による熱の移動は不可逆過程であるが，エントロピーは可逆過程で定義されるので，この不可逆過程のエントロピー変化は可逆過程を考えて求めなければならない．そのために，まず高温物体を温度 T_h より無限小だけ低い温度 $T_h - dT$ の物体と接触させ，高温物体より熱 q を可逆的(準静的)に移動させる．次に，低温物体を温度 T_c より無限小だけ高い温度 $T_c + dT$ の熱だめと接触させ，低温物体に同じ熱量 q を可逆的に移す．

高温物体のエントロピー変化 ΔS_h は式(3・5)より

$$\Delta S_h = \frac{-q}{T_h} \tag{1}$$

低温物体のエントロピー変化 ΔS_c は

$$\Delta S_c = \frac{q}{T_c} \tag{2}$$

高温物体と低温物体からなる全体の全エントロピー変化 $\Delta S_全$ は，次のようである．

$$\begin{aligned}\Delta S_全 &= \Delta S_h + \Delta S_c \\ &= -\frac{q}{T_h} + \frac{q}{T_c} \\ &= q\left(\frac{T_h - T_c}{T_h T_c}\right)\end{aligned} \tag{3}$$

ここに $T_h > T_c$ であり，有限の温度差で熱 q が流れる不可逆過程では全エントロピーは増加する．あるいは，全エントロピーが増加するから熱は高温から低温へ流れるのである．なお，$T_h = T_c$ のとき可逆過程であり $\Delta S_全 = 0$ となる．参考までに，熱の低温から高温への移動は仕事を加えることで実現でき熱ポンプという．熱ポンプシステムも，$\Delta S_全 > 0$ を満足するから可能なのである．

3-6 自発的変化は全エントロピーが増大するとき起こる

$T \to T_h$，外界の温度は $T \to T_c$ と変化するので，全エントロピーは次のようになる．

$$\Delta S_\text{全} = \Delta S_\text{系} + \Delta S_\text{外界} = C_P \ln\frac{T_h}{T} + C_P \ln\frac{T_c}{T} = -C_P \ln\frac{T^2}{T_h T_c} < 0$$

$\Delta S_\text{全} < 0$ となるので，第二法則に反してこの変化は起こらない．したがって，第二法則は「熱はそれ自身で一つの物体からより高温の物体に流れることはない．」とも表現される．

● **二種類の気体はなぜ自然に混ざり合うか**

　二種類の理想気体を A と B とし，図 3·6 に示すように A の n_A モルを体積 V_A の容器に，B の n_B モルを体積 V_B の容器に別々に封入する．仕切り板を取り除くと，二種類の気体は拡散し完全に混合し，それ以上は変化が起こらない平衡状態となる．この場合，温度，圧力の影響がないように混合は温度一定，圧力一定で行うものとする．混合は有限の組成差（純粋な A と B であるから100％差）で行われ，完全に混ざり合った気体が自発的に純気体にわかれることはないので不可逆過程である．

　いま理想気体 A と B からなる全体を系とする．混合は温度一定で行われるので，理想気体のジュールの法則より系の内部エネルギー変化はなく $\Delta U = 0$ である．また系と外界とで熱のやりとりはなく $q = 0$，したがって第一法則，$\Delta U = q + w$，より $w = 0$ で系と外界とで仕事のやりとりもない．

　次に系のエントロピー変化を求める．実際の混合は不可逆であるが，エントロピー変化は混合過程の始めと終わりの状態を知って，考えやすい可逆過程で計算する．ここでは次の二つの変化から求める．

（1）理想気体 A の n_A モルを定温下で可逆的に膨張させ，V_A から $(V_A + V_B)$ とする．別に，理想気体 B の n_B モルを定温下で可逆的に V_B から $(V_A + V_B)$ まで膨張させる．

（2）次に，同じ温度で同じ体積の理想気体 A と B を断熱可逆的に混合させ

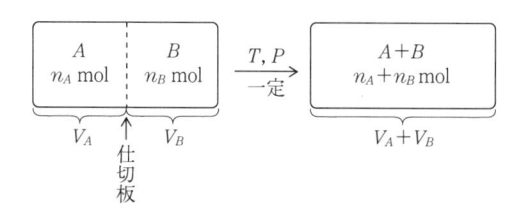

図 **3·6** 理想気体 A と B の混合

て理想気体混合物とする。

　エントロピーは示量性質であり物質の量に比例するので，系のエントロピー変化は理想気体 A と B のエントロピー変化の和で与えられる。理想気体の定温下の体積によるエントロピー変化は，式(3・22)で与えられる。また断熱可逆過程では，式(3・21)よりエントロピー変化は 0 である。したがって，混合過程の系のエントロピー変化は次式で与えられる。

$$\Delta S_{系} = \Delta S_A + \Delta S_B$$
$$= n_A R \ln \frac{V_A + V_B}{V_A} + n_B R \ln \frac{V_A + V_B}{V_B} \tag{3・28}$$

理想気体 A と B さらに $(A+B)$ の混合物に $PV = nRT$ を適用すると

$$PV_A = n_A RT, \quad PV_B = n_B RT \quad および \quad P(V_A + V_B) = (n_A + n_B)RT$$

これより

$$V_A/(V_A+V_B) = n_A/(n_A+n_B) = x_A, \quad V_B/(V_A+V_B) = x_B \tag{3・29}$$

したがって式(3・28)は次のようになる。

$$\Delta S_{系} = -R(n_A \ln x_A + n_B \ln x_B) \tag{3・30}$$

　次に外界のエントロピー変化を求める。系と外界とは熱のやりとりはなく $q=0$，外界の大気温度 T は一定であるから，外界のエントロピー変化は式(3・5)より次のようである。

$$\Delta S_{外界} = \frac{q_{可逆}}{T} = \frac{0}{T} = 0 \tag{3・31}$$

したがって混合過程の全エントロピーは系のエントロピーだけで与えられる。

$$\Delta S_{全} = \Delta S_{系} = -R(n_A \ln x_A + n_B \ln x_B) > 0 \tag{3・32}$$

ここに $1 > x > 0 (\ln x < 0)$ であるから $\Delta S_{全} > 0$ となる。すなわち二種類の気体が自然に混ざり合うのは，全エントロピーが増加するからである。なお，式(3・30)の $\Delta S_{系}$ は**理想気体の混合エントロピー**といい記号 $\Delta_{mix}S$ で表す。あらためて書くと

$$\Delta_{mix}S = -R\left(\sum n_i \ln x_i\right) \tag{3・33}$$

ここに系のエントロピーは，系がより乱れた配置をとるとき必ず増加し，混合は別々の整然とした配置から混じり合った乱れた配置への変化であるから，系のエントロピーは増加し $\Delta_{mix}S > 0$ である。

3-7 化学反応のエントロピー変化

● **熱力学の第三法則と標準エントロピー**

　すでに述べたように，エントロピーは物質を構成する分子の配置の乱雑さの尺度であり，分子の配置が乱雑になればなる程エントロピーの値は大きくなる。逆に，分子が整然とした規則的な配置をとればとるほどエントロピーの値は小さくなる。したがって分子が完全に規則的な配置をとるとき，その物質のエントロピーの値は0となることが考えられる。

　熱力学の第三法則はエントロピー0を規約する法則であり(法則というが，第一および第二法則と比較するとその内容は限定的である)，物質は理論的に考えうる低温の限界である絶対零度($T=0$)で完全に規則的な配置をとるとき，純粋で完全結晶物質のエントロピーは0K($T=0$)で0であると規約される。すなわち，

$$S_0(純粋で完全結晶物質, T=0) = 0$$

この規約は多くの実験によって確かめられており，**熱力学の第三法則**として知られている。

　第三法則より，物質のエントロピーは $T=0$ で $S_0=0$ と定められる。したがって $T=0$ から始めて，図3・7に示すように固相の加熱，融点 T_f での融解，液相の加熱，沸点 T_b での蒸発および気相の加熱を行い，各状態変化におけるエントロピー変化を式(3・16)および式(3・25)，式(3・23)で求め，その和を求めると気相状態にある物質の圧力1bar，温度298Kにおけるエントロピーは次式で決定できる。

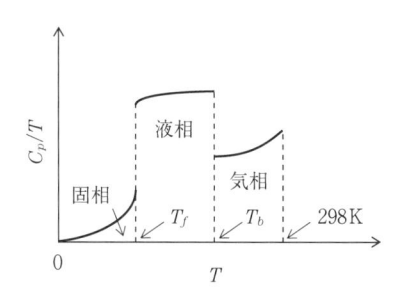

図 3・7 標準エントロピーの決定

$$S°_{298} = S_0 + \int_0^{T_f} \frac{C_P(\text{固相})}{T} dT + \frac{\Delta_{fus}H}{T_f} + \int_{T_f}^{T_b} \frac{C_P(\text{液相})}{T} dT$$
$$+ \frac{\Delta_{vap}H}{T_b} + \int_{T_b}^{298} \frac{C_P(\text{気相})}{T} dT$$

第三法則の規約を用いて決定した，化合物および元素の標準状態(圧力1 bar)におけるエントロピーを**標準エントロピー**といい，温度298Kにおける値が決められている。いくつかの化合物および元素の温度298Kにおける標準エントロピーを付録3に示した。ただし，エントロピーについては，圧力1 bar，温度298Kで安定した状態にある元素でも(エンタルピーと違って)0にはならないので注意されたい。化学反応のエントロピー変化は標準エントロピーを用いて計算する。

● **標準反応エントロピー $\Delta rS°$**

化学反応のエントロピー変化を考える。

$$\nu_A + \nu_B B \longrightarrow \nu_C C + \nu_D D \tag{2·42}$$

標準反応エントロピーは標準状態にある別々の純粋な反応物が，標準状態にあるべつべつの純粋な生成物へ変換したときのエントロピー変化であり，次式で与えられる。

$$\Delta rS° = (\nu_C S°_{m,C} + \nu_D S°_{m,D})_{\text{生成物}} - (\nu_A S°_{m,A} + \nu_B S°_{m,B})_{\text{反応物}} \tag{3·34}$$

ここに $S°_{m,i}$ は物質 i の，標準状態の圧力 $P°$ (1 bar)で系の温度における標準エントロピー($J\,K^{-1}\,mol^{-1}$)である。系の温度が298Kのときの標準反応エントロピーは $\Delta rS°_{298}$ と書く。

::::: 例題 3・4 :::::
酸化カルシウム(CaO(s))は，なぜ大気中で自然に分解して炭酸カルシウム($CaCO_3(s)$)となるか，全エントロピー増大則で説明せよ。

[解]　反応は
$$CaO(s) + CO_2(g) \longrightarrow CaCO_3(s)$$
常温，常圧下で全エントロピーが増大すれば進行する。
$$\Delta S_{\text{全}} = \Delta S_{\text{系}} + \Delta S_{\text{外界}}$$
系のエントロピー変化 $\Delta S_{\text{系}}$ は標準反応エントロピー $\Delta rS°_{298}$ で与えられる。付録3の標準エントロピーを参照して
$$\Delta rS°_{298} = S°_{CaCO_3} - S°_{CaO} - S°_{CO_2} = 97.1 - 38.1 - 231.8 = -160.2\,J\,K\,mol^{-1}$$
$$\therefore\ \Delta S_{\text{系}} = \Delta rS°_{298} = -160.2\,J\,K^{-1}\,mol^{-1}$$
ここにエントロピーが減少するのは気体を含む反応系が固体の生成系へ変化し，系が規則的な配置をとるからである。

3-7 化学反応のエントロピー変化

次に外界のエントロピー変化 $\Delta S_{外界}$ を求める。反応による標準反応エンタルピー $\Delta rH°_{298}$ は次のようで

$$\Delta rH_{297} = \Delta_f H°_{CaCO_3} - \Delta_f H°_{CaO} - \Delta_f H°_{CO_2}$$
$$= (-1207.6) - (-634.9) - (-393.5) = -179.2 \text{ kJ}$$

系は熱 -179.2 kJ を放出し、これにともない外界は熱 $+179.2$ kJ を吸収する。したがって外界のエントロピー変化は温度 298 K で熱の吸収が可逆的であると

$$\Delta S_{外界} = \frac{q_{可逆}}{T} = \frac{+179.2 \times 10^3}{298} = +601.3 \text{ J K}^{-1}$$

全エントロピー増加 $\Delta S_{全}$ は

$$\Delta S_{全} = \Delta S_{系} + \Delta S_{外界} = (-160.2) + 601.3 = 441.1 \text{ J K}^{-1} > 0$$

全エントロピーは増大するので、反応は $CaCO_3$ を生成する方向へ進行する。なお逆方向 ⟵ の反応では $\Delta S_{全} < 0$ となり、常温では $CaCO_3$ の CaO と CO_2 への分解は起こらない。$CaCO_3$ の分解温度は約 1100 K の高温である。これを次の例題 3・5 で説明する。

● 標準反応エントロピーの温度による変化

標準反応エントロピーの温度による変化は、エントロピーを圧力一定で温度で微分した値が C_P/T に等しいことに着目して与えられる。化学反応、式(2・42)が、標準状態の圧力 $P°(1 \text{ bar})$、温度 T で行われないときの標準反応エントロピーを $\Delta rS°$ として、式(3・34)を圧力一定で温度で微分すると

$$\frac{\partial \Delta rS°}{\partial T} = \left(\nu_C \frac{\partial S°_{m,C}}{\partial T} + \nu_D \frac{\partial S°_{m,D}}{\partial T} \right) - \left(\nu_A \frac{\partial S°_{m,A}}{\partial T} + \nu_B \frac{\partial S°_{m,B}}{\partial T} \right) \quad (3・35)$$

ここに $P = $ 一定でエントロピーを温度で微分した値は次式で与えられる。

$$\left(\frac{\partial S}{\partial T} \right)_P = \frac{C_P}{T} \quad \text{または} \quad \left(\frac{\partial S_m}{\partial T} \right)_P = \frac{C_{P,m}}{T} \quad (3・36)$$

この式は、式(3・3)に式(2・15)を代入した、次の式(3・37)を書き直したものである。

$$dS = \frac{dq_{可逆}}{T} = \frac{dH}{T} = \frac{C_P}{T} dT \quad (P = 一定) \quad (3・37)$$

式(3・36)を式(3・35)へ代入すると

$$\frac{\partial \Delta rS°}{\partial T} = \frac{\Delta C_P}{T} \quad \text{または} \quad d\Delta rS° = \frac{\Delta C_P}{T} dT \quad (P = 一定) \quad (3・38)$$

ただし、ΔC_P は生成物と反応物の定圧熱容量の差であり、式(2・51)で与えられる。

式(3・38)を温度 298 K より T K まで積分すると、求める温度 T における標準反応エントロピー $\Delta rS°$ は次式で与えられる。

$$\Delta rS° = \Delta rS°_{298} + \int_{298}^{T} \frac{\Delta C_P}{T} dT \tag{3·39}$$

ここに温度範囲が狭く ΔC_P を一定とみなすと次のようになる。

$$\Delta rS° = \Delta rS°_{298} + \Delta C_P \ln \frac{T}{298} \tag{3·40}$$

次に定圧熱容量が $C_{P,m} = a + bT + cT^2 + dT^3$ で表されるときには，式(3·39)は積分でき次式となる。

$$\Delta rS° = \Delta rS°_{298} + \Delta a \ln \frac{T}{298} + \Delta b(T-298)$$
$$+ \frac{\Delta c}{2}(T^2 - 298^2) + \frac{\Delta d}{3}(T^3 - 298^3) \tag{3·41}$$

ここに Δa, Δb, Δc および Δd は式(2·55)で計算する。

例題 3·5

炭酸カルシウムを熱分解する。

$$\text{CaCO}_3(s) \longrightarrow \text{CaO}(s) + \text{CO}_2(g)$$

（a）298 K ではなぜ CaCO_3 は分解できないか。（b）CaCO_3 が分解され反応が矢印の方向 $\longrightarrow$ に進む温度を求めよ。

[解]　（a）例題 3·4 と逆方向の反応であるので，系のエントロピー変化は

$$\Delta S_\text{系} = \Delta rS°_{298} = +160.2 \text{ J K}^{-1} \text{mol}^{-1}$$

外界のエントロピー変化は，逆方向の反応は吸熱であり系は熱 $+179.2$ kJ を吸収する。このとき外界は熱 -179.2 kJ を失うので

$$\Delta S_\text{外界} = \frac{q_\text{可逆}}{T} = \frac{-179.2 \times 10^3}{298} = -601.3 \text{ J K}^{-1}$$

全エントロピー増加 $\Delta S_\text{全}$ は

$$\Delta S_\text{全} = \Delta S_\text{系} + \Delta S_\text{外界} = 160.2 + (-601.3) = -441.1 \text{ J K}^{-1} < 0$$

全エントロピーは減少するので，第二法則に反し 298 K では CaCO_3 は分解されない。

（b）温度による全エントロピー増加の変動を調べるため，系のエントロピー変化およびエンタルピー変化の温度による変動を式(3·41)および式(2·54)で計算する。

$$\Delta rS_T° = \Delta rS°_{298} + \Delta a \ln \frac{T}{298} + \Delta b(T-298) + \frac{\Delta c}{2}(T^2 - 298^2) + \frac{\Delta d}{3}(T^3 - 298^3)$$

$$\Delta rH_T° = \Delta rH°_{298} + \Delta a(T-298) + \frac{\Delta b}{2}(T^2 - 298^2) + \frac{\Delta c}{3}(T^3 - 298^3) + \frac{\Delta d}{4}(T^4 - 298^4)$$

ここに Δa, Δb, Δc, Δd は各物質の定圧モル熱容量を $C_{P,m} = a + bT + cT^2 + dT^3$ で表したときの反応による各定数の変化で式(2·55)で与えられる。付録1および2のデータを用いると

$\Delta a = -8.514$, $\Delta b = 4.344 \times 10^{-2}$, $\Delta c = -13.81 \times 10^{-5}$, $\Delta d = 9.472 \times 10^{-8}$

これより系のエントロピー変化は標準反応エントロピー $\Delta rS_T°$ で

$$\Delta S_\text{系} = \Delta rS_T°$$

3-7 化学反応のエントロピー変化 69

また，外界のエントロピー変化は系の標準反応エンタルピー $\Delta_r H_T^\circ$ を用いて求められる。

$$\Delta S_{外界} = \frac{q_{可逆}}{T} = \frac{-\Delta_r H_T^\circ}{T}$$

これより，計算した全エントロピー増加を温度に対してプロットして図 E3·5·1 に示す。$\Delta S_全 > 0$ となる分解温度は 1175 K 以上である。

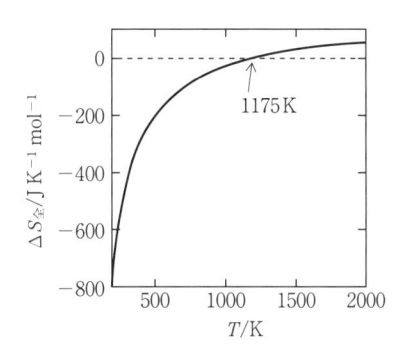

図 E3·5·1

ギブスエネルギー

—— 第二法則よりギブスエネルギーによる基準へ ——

4

熱力学の第二法則で，自発的変化が進む方向と平衡の基準が，次の式(3・1)，(3・2)で表されることを学んだ。

$$\Delta S_{\text{全}} = \Delta S_{\text{系}} + \Delta S_{\text{外界}} > 0 \tag{3・1}$$

$$\Delta S_{\text{全}} = \Delta S_{\text{系}} + \Delta S_{\text{外界}} = 0 \tag{3・2}$$

第二法則は，第一法則と同様，エネルギーの出入りをともなう状態変化の考察に必須の原理である。しかし，あえて問題点を上げるとすると，第二法則は孤立系を対象としており，系だけでなく常に外界も考えることである。したがって，できれば孤立系としてではなく系だけの変化に着目して，自発的変化が進む方向と平衡の基準が一般化できれば好都合であり，この役割をはたすのがギブスエネルギー(Gibbs energy)とよばれる状態量である。

さて化学平衡や相平衡は，多くの場合，温度一定，圧力一定の条件下で成立する。ギブスエネルギーは定温，定圧下で自発的変化が進行する方向と平衡の基準を与え，第二法則から出発して次のことを明らかにする。

「一般に温度一定，圧力一定下の自発的変化は系のギブスエネルギーが減少する方向に起こり，ギブスエネルギー極小のとき平衡状態となる。」では，ギブスエネルギーがどのように定義され，ギブスエネルギーによるこの基準が第二法則から出発してどのように導出されるかを考えよう。

4-1 第二法則よりギブスエネルギーによる基準へ

$$\nu_A A + \nu_B B \longrightarrow \nu_C C + \nu_D D$$

化学反応の始終状態の圧力を P，温度を T とし，反応が定温，定圧で進行する場合を考える。

熱力学の第二法則より反応は，系のエントロピーと外界のエントロピーの和である全エントロピー $\Delta S_{\text{全}}$

$$\Delta S_{\text{全}} = \Delta S_{\text{系}} + \Delta S_{\text{外界}} \tag{4・1}$$

が増大するとき起こり，極大のとき平衡状態となる。

まず系のエントロピー変化 $\Delta S_{系}$ は，式(3・34)にしたがって生成物のエントロピーと反応物のエントロピーの差 ΔS で与えられる。

$$\Delta S_{系} = \Delta S \tag{4・2}$$

次に，外界のエントロピー変化 $\Delta S_{外界}$ を求める。系の反応エンタルピーを ΔH とすると，外界は熱 $-\Delta H$ を失うので，外界の温度を T として外界のエントロピー変化は次のようになる。

$$\Delta S_{外界} = \frac{-\Delta H}{T} \tag{4・3}$$

式(4・1)へ式(4・2)および(4・3)を代入すると

$$\Delta S_{全} = \Delta S - \frac{\Delta H}{T}$$

$$= -\frac{1}{T}(\Delta H - T\Delta S) \tag{4・4}$$

式(4・4)の右辺の括弧内を考慮して，**ギブスエネルギー** G を次のように定義する。

$$\text{ギブスエネルギー} \quad G = H - TS \tag{4・5}$$

ここに H, T および は状態量であるから G も状態量である。

さて，定温，定圧下の G の変化は次式で与えられる。

$$\Delta G_{T,P} = \Delta H - T\Delta S \tag{4・6}$$

すなわち，G は $H = U + PV$ を考慮すると，$G = U + PV - TS$ となり，$T =$ 一定，$P =$ 一定のとき，$\Delta G = \Delta U + P\Delta V - T\Delta S = \Delta H - T\Delta S$ となる。

式(4・4)に式(4・6)を代入すると結局次式をえる。

$$\Delta S_{全} = -\frac{\Delta G_{T,P}}{T} \quad \text{または} \quad \Delta G_{T,P} = -T\Delta S_{全} \tag{4・7}$$

第二法則より，不可逆過程では $\Delta S_{全} > 0$，可逆過程では $\Delta S_{全} = 0$ であるから，ギブスエネルギーによる次の基準が与えられる。

$$\Delta G_{T,P} < 0 \quad \text{(不可逆過程または自発的変化)} \tag{4・8・a}$$

$$\Delta G_{T,P} = 0 \quad \text{(可逆過程または平衡)} \tag{4・8・b}$$

あるいは微分形では

$$dG_{T,P} < 0 \quad \text{(不可逆過程または自発的変化)} \tag{4・9・a}$$

$$dG_{T,P} = 0 \quad \text{(可逆過程または平衡)} \tag{4・9・b}$$

この式は，定温，定圧下の自発的変化は系のギブスエネルギーが減少する方向に起こり，ギブスエネルギー極小において平衡状態となることを示す。

4-2　ヘルムホルツエネルギー

ギブスエネルギーに対してヘルムホルツエネルギー(Helmholtz energy)とよばれる状態量がある。ヘルムホルツエネルギーは，温度一定，体積一定の条件下で起こる状態変化の方向と平衡の基準を与える状態量であり，内部エネルギー U，エントロピー S，および温度 T を用いて次のように定義され，記号 A で表される。

$$\text{ヘルムホルツエネルギー} \quad A = U - TS \quad (4 \cdot 10)$$

ヘルムホルツエネルギーを用いると「一般に，温度一定，体積一定の条件下で起こる状態変化は系のヘルムホルツエネルギーが減少する方向に起こり，ヘルムホルツエネルギーが極小において平衡状態となる。」式で書くと次のようである。

$$\Delta A_{T,V} < 0 \quad (\text{不可逆過程}) \quad (4 \cdot 11 \cdot \text{a})$$
$$\Delta A_{T,V} = 0 \quad (\text{可逆過程}) \quad (4 \cdot 11 \cdot \text{b})$$

この関係も第二法則より容易に導出できる。なお $V=$ 一定，$T=$ 一定よりも $P=$ 一定，$T=$ 一定の変化の方が実際的であるので，A よりも G の方が一般性があり，本書の範囲内では G のみを考える。

4-3　第一および第二法則の結合式とギブスエネルギーをめぐる有用な関係式

ギブスエネルギー G を導入し，定温，定圧条件下の自発的変化は系のギブスエネルギーが減少するとき起こり，ギブスエネルギーが極小のとき平衡状態になることを学んだ。ギブスエネルギーを化学平衡などの実際問題に応用するとき，例えば G の温度 T による変化はどのような因子に支配され，どのように表されるか。G の圧力 P による変化はどうなるかなどは，ぜひ知っておきたい点である。

熱力学ではこのような目的に対して熱力学量(状態量)の変化と，この変化がどのような因子(状態量)と関係して起こるかを示す熱力学関係式が活用される。その出発点となるのが第一法則と第二法則の結合式である。またこれとエンタルピー，ギブスエネルギー，ヘルムホルツエネルギーの定義式を用いると

これらの状態量の変化を示す関係式が与えられる。

● **第一法則と第二法則の結合式**

閉じた系の第一法則は，可逆過程では式(2・2)より次式で表される。
$$dU = dq_{可逆} + dw_{可逆} \tag{4・12}$$
ここに，可逆的な体積変化の仕事は次の式(1・4)で与えられる。
$$dw_{可逆} = -PdV \tag{1・4}$$
また可逆過程では熱 $dq_{可逆}$ は，エントロピーの定義より次式で表される。
$$dq_{可逆} = TdS \tag{4・13}$$
式(4・12)へ式(1・4)，(4・13)を代入すると次の式をえる。
$$dU = TdS - PdV \tag{4・14}$$
この式は**第一法則と第二法則の結合式**と言われ，系の内部エネルギー変化は系のエントロピー変化と体積変化に依存することを示し，U は S と V の関数，$U = f(S, V)$ であるとよむ。

● **エンタルピー，ギブスエネルギー，ヘルムホルツエネルギーの微分関係式**

いままでに定義した状態量をあらためてまとめると

   エンタルピー $H = U + PV$
   ギブスエネルギー $G = H - TS$
   ヘルムホルツエネルギー $A = U - TS$

まずエンタルピー変化 dH の式を求めるために，H の定義を微分すると
$$dH = dU + d(PV) = dU + PdV + VdP \tag{4・15}$$
式(4・15)に第一法則と第二法則の結合式を代入すると次式をえる。
$$dH = VdP + TdS \tag{4・16}$$
次にギブスエネルギー変化 dG を求めるために，G の定義を微分すると
$$dG = dH - d(TS) = dH - TdS - SdT \tag{4・17}$$
式(4・17)へ式(4・16)を代入すると次式が与えられる。
$$dG = VdP - SdT \tag{4・18}$$
同様にして，ヘルムホルツエネルギー変化 dA を求めるために，A の定義を微分して，式(4・14)を用いると次式をえる。
$$dA = -PdV - SdT \tag{4・19}$$
これら dU，dH，dG および dA の状態量の変化を表す関係式は，いろい

4-3 第一および第二法則の結合式とギブスエネルギー　　75

コラム 5

マクスウェルの関係式

状態量は完全微分で表されるので，たとえば $U=f(S, V)$ とすると，内部エネルギー U の S と V による変化は次のようである。

$$dU = \left(\frac{\partial U}{\partial S}\right)_V dS + \left(\frac{\partial U}{\partial V}\right)_S dV = M\,dS + N\,dV \quad (1)$$

一方(4・14)より次式が成立する。

$$dU = T\,dS - P\,dV \quad (2)$$

式(1)，(2)により

$$M = \left(\frac{\partial U}{\partial S}\right)_V = T, \quad N = \left(\frac{\partial U}{\partial V}\right)_S = -P \quad (3)$$

次に，dU は完全微分であるので

$$\left(\frac{\partial M}{\partial V}\right)_S = \left(\frac{\partial N}{\partial S}\right)_V \quad (4)$$

したがって，次式を得る。

$$\left(\frac{\partial T}{\partial V}\right)_S = -\left(\frac{\partial P}{\partial S}\right)_V \quad (5)$$

同様にして，$H=f(P, S)$ とすると次の式(6)を，$G=f(P, T)$ とすると次の式(7)を，また $A=f(V, T)$ とすると式(8)をえる。

$$\left(\frac{\partial P}{\partial T}\right)_V = \left(\frac{\partial S}{\partial V}\right)_T \quad (6)$$

$$\left(\frac{\partial S}{\partial P}\right)_T = -\left(\frac{\partial V}{\partial T}\right)_P \quad (7)$$

$$\left(\frac{\partial V}{\partial S}\right)_P = \left(\frac{\partial T}{\partial P}\right)_S \quad (8)$$

式(5)~式(8)は完全微分の応用であり U，H，G および A の微分が完全微分であることで与えられ，マクスウェルの関係式(Maxwell relations)として知られている。マクスウェルの関係式は熱力学的関係式の一つであり，熱力学でひろく活用される。

ろな熱力学関係式を導出するときの基礎となる式であり，広い応用をもつ。その一例を次に示そう。

● **ギブスエネルギーをめぐる有用な関係式**

ギブスエネルギーの温度による変化　　ギブスエネルギー変化を示す次の式(4・18)を用い

$$dG = V\,dP - S\,dT$$

$P=$一定 $(dP=0)$ とすると
$$dG = -S\,dT \quad (P=\text{一定})$$
すなわち次式をえる。
$$\left(\frac{\partial G}{\partial T}\right)_P = -S \tag{4·20}$$

式(4·20)は，$P=$一定で G の T による変化はエントロピー S に依存することを示す。あるいは $P=$一定で G と T の関係をプロットすると，曲線のスロープは負の S を与えることを示す。

　式(4·20)をさらに変形してみよう。ギブスエネルギーの定義 $G=H-TS$ より，
$$-S = (G-H)/T$$
したがって式(4·20)は
$$\left(\frac{\partial G}{\partial T}\right)_P = \frac{G-H}{T}$$
あるいは
$$T\,dG - G\,dT = -H\,dT \quad (P=\text{一定})$$
両辺を T^2 で割り，数学より $(T\,dG - G\,dT)/T^2 = d(G/T)$ であるから
$$d\left(\frac{G}{T}\right) = -\frac{H}{T^2}dT \quad \text{または} \quad d\left(\frac{G}{T}\right) = H\,d\left(\frac{1}{T}\right) \quad (P=\text{一定})$$
したがって，ギブスエネルギーの温度による変化は次式で表される。
$$\left[\frac{\partial(G/T)}{\partial T}\right]_P = -\frac{H}{T^2} \quad \text{または} \quad \left[\frac{\partial(G/T)}{\partial(1/T)}\right]_P = H \tag{4·21}$$

この式は**ギブス-ヘルムホルツの式**(Gibbs-Helmholtz equation)として知られており，化学熱力学で広く活用される。

　ギブスエネルギーの圧力による変化　　ギブスエネルギーの圧力による変化は，式(4·18)で $T=$一定 $(dT=0)$ とおくと次式で表される。
$$\left(\frac{\partial G}{\partial P}\right)_T = V \tag{4·22}$$

この式は $T=$一定で G の P による変化は体積 V に依存することを示す。式(4·22)より系の圧力が P_1 から P_2 へ変化したときのギブスエネルギー変化は，積分して次のようである。
$$\Delta G = G(P_2) - G(P_1) = \int_{P_1}^{P_2} V\,dP \quad (T=\text{一定}) \tag{4·23}$$

右辺の積分は系の状態方程式が与えられれば求められる。例えば理想気体では

4-3 第一および第二法則の結合式とギブスエネルギー

$PV = nRT$ であるから次のようになる。

$$\Delta G = G(P_2) - G(P_1) = nRT \ln \frac{P_2}{P_1} \quad (\text{理想気体},\ T = \text{一定}) \quad (4\cdot24)$$

● C_P と C_V の関係

定圧熱容量 C_P の定義 $C_P = (\partial H/\partial T)_P$ より，$dH = C_P\, dT\,(P = \text{一定})$。式 (4·16) である $dH = V\, dP + T\, dS$ を用いて圧力一定 $(dP=0)$ とすると

$$dH = T\, dS \quad (P = \text{一定})$$

したがって

$$dH = C_P\, dT = T\, dS \quad (P = \text{一定})$$

これより C_P はエントロピーを用いると

$$\frac{C_P}{T} = \left(\frac{\partial S}{\partial T}\right)_P \quad (4\cdot25)$$

次に，定容熱容量 C_V の定義 $C_V = (\partial U/\partial T)_V$ より，$dU = C_V\, dT\,(V = \text{一定})$。式 (4·14) である $dU = T\, dS - P\, dV$ を用い，体積一定 $(dV=0)$ とすると

$$dU = T dS \quad (V = \text{一定})$$

したがって

$$dU = C_V\, dT = T\, dS \quad (V = \text{一定})$$

これより C_V はエントロピーを用いると次のように表される。

$$\frac{C_V}{T} = \left(\frac{\partial S}{\partial T}\right)_V \quad (4\cdot26)$$

式 (4·25) と式 (4·26) の差をとると

$$\frac{C_P - C_V}{T} = \left(\frac{\partial S}{\partial T}\right)_P - \left(\frac{\partial S}{\partial T}\right)_V \quad (4\cdot27)$$

次に，エントロピーを，$S = f(T, P)$ および $S = f(T, V)$ として全変化を求めると

$$dS = \left(\frac{\partial S}{\partial T}\right)_P dT + \left(\frac{\partial S}{\partial P}\right)_T dP$$

$$dS = \left(\frac{\partial S}{\partial T}\right)_V dT + \left(\frac{\partial S}{\partial V}\right)_T dV$$

両式の差をとると

$$\left[\left(\frac{\partial S}{\partial T}\right)_P - \left(\frac{\partial S}{\partial T}\right)_V\right] dT = \left(\frac{\partial S}{\partial V}\right)_T dV - \left(\frac{\partial S}{\partial P}\right)_T dP$$

圧力一定 $(dP=0)$ とおくと

$$\left(\frac{\partial S}{\partial T}\right)_P - \left(\frac{\partial S}{\partial T}\right)_V = \left(\frac{\partial S}{\partial V}\right)_T \left(\frac{\partial V}{\partial T}\right)_P \quad (4\cdot28)$$

式(4・28)を式(4・27)へ代入すると

$$\frac{C_P - C_V}{T} = \left(\frac{\partial S}{\partial V}\right)_T \left(\frac{\partial V}{\partial T}\right)_P \qquad (4\cdot29)$$

ここに，コラム5のマクスウェルの関係式(6)より，$(\partial S/\partial V)_T = (\partial P/\partial T)_V$ であるから C_P と C_V の関係は次式で表される．

$$C_P - C_V = T\left(\frac{\partial P}{\partial T}\right)_V \left(\frac{\partial V}{\partial T}\right)_P \qquad (4\cdot30)$$

さて，P-V-T 関係はしばしば膨張率 α，等温圧縮率 χ_T で表される．

$$\text{膨張率} \qquad \alpha = \frac{1}{V}\left(\frac{\partial V}{\partial T}\right)_P \qquad (4\cdot31)$$

$$\text{等温圧縮率} \qquad \chi_T = -\frac{1}{V}\left(\frac{\partial V}{\partial P}\right)_T \qquad (4\cdot32)$$

いま，$V = f(T, P)$ とすると

$$dV = \left(\frac{\partial V}{\partial T}\right)_P dT + \left(\frac{\partial V}{\partial P}\right)_T dP$$

$$\therefore \quad dV = \alpha V\, dT - \chi_T V\, dP$$

体積一定($dV = 0$)とすると

$$(\partial P/\partial T)_V = \alpha/\chi_T \qquad (4\cdot33)$$

式(4・33)，(4・31)を式(4・30)へ代入すると次式をえる．

$$C_P - C_V = T\frac{\alpha^2 V}{\chi_T} \qquad (4\cdot34)$$

理想気体では，$(\partial V/\partial T)_P = nR/P$ より $\alpha = 1/T$，また，$(\partial P/\partial T)_V = nR/V$ より $\chi_T = 1/P$ となり C_P と C_V の関係は次のようである．

$$C_P - C_V = nR$$

4-4 化学反応のギブスエネルギー変化

● **標準生成ギブスエネルギー** $\Delta_f G°$

反応熱の計算に標準生成エンタルピー $\Delta_f H°$ が用いられるように，化学反応のギブスエネルギー変化の計算には標準生成ギブスエネルギーが用いられる．**標準生成ギブスエネルギー**は，標準状態で化合物1モルをその構成元素から生成するときのギブスエネルギー変化であり，記号 $\Delta_f G°$ で表す．

ギブスエネルギーはエンタルピーと同様，決められた状態における絶対的な値は求まらない．しかしわれわれが必要とするのは変化量であり，ギブスエネ

ルギー変化は基準状態を選びこのときの値を 0 と約束することで容易に計算できる。化学反応のギブスエネルギー変化を求める場合には (エンタルピー変化の場合と同様), 基準状態は圧力 1 bar, 298 K で安定した状態にある元素のギブスエネルギーの値を 0 と約束する。いくつかの化合物および元素の温度 298 K における標準生成ギブスエネルギーを付録 3 に示した。

● **標準反応ギブスエネルギー** $\varDelta rG°$

次の化学反応が

$$\nu_A A + \nu_B B \longrightarrow \nu_C C + \nu_D D$$

標準状態で温度 298 K の始終状態で行われたときの標準反応ギブスエネルギー $\varDelta rG°_{298}$ は, (反応エンタルピーの場合と同様) 各化合物および元素の温度 298 K における標準生成ギブスエネルギー $\varDelta_f G°$ を用いて, 次式で求められる。

$$\varDelta rG°_{298} = (\nu_C \varDelta_f G°_C + \nu_D \varDelta_f G°_D)_{生成物} - (\nu_A \varDelta_f G°_A + \nu_B \varDelta_f G°_B)_{反応物} \tag{4・35}$$

標準反応ギブスエネルギー $\varDelta rG°_{298}$ のもう一つの求め方は, ギブスエネルギーの定義に基づき

標準反応エンタルピー　$\varDelta rH°_{298}$
標準反応エントロピー　$\varDelta rS°_{298}$

を用いる方法であり, 次式で計算できる。

$$\varDelta rG°_{298} = \varDelta rH°_{298} - T \times \varDelta rS°_{298} \tag{4・36}$$

ただし $T = 298$ K である。

……… 例題 4・1 ………

天然産の炭酸カルシウムは菱面体結晶の方解石 (カルサイト) と斜方晶系の霰石 (アラゴナイト) の二つの形態をとる。298 K, 1 bar ではどちらが安定であるか。

[解]　反応は

$$CaCO_3 (アラゴナイト) \longrightarrow CaCO_3 (カルサイト)$$

標準反応ギブスエネルギーを付録 3 のデータを用いて求めると

$$\varDelta rG°_{298} = \varDelta_f G° (カルサイト) - \varDelta_f G° (アラゴナイト)$$
$$= (-1129.1) - (-1128.2) = -0.9 \text{ kJ mol}^{-1}$$

ギブスエネルギーは減少するのでカルサイトのほうが安定である。

もう一つの計算法として標準反応ギブスエネルギーは標準反応エンタルピーと標準反応エントロピーからも求められる。

$$\varDelta rH°_{298} = \varDelta_f H° (カルサイト) - \varDelta_f H° (アラゴナイト)$$
$$= (-1207.6) - (-1207.8) = +0.2 \text{ kJ mol}^{-1}$$

$$\Delta rS°_{298} = \Delta_f S°(カルサイト) - \Delta_f S°(アラゴナイト)$$
$$= 91.7 - 88.3 = +3.7 \, \mathrm{J \, mol^{-1}}$$

これより
$$\Delta rG°_{298} = \Delta rH°_{298} - T\Delta rS°_{298}$$
$$= (+0.2) - 298 \times (+3.7 \times 10^{-3}) = -0.9 \, \mathrm{kJ \, mol^{-1}}$$

例題 4・2

次の反応の 298 K における標準反応ギブスエネルギーを標準生成ギブスエネルギーから求めよ。

(a) 水蒸気を高温に加熱した炭素(コークス)上を通過させて一酸化炭素と水素とする水性ガス反応
$$\mathrm{H_2O}(g) + \mathrm{C}(s) \longrightarrow \mathrm{CO}(g) + \mathrm{H_2}(g)$$

(b) 高炉内で起こる赤熱したコークス上に空気を通過させて一酸化炭素とする反応
$$2\,\mathrm{C}(s) + \mathrm{O_2}(g) \longrightarrow 2\,\mathrm{CO}(g)$$

(c) メタノールと一酸化炭素からの酢酸の合成
$$\mathrm{CH_3OH}(g) + \mathrm{CO}(g) \longrightarrow \mathrm{CH_3COOH}(g)$$

(d) メタンをスチーム・リホーミングで一酸化炭素と水素とする反応
$$\mathrm{CH_4}(g) + \mathrm{H_2O}(g) \longrightarrow \mathrm{CO}(g) + 3\,\mathrm{H_2}(g)$$

[解] 標準反応ギブスエネルギーは式(4・35)で求まり，付録3の標準生成ギブスエネルギーを用いると次のようになる。

(a) $\Delta rG°_{298} = \Delta_f G°_{\mathrm{CO}(g)} + \Delta_f G°_{\mathrm{H_2}(g)} - \Delta_f G°_{\mathrm{H_2O}(g)} - \Delta_f G°_{\mathrm{C}(s)}$
$= (-137.2) + (0.0) - (-228.6) - (0.0) = +91.4 \, \mathrm{kJ}$

(b) $\Delta rG°_{298} = 2\Delta_f G°_{\mathrm{CO}(g)} - 2\Delta_f G°_{\mathrm{C}(s)} - \Delta_f G°_{\mathrm{O_2}(g)}$
$= 2 \times (-137.2) - 2 \times (0.0) - (0.0) = -274.4 \, \mathrm{kJ}$

(c) $\Delta rG°_{298} = \Delta_f G°_{\mathrm{CH_3COOH}(g)} - \Delta_f G°_{\mathrm{CH_3OH}(g)} - \Delta_f G°_{\mathrm{CO}(g)}$
$= (-374.5) - (-162.6) - (-137.2) = -74.7 \, \mathrm{kJ}$

(d) $\Delta rG°_{298} = \Delta_f G°_{\mathrm{CO}(g)} + 3\Delta_f G°_{\mathrm{H_2}(g)} - \Delta_f G°_{\mathrm{CH_4}(g)} - \Delta_f G°_{\mathrm{H_2O}(g)}$
$= (-137.2) + 3 \times (0.0) - (-50.3) - (228.6) = +141.7 \, \mathrm{kJ}$

● 標準反応ギブスエネルギーの温度による変化

化学反応が標準状態の圧力 1 bar，温度 T K の始終状態で行われたときの標準反応ギブスエネルギーを $\Delta rG°$ とすると，$\Delta rG°$ はギブス-ヘルムホルツの式(4・21)を積分した次式で求められる。

$$\frac{\Delta rG°}{T} = -\int \frac{\Delta rH°}{T^2} dT + I \tag{4・37}$$

ここに $\Delta rH°$ は標準状態の圧力 1 bar，温度 T K における標準反応エンタルピ

一，I は積分定数である。

狭い温度範囲では，標準反応エンタルピーは温度によらず一定とみなすことができるので

$$\Delta rH° = \Delta rH°_{298} = 一定$$

とおくと，式(4・37)の右辺は積分でき

$$\frac{\Delta rG°}{T} = \frac{\Delta rH°_{298}}{T} + I$$

$T=298\text{K}$ のとき $\Delta rG°_{298}$ として積分定数 I を求めると次式が与えられる。

$$\frac{\Delta rG°}{T} - \frac{\Delta rG°_{298}}{298} = \Delta rH°_{298}\left(\frac{1}{T} - \frac{1}{298}\right) \tag{4・38}$$

式(4・38)より $\Delta rG°/T$ と $1/T$ との関係はスロープ $\Delta rH°_{298}$ の直線であり，吸熱反応($\Delta rH°_{298}>0$)では低温ほど $\Delta rG°/T$ は大きく，一方，発熱反応では($\Delta rH°_{298}<0$)では，高温ほど $\Delta rG°/T$ は大きくなる。

次に，$\Delta rH°$ が温度によって変化し，式(2・54)で表されるときには，式(4・37)に代入して積分すると，温度 T における $\Delta rG°$ は次式で与えられる。

$$\frac{\Delta rG°}{T} - \frac{\Delta rG°_{298}}{298} = \Delta H_0°\left(\frac{1}{T} - \frac{1}{298}\right) - \Delta a \ln\frac{T}{298} - \frac{\Delta b}{2}(T-298)$$

$$-\frac{\Delta c}{6}(T^2-298^2) - \frac{\Delta d}{12}(T^3-298^3) \tag{4・39}$$

ただし

$$\Delta H_0° = \Delta rH°_{298} - \Delta a \times 298 - \frac{\Delta b}{2} \times (298)^2$$

$$-\frac{\Delta c}{3} \times (298)^3 - \frac{\Delta d}{4} \times (298)^4 \tag{4・40}$$

ここに Δa，Δb，Δc，Δd は式(2・55)で計算する。

4-5　ギブスエネルギー変化は
体積変化の仕事を除いた他の形態の仕事を表す

ギブスエネルギーのもう一つの側面は，ギブスエネルギー変化は定温，定圧下の可逆過程で体積変化の仕事をのぞいた他の形態の仕事，例えば化学反応による電気的仕事などを表すことである。

化学熱力学では，系の膨張，圧縮による体積変化の仕事だけを考えれば十分な場合が多い。しかし，一般的には表面的仕事，電気的仕事，磁気的仕事などいろいろな形態の仕事があり，これらの仕事が支配的な変化も考えなければならない。

体積変化の仕事　＝　−圧力×d(体積)＝$-P\,dV$
表面的仕事　　＝　表面張力×d(表面積)＝$\sigma\,dA$
電気的仕事　　＝　電位×d(電荷)＝$E\,dq$
磁気的仕事　　＝　磁場の強さ×d(磁気モーメント)＝$H\,d\mu$

いろいろな形態の仕事を考慮する場合，熱力学の第一法則は次のように表される．

$$dU = dq_{可逆} - P\,dV + dw'_{可逆} \qquad (4\cdot41)$$

ただし，$dw'_{可逆}$ は体積変化の仕事以外の表面，電気，磁気などによる仕事である．

ここに可逆過程の熱量 $dq_{可逆}$ はエントロピーの定義より

$$dq_{可逆} = T\,dS \qquad (4\cdot42)$$

したがって，式(4・41)へ式(4・42)を代入し，系が外界に与える仕事 $-dw'_{可逆}$ を求めると

$$-dw'_{可逆} = -(dU + P\,dV - T\,dS) \qquad (4\cdot43)$$

次に，ギブスエネルギーの定義

$$G = H - TS = U + PV - TS$$

を $T=$一定，$P=$一定として，微分すると

$$dG_{T,P} = dU + P\,dV - T\,dS \qquad (4\cdot44)$$

式(4・43)へ式(4・44)を代入すると，温度一定，圧力一定下の可逆過程では次式が成立する．

$$-dw'_{可逆} = -dG_{T,P} \qquad (4\cdot45)$$

すなわち，系のギブスエネルギーの減少は系が外界になす(体積変化の仕事をのぞいた)可逆的仕事を与える．たとえば，化学反応による電気的仕事が可逆的になされたとき，可逆過程で系が外界になす仕事は最大であり，式(4・45)で与えられる．

純物質の相平衡 5

　ギブスエネルギーの判定基準により，定温，定圧下の自発的変化は系のギブスエネルギーが減少する方向に起こり，平衡状態はギブスエネルギー極小で与えられる。

$$dG_{T,P} < 0 \qquad (4・9・a)$$
$$dG_{T,P} = 0 \qquad (4・9・b)$$

　本章では，ギブスエネルギーの判定基準の応用として，純物質（一成分系）の相平衡をとりあげる。まず純物質の気液平衡，固液平衡および気固平衡などの二相平衡の基準が式(4・9・b)より，二つの相のモルギブスエネルギー G_m が等しいことで与えられることを示す。

$$G_m' = G_m'' \qquad (相(')と相('')は平衡)$$

そして，二相平衡における系の温度と圧力の関係を示すクラペイロンの式を導出する。また，純物質の状態方程式（P-V-T 関係式）を説明する。さらに，純物質のギブスエネルギー変化を便利にまた統一して，理想気体，実在気体および液体，固体にかかわりなく計算するためにフガシチーという熱力学量を導入し，その使い方を述べる。化学熱力学においてギブスエネルギーは最も重要な熱力学量であり，ギブスエネルギーを十分に使いこなすためには，フガシチーの理解と活用が不可欠である。

5-1　純物質の相図

　純物質が系の温度，圧力に応じてどのように固相，液相および気相の領域をとるかを図示したものを一成分系の**相図**（phase diagram）という。純物質のもっとも簡単な相図は圧力-温度図であり，これを図5・1に示す。図中のt点は，固相，液相および気相が平衡状態で共存する点であり**三重点**といい，物質固有の点である。いくつかの物質の三重点を表5・1に示す。

　次に図5・1中の曲線は単一相領域の境界を示し，曲線上にある状態は二つの

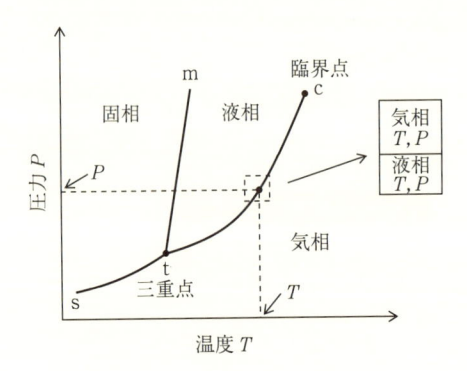

図 5·1 純物質の圧力-温度図

表 5·1 いくつかの物質の三重点

物　質	三重点	
	温度(K)	圧力(kPa)
H_2O	273.16	0.61166
CO_2	216.58	518.0
HI	222.4	49.3
C_2H_2	192.4	126.0
H_2S	187.6	22.7
$C_{10}H_8$(ナフタレン)	353.43	0.9996

単一相が平衡状態をなして共存する二相を表す。すなわち気相と液相を分ける曲線 tc は，気相と液相が同じ温度，同じ圧力で平衡状態で共存する純物質の気液平衡を表す。純液体が温度 T で気液平衡をなすとき，平衡にある蒸気が示す圧力 P を液体の温度 T における蒸気圧という。したがって純物質の気液平衡は液体の沸点(平衡温度)と蒸気圧の関係を示し，**蒸発曲線**(vaporization curve)という。蒸発曲線の終点である c 点は**臨界点**といいこの点の温度，圧力を臨界温度 T_c，臨界圧力 P_c という。臨界温度以上では液相は存在しない。図 5·1 で温度 T が臨界温度 T_c を越え，圧力 P が臨界圧力 P_c を越えた領域は**超臨界流体領域**という。超臨界流体は普状の液体とほとんど同じ密度を示し，しかも液体にくらべて粘性が小さく，高い拡散性をもつのですぐれた溶剤特性をもち，超臨界抽出の溶剤として用いられる。たとえば，超臨界二酸化炭素は毒性がないので，コーヒー豆に含まれるカフェインの抽出，エタノール水溶液からエタノールの抽出等に用いられる。

5-1 純物質の相図

気相と固相領域を分ける曲線 ts は**昇華曲線**である。また固相と液相を分ける曲線 tm は**融解(または凝固)曲線**である。二つの曲線は三重点から出発するが，終点は不詳である。

図 5・1 は純物質の典型的な相図であるが，物質によっては異なる相図を示す場合がある。たとえば，図では融解曲線のスロープは正となっているが，例外として負の場合もある。次の融解曲線で説明するように，正のスロープは液体が凝固して固体となったとき密度がより大きくなる物質である。これに対し，負のスロープは密度がより小さくなる物質(例えば水)であり，この挙動を示す物質は少ない。また図 5・1 には示してないが，物質によっては，温度，圧力によって，いくつかの異なる固相領域を示す場合がある。たとえば，炭素は黒鉛とダイアモンドの二つの固相領域を，また硫黄は斜方硫黄と単斜硫黄の二つの固相領域を示す。

純物質の相図を圧力-体積-温度図としてえがいたのが図 5・2 である。図 5・1 と図 5・2 を関係づけるために，図 5・2 には P-T 面上の投影図も示してある。P-V-T 図の矢印で示した等温線に着目し，固液平衡状態を結ぶ対応線 $a'''a''$ は P-T 面の a 点である。気液平衡状態の対応線 $b''b'$ は P-T 面の b 点で示される。また P-V-T 図の気相領域の c' 点は P-T 面の c 点である。P-V-T 図より P-V 面に投影した圧力-容積図も描くことができる，これを図 5・3 に示す。二次元プロットは三次元プロットよりも簡明である。

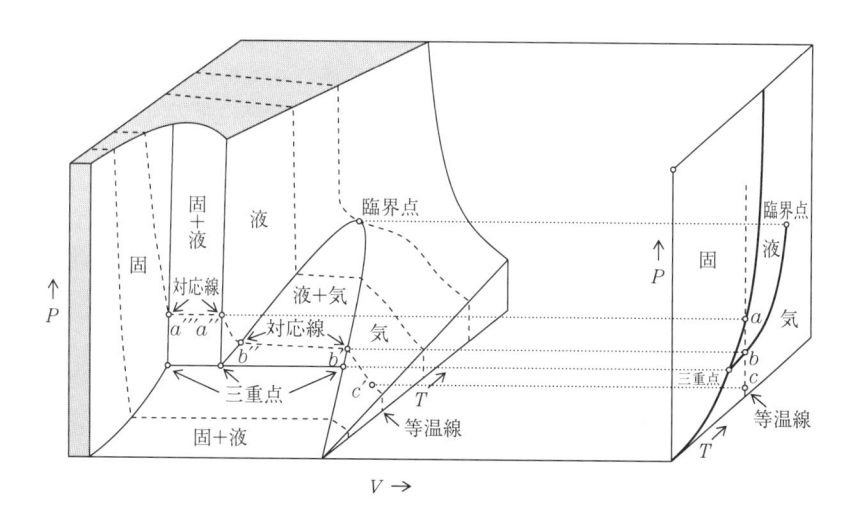

図 5・2 純物質の圧力-体積-温度図

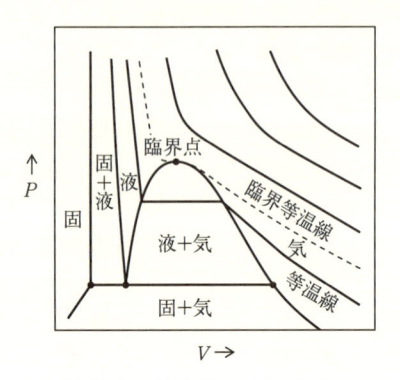

図 5・3 純物質の圧力-体積図

5-2 純物質の二相間の平衡の基準
——各相のモルギブスエネルギーは等しい——

　純物質（一成分系）が定温，定圧下で気液平衡，固液および固気平衡をなす場合のように，一般に純物質が $T=$ 一定，$P=$ 一定で二つの相をなして平衡状態をなすときの基準を，ギブスエネルギーの判定基準から出発して考えよう。
　いま純物質が平衡をなす二つの相を相($'$)と相($''$)とし，相($'$)および相($''$)のギブスエネルギーを G' および G''，また物質量を n' および n'' モルとしよう。系全体のギブスエネルギーを G または物質量を n モルとするとギブスエネルギーは示量性質であり物質量に比例するので，系全体のギブスエネルギーは相($'$)と相($''$)のギブスエネルギーの和で与えられる。

$$G=G'+G'' \tag{5・1}$$

また，

$$n=n'+n'' \tag{5・1・a}$$

　次に，純物質の相($'$)および相($''$)のモルギブスエネルギーを G_m' および G_m'' とすると，ギブスエネルギーは物質量に比例するので

$$G'=n'G_m' \quad \text{および} \quad G''=n''G_m'' \tag{5・1・b}$$

である。ただし純物質のモルギブスエネルギー G_m は $T=$ 一定，$P=$ 一定のとき一定であり，また物質量に独立である。式(5・1)へ式(5・1・b)を代入すると

$$G=G'+G''=n'G_m'+n''G_m'' \tag{5・1・c}$$

あるいは，微分すると G_m' および G_m'' は $T=$ 一定，$P=$ 一定では，一定である

5-2 純物質の二相間の平衡の基準

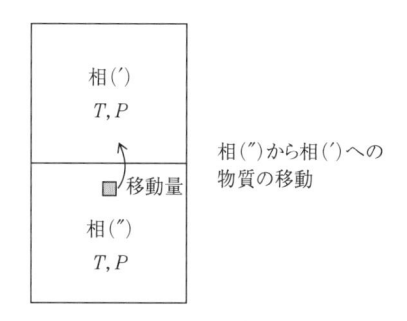

図 **5・4** 二つの相からなる系

ので，系全体のギブスエネルギー変化 $dG_{T,P}$ は次のようである。

$$dG_{T,P} = G_m' dn' + G_m'' dn'' \tag{5・2}$$

さて，相($'$)と相($''$)が $T=$一定，$P=$一定で共存しており，相($''$)から相($'$)へ純物質の一部が移動したとき(例えば相($''$)を液相，相($'$)を気相として液相の一部が蒸発して気相となるとき)系全体の物質量 $n=$一定であるから，式(5・1・a)を微分すると，

$$0 = dn' + dn'' \quad \text{したがって} \quad dn' = -dn''$$

これは，相($''$)の物質量が dn'' モルだけ減少するとき，相($'$)の物質量は dn' モルだけ増加することを示す。式(5・2)へ $-dn'' = dn'$ を代入すると，

$$dG_{T,P} = (G_m' - G_m'') dn' \quad \text{または} \quad \left(\frac{dG}{dn'}\right)_{T,P} = G_m' - G_m'' \tag{5・3}$$

ただし n' は独立変数としての物質量であり，dn' は正である。

ギブスエネルギーの判定基準より，定温，定圧下の平衡は $dG_{T,P}=0$ ($G=$極小)で与えられる。独立変数に対しては $dG/dn'=0$ のとき G は極小となるから，純物質の二相間の平衡は次式で表される。

$$G_m' = G_m'' \quad (相(''){\text と}相('){\text は平衡}) \tag{5・4}$$

すなわち，純物質の相($''$)と相($'$)の平衡の基準は二つの相のモルギブスエネルギーが等しいことである。

さて $T=$一定，$P=$一定のとき，自発的変化は $dG_{T,P}<0$ (G は減少)の方向におこる。独立変数に対して，$dG_{T,P}<0$ のとき G は減少するので，式(5・3)は次式を与える。

$$G_m' < G_m'' \quad (相('')\text{より相}(')\text{へ変化}) \tag{5・5}$$

これは，変化は相($''$)より，モルギブスエネルギーが小さい相($'$)におこることを示す。

なお，純物質のモルギブスエネルギーは，純物質の化学ポテンシャルといわれる。

例題 5・1

水の 101.3 kPa における沸点は 373.15 K であり，この圧力と温度で水と水蒸気の二相は気液平衡状態となる．しかし，373.15 K 以下では水蒸気は凝縮して水となる傾向を示し，373.15 K 以上では水は蒸発して水蒸気となる傾向を示す．水と水蒸気のモルギブスエネルギー G_m の温度による変化を調べて説明せよ．ただし水蒸気と水の定圧モル熱容量は沸点付近では次式で表される．

$H_2O(g)$　　$C_{P,m}/\text{kJ K}^{-1}\text{mol}^{-1} = 30.204\times10^{-3} + 9.933\times10^{-6}T + 1.117\times10^{-9}T^2$

$H_2O(l)$　　$C_{P,m}/\text{kJ K}^{-1}\text{mol}^{-1} = 89.96\times10^{-3} - 9.594\times10^{-5}T + 1.56\times10^{-7}T^2$

また水蒸気の 298.15 K における標準生成エンタルピーは $\Delta_f H° = -241.8\text{ kJ mol}^{-1}$ 標準エンタルピーは $S° = 188.8\text{ J K}^{-1}\text{mol}^{-1}$ である．また水の 373.15 K における蒸発エンタルピーは $\Delta_{vap}H_m = 40\text{ kJ mol}^{-1}$ である．

[解]　まずモルギブスエネルギー G_m を温度 T の関数として表す式を求める．それにはギブス・ヘルムホルツの式，$d(G/T) = -(H/T^2)dT$ に着目して，これにエンタルピー H を温度 T の関数で表した式を代入して積分すればよい．エンタルピーと温度の関係は $dH = C_P dT$ より，物質量を 1 mol とすると

$$H_m = \int C_{P,m} dT + I_H = aT + \frac{b}{2}T^2 + \frac{c}{3}T^3 + I_H \tag{1}$$

ただし I_H は積分定数である．これをギブスヘルムホルツの式に代入して積分すると，モルギブスエネルギー G_m と温度 T の関係は次式で表される．

$$\frac{G_m}{T} = \int \frac{H_m}{T^2}dT + I_G = -\left(a\ln T + \frac{b}{2}T + \frac{c}{6}T^2 - \frac{I_H}{T}\right) + I_G$$

$$\therefore \quad G_m = -aT\ln T - \frac{b}{2}T^2 - \frac{c}{6}T^3 + I_H + I_G \times T \tag{2}$$

ただし，I_G は積分定数である．二つの積分定数 I_H および I_G は沸点 T_b(373.15 K) で決定するのが便利である．

(a) 水蒸気のモルギブスエネルギー G_m^g

水蒸気のモルギブスエネルギー G_m^g と温度 T の関係を求めるために，式(1)の I_H と式(2)の I_G の積分定数を沸点 T_b で決定する．このため，まず沸点 T_b におけるモルエンタルピー H_{m,T_b} を求めると

$$H_{m,T_b} - H_{m,298} = \int_{298}^{T_b} C_{P,m} dT = \left[aT + \frac{b}{2}T^2 + \frac{c}{3}T^3\right]_{298}^{T_b} = 2.52\text{ kJ mol}^{-1}$$

$$\therefore \quad H_{m,T_b} = H_{m,298} + 2.52 = \Delta_f H° + 2.52 = -241.8 + 2.52 = -239.27\text{ kJ mol}^{-1}$$

$T_b = 373.15\text{ K}$, $H_{m,T_b} = -239.23\text{ kJ mol}^{-1}$ を式(1)に代入すると積分定数 I_H は

$$I_H = -251.26\text{ kJ mol}^{-1}$$

次に，積分定数 I_G を決定する．このため沸点 T_b における G_{m,T_b} を求める．$G_{m,T_b} = H_{m,T_b} - T_b \times S_{m,T_b}$ であるから，S_{m,T_b} を求めればよく次の値をえる．

$$S_{m,T_b} - S_{m,298} = \int_{298}^{T_b} \frac{G_{P,m}}{T}dT = \left[a\ln T + bT + \frac{c}{2}T^2\right]_{298}^{T_b} = 0.0075\text{ kJ K}^{-1}\text{mol}^{-1}$$

$$\therefore \quad S_{m,T_b} = S_{m,298} + 0.0075 = 188.8\times10^{-3} + 0.0075 = 0.1963\text{ kJ K}^{-1}\text{mol}^{-1}$$

5-2 純物質の二相間の平衡の基準

したがって，積分定数 I_G は

$$I_G = 0.0164 \text{ kJ mol}^{-1}$$

これより水蒸気のモルギブスエネルギー G_m^g は次式で表される。

$$G_m^g = -aT \ln T - \frac{b}{2} T^2 - \frac{c}{6} T^3 - 251.26 + 0.0164\, T \tag{3}$$

ただし，$a = 30.204 \times 10^{-3}$，$b = 9.933 \times 10^{-6}$，$c = 1.117 \times 10^{-9}$ である。

(b) 水のモルギブスエネルギー G_m^l

水についての式(1)の I_G と式(2)の I_G の積分定数も沸点 T_b で決定する。必要とする水の沸点におけるモルエンタルピー H_{m,T_b}^l とモルエントロピー S_{m,T_b}^l は水の蒸発エンタルピーと蒸発エントロピーから次のように求まる。

$$H_{m,T_b}^l = H_{m,T_b}^g - \Delta_{vap}H_m = (-239.27) - 40 = -279.27 \text{ kJ mol}^{-1}$$
$$S_{m,T_b}^l = S_{m,T_b}^g - \Delta_{vap}S_m = 0.1963 - (40/373.15) = 0.0891 \text{ kJ K}^{-1} \text{ mol}^{-1}$$

積分定数 I_H および I_G は次のようになる。

$$I_H = -308.87 \text{ kJ mol}^{-1}, \quad I_G = 0.5086 \text{ kJ mol}^{-1}$$

したがって水のモルギブスエネルギー G_m^l は次式で表される。

$$G_m^l = -aT \ln T - \frac{b}{2} T^2 - \frac{c}{6} T^3 - 308.87 + 0.5086\, T \tag{4}$$

ただし，$a = 89.96 \times 10^{-3}$，$b = -9.594 \times 10^{-5}$，$c = 1.56 \times 10^{-7}$ である。
温度 313～413 K の範囲で式(3)および式(4)が求めた水蒸気として水のモルギブスエネルギーを摂氏温度に対してプロットして図 E5・1・1 に示す。

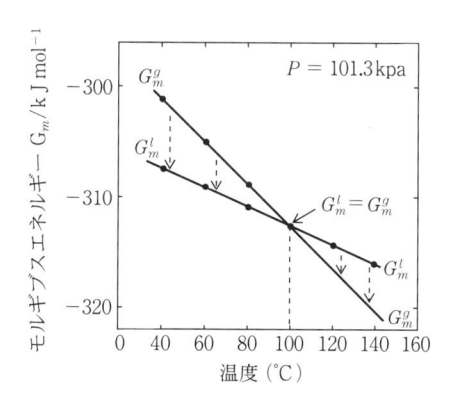

図 **E5・1・1**

100℃(沸点)では　　$G_m^l = G_m^g$ (水と水蒸気は平衡)
100℃以下では　　　$G_m^l < G_m^g$ (ギブスエネルギーが小さい水として安定)
100℃以上では　　　$G_m^g < G_m^l$ (ギブスエネルギーが小さい水蒸気として安定)

5-3 二相間の平衡における温度と圧力の関係
――蒸発曲線，融解曲線および昇華曲線――

● **蒸 発 曲 線** ――クラウジウス–クラペイロンの式――

純物質が気相($'$)と液相($''$)に分かれて，同じ温度，圧力で平衡状態で共存するとき，式(5·4)より気相($'$)と液相($''$)のモルギブスエネルギーは等しい．

$$G_m'(気相) = G_m''(液相) \quad (T=一定, \ P=一定) \quad (5·6)$$

ここに系の温度で液体と平衡にある蒸気が示す圧力は，系の温度における液体の蒸気圧(または飽和蒸気圧)である．蒸発曲線に沿って系の温度が変化すると，圧力(蒸気圧)も同時に変化する．このとき気相と液相の平衡が連続して成り立つためには，変化を通して常に式(5·6)が満足されることが必要である．そのためには，G_m' と G_m'' の変化量 dG_m' と dG_m'' も等しくなければならない．

$$dG_m' = dG_m'' \quad (5·7)$$

さて，ギブスエネルギー変化を表す式(4·18)を，気相($'$)と液相($''$)にそれぞれ適用すると，物質量 1 mol について

$$dG_m' = V_m'dP - S_m'dT \quad (5·8)$$
$$dG_m'' = V_m''dP - S_m''dT \quad (5·9)$$

V_m', V_m'' および S_m', S_m'' は気相($'$)と液相($''$)のモル体積とモルエントロピーである．式(5·7)へ式(5·8)，(5·9)を代入すると

$$\frac{dP}{dT} = \frac{S_m' - S_m''}{V_m' - V_m''} = \frac{\Delta_{vap}S}{\Delta_{vap}V} \quad (5·10)$$

ただし，$\Delta_{vap}S$, $\Delta_{vap}V$ は蒸発エントロピーと蒸発体積である．

次に，式(5·6)の $G_m' = G_m''$ を用いると

$$H_m' - TS_m' = H_m'' - TS_m'' \quad \text{または} \quad S_m' - S_m'' = (H_m' - H_m'')/T \quad (5·11)$$

であるから，式(5·10)は次式となる．

$$\frac{dP}{dT} = \frac{H_m' - H_m''}{T(V_m' - V_m'')} = \frac{\Delta_{vap}H}{T\Delta_{vap}V} \quad (5·12)$$

$\Delta_{vap}H$ は蒸発エンタルピーである．式(5·12)は蒸発曲線のスロープ，dP/dT は温度 T，および蒸発エンタルピー，蒸発体積で表されることを示し，**クラペイロンの式**(Clapeyron equation)として知られている．

クラペイロンの式は，系の圧力が低い場合には簡略化される．すなわち，低圧下では気相のモル体積 V_m' に対して，液相のモル体積 V_m'' は小さく，これを無視することができ，また気相を理想気体とみなすと

5·3　二相間の平衡における温度と圧力の関係

$$\Delta_{vap}V = V_m' - V_m'' \fallingdotseq V_m' = RT/P$$

したがって，式(5·12)は次のようになる．

$$\frac{dP}{dT} = \frac{\Delta_{vap}H}{RT^2/P} \quad \text{または} \quad d\ln P = -\frac{\Delta_{vap}H}{R} d\left(\frac{1}{T}\right) \quad (5·13)$$

この式を蒸発エンタルピー $\Delta_{vap}H$ ＝一定として，T_1 から T_2 まで積分すると

$$\ln \frac{P_2}{P_1} = -\frac{\Delta_{vap}H}{R}\left(\frac{1}{T_2} - \frac{1}{T_1}\right) \quad (5·14)$$

この式は**クラウジウス-クラペイロンの式**(Clausius-Clapeyron equation)として知られている．

あるいは，式(5·13)を不定積分すると次のようになる．

$$\ln P = A(\text{定数}) - \frac{\Delta_{vap}H}{R}\frac{1}{T} \quad (5·14·\text{a})$$

すなわち，$\ln P$ と $1/T$ との関係はスロープ $(-\Delta_{vap}H/R)$ の直線で表される．$A(\text{定数})$ と $\Delta_{vap}H$ を決めるには最低限 2 点の液体の蒸気圧データが必要であり，このうち 1 点は圧力 1.0132 bar における正常沸点 T_b を用いるのが便利である．クラウジウス-クラペイロンの式は，低圧下で温度範囲があまり広くないときに用いられる．いくつかの液体の蒸気圧のクラウジウス-クラペイロンの式によるプロットを図 5·5 に示す．また，表 5·2 に $A(\text{定数})$ と $\Delta_{vap}H_m/R$ および正常沸点の値を示す．

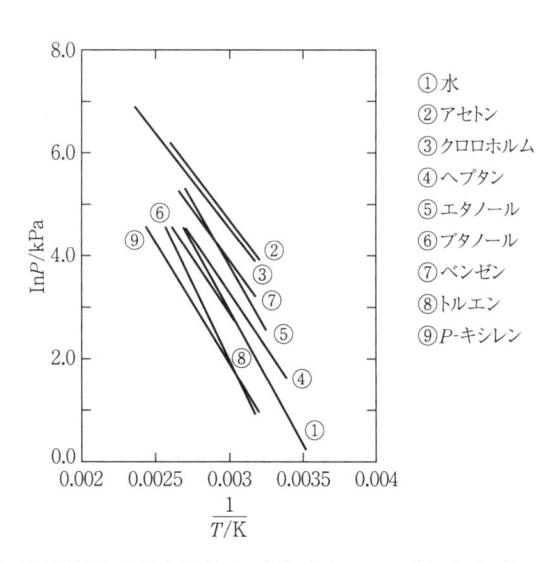

図 5·5　液体の蒸気圧のクラウジウス-クラペイロンの式によるプロット

表 5·2 液体の蒸気圧をクラジウス-クラペイロンの式で表したときの定数

$$\ln P = A - \frac{\Delta_{vap}H}{R}\frac{1}{T} \quad (P/\text{kPa}, \ T/\text{K})$$

物　質	A	$\dfrac{\Delta_{vap}H}{R}$	正常沸点 T_b/K	温度範囲/K
水	18.478	5171.6	373.2	284–373
アセトン	15.803	3686.9	329.2	313–386
クロロホルム	15.406	3607.9	334.4	316–425
ヘプタン	16.057	4250.1	371.6	295–372
メタノール	17.823	4461.3	337.7	323–386
エタノール	18.772	4975.5	351.4	308–371
プロパノール	19.421	5491.1	371.0	317–371
ブタノール	19.675	5881.9	390.7	315–391
シクロヘキサン	15.324	3788.2	353.6	315–379
ベンゼン	15.689	3910.6	353.2	315–377
トルエン	15.935	4342.7	383.8	330–384
p-キシレン	16.201	4765.8	411.4	313–412

例題 5・2

トルエンの 101.3 kPa における沸点は 383.8 K，また温度 323 K における蒸気圧は 12.28 kPa である。トルエンの蒸発エンタルピーを求めよ。

[解]　トルエンの蒸発曲線のスロープはクラウジウス-クラペイロンの式で与えられる。

$$\ln P = A - \frac{\Delta_{vap}H}{R}\frac{1}{T}$$

題意より，$T=383.8$ K のとき $P=101.3$ kPa，また $T=323$ K のとき $P=12.28$ kPa であるから

$$\ln\frac{101.3}{12.28} = -\frac{\Delta_{vap}H}{R}\left(\frac{1}{383.8}-\frac{1}{323}\right)$$

したがって

$$\Delta_{vap}H = 4302.4\ R = 4302.4 \times 8.3145 \times 10^{-3}$$

$$\therefore \ \Delta_{vap}H = 33.77\ \text{kJ mol}^{-1}$$

この値は温度 323 K～383.8 K における平均値としての蒸発エンタルピーである。

● 融解曲線

純物質が液相(′)と固相(″)に分かれて，同じ温度，圧力で平衡状態で共存するとき，式(5・4)より液相(′)と固相(″)のモルギブスエネルギーは等しい

$$G_m''(\text{液相}) = G_m'''(\text{固相}) \quad (T=\text{一定}, P=\text{一定}) \quad (5\cdot15)$$

ここに平衡にある固体と液体が，与えられた圧力で示す平衡温度を融解温度あるいは融点という。また特別な場合を除いて，純物質では融解温度と凝固温度は同じである。圧力と融解温度の関係を示す融解曲線は(蒸発曲線と同様に導出でき)，式(5・12)と同形の次式で表される。

$$\frac{dP}{dT} = \frac{H_m'' - H_m'''}{T(V_m'' - V_m''')} = \frac{\Delta_{fus}H}{T\Delta_{fus}V} \quad (5\cdot16)$$

ただし，$\Delta_{fus}H$，$\Delta_{fus}V$ は融解エンタルピー，融解体積である。

式(5・16)より融解曲線のスロープ dP/dT は(融解エンタルピーは $\Delta_{fus}H>0$ であるから)，液体のモル体積 V_m'' と固体のモル体積 V_m''' の大小により次のように，正または負となる。

$$V_m'' > V_m''' \quad \text{のとき} \quad dP/dT > 0$$
$$V_m'' < V_m''' \quad \text{のとき} \quad dP/dT < 0$$

ここに，液体の密度を ρ''，固体の密度を ρ''' とすると

$$\frac{V_m''(\text{液体})}{V_m'''(\text{固体})} = \frac{\rho'''(\text{固体})}{\rho''(\text{液体})}$$

であるから液体が凝固して固体となったとき，$\rho'''(\text{固体}) > \rho''(\text{液体})$ と密度が大きくなる物質では融解曲線のスロープは正。これに対し $\rho'''(\text{固体}) < \rho''(\text{液体})$ と密度が小さくなる物質例えば水ではスロープは負となる。

例題 5・3

氷の 0.1013 MPa における融点は 273.15 K であり，水の三重点(温度は 273.16 K, 圧力は 611.66 Pa)の温度より 0.0100 K だけ低い。氷の融解曲線のスロープは負であり融点は圧力が高くなると低くなることを確かめよ。また圧力 100 MPa における融点を求めよ。ただし氷の密度は 0.917 g cm^{-3}，水の密度は 1.00 g cm^{-3} また氷の融解エンタルピーは 6.01 kJ mol^{-1} である。

[解]　氷の融解曲線のスロープはクラペイロンの式で与えられる。

$$\frac{dP}{dT} = \frac{\Delta_{fup}H_m}{T\Delta_{fus}V_m}$$

ここに $\Delta_{fus}H_m = 6.01$ kJ mol^{-1} であるから $\Delta_{fus}V_m$ の正負により dP/dT は正または負となる。密度 ρ(g cm^{-3})は次のようにモル体積 V_m(m^3 mol^{-1})に換算できる。

$$V_m = M \times 10^{-6}/\rho$$

したがって氷→水の融解体積変化 $\Delta_{fus}V_m$ は

$$\Delta_{fus}V_m = V_{m,水} - V_{m,氷} = 18 \times 10^{-6}\left(1 - \frac{1}{0.917}\right) = -1.629 \times 10^{-6}\,\mathrm{m^3\,mol^{-1}}$$

融解体積変化が負であるから融解曲線のスロープ dP/dT は負であり，温度 273.15 K におけるスロープは

$$\frac{dP}{dT} = \frac{6.01 \times 10^3}{273 \times (-1.629 \times 10^{-6})} = -13.5\,\mathrm{MPa\,K^{-1}}$$

すなわち氷→水の相転移では密度 $\rho(\mathrm{g\,cm^{-3}})$ は $0.917 \to 1.00$ と増加し，モル体積 $V_m(\mathrm{m^3\,mol^{-1}})$ は $19.63 \times 10^{-6} \to 18 \times 10^{-6}$ と減少し，融解曲線のスロープは負となる。

次に，圧力 100 MPa における融点 T を求める。T と P の関係を直線と仮定すると

$$\frac{dT}{dP} = \frac{1}{-13.5} = \frac{T - 273.15}{100 - 0.1013}$$

$$\therefore\ T = 266\,\mathrm{K} \quad (実測値は 264\,\mathrm{K})$$

● 昇 華 曲 線

純物質が固相($'''$)と気相($'$)に分かれて，同じ温度，圧力で平衡状態で共存するとき，式(5・6)より固相($'''$)と気相($'$)のモルギブスエネルギーは等しい。

$$G_m'''(固相) = G_m'(気相) \quad (T = 一定,\ P = 一定) \quad (5・17)$$

これより低圧下では，昇華曲線は式(5・14)と同形の次式で表される。

$$\ln\frac{P_2}{P_1} = -\frac{\Delta_{sub}H}{R}\left(\frac{1}{T_2} - \frac{1}{T_1}\right) \quad (5・18)$$

ただし，$\Delta_{sub}H = H_m' - H_m'''$ は昇華エンタルピーである。

例題 5・4

ナフタレン($C_{10}H_8 = 128.17$)の固相と気相間の平衡を示す昇華圧の温度による変化は次のようである。

T/K	250	270	280	290	300	310	330	353.43*
P/Pa	0.036	0.514	1.662	4.918	13.43	34.15	182.9	999.6*

クラウジウス–クラペイロンの式にしたがって $\ln P$ と $1/T$ との関係をプロットせよ。また昇華エンタルピー $\Delta_{sub}H$ を求めよ。ただし＊印は三重点を示す。

[解] $\ln P$ と $1/T$ との関係をプロットすると図 E 5・4・1 に示すように直線となり，式(5・14・a)のクラウジウス–クラペイロンの式が成り立つ。

$$\ln P = A - \frac{\Delta_{sub}H}{R}\frac{1}{T}$$

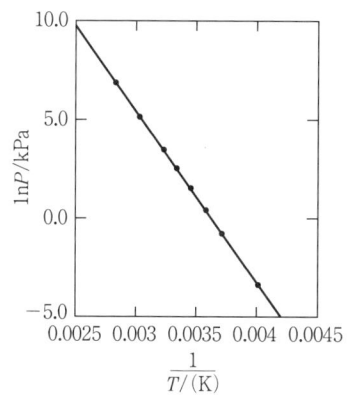

5·3 二相間の平衡における温度と圧力の関係

<figure>

図 E5·4·1
</figure>

昇華圧と温度のデータを用い最小二乗法で定数 A と $\Delta_{sub}H/R$ を決めると
$$\ln P = 31.591 - \frac{8723.97}{T}$$
$\Delta_{sub}H/R = 8723.97$ であるから求める昇華エンタルピー $\Delta_{sub}H$ は
$$\Delta_{sub}H = (8723.97) \times (8.3145 \times 10^{-3}) = 72.53 \,\text{kJ mol}^{-1}$$

例題 5·5

斜方硫黄から単斜硫黄への相転移の温度による圧力の変化は次のようである。

T/K	368.65	373.15	383.15	393.15	403.15
P/kPa	101.3	10132.5	36477.0	61808.3	86126.3

(a) 圧力 101.3 kPa における斜方硫黄から単斜硫黄への転移エンタルピー,(b) 単位圧力差あたりの温度変化はいくらか。ただし 101.3 kPa における相転移にともなう体積変化は $\Delta_{trs}V = V_{単斜} - V_{斜方} = 4.425 \times 10^{-7} \,\text{m}^3\,\text{mol}^{-1}(13.8\,\text{cm}^3\,\text{kg}^{-1})$ である。

[**解**] (a) 温度 T/K と圧力 P/kPa の関係をプロットすると図 E5·5·1 に示すように直線となり,次式で表される。
$$P = -919120.1 + 2493.48\,T$$
T と P の関係がわかると,転移エンタルピーはクラペイロンの式
$$\frac{dP}{dT} = \frac{\Delta_{trs}H}{T\Delta_{trs}V}$$
で求められる。$dP/dT = 2493.48 \,\text{kPa K}^{-1}$ であるから
$$\Delta_{trs}H = T\Delta_{trs}V \times \frac{dP}{dT}$$
$$= 368.65 \times 4.425 \times 10^{-7} \times 2493.48 = 4.07 \,\text{kJ mol}^{-1}$$

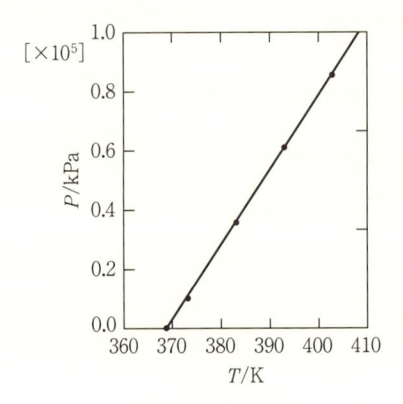

図 E5・5・1

(b) 単位圧力差あたりの温度変化は
$$\frac{dT}{dP} = \frac{1}{2493.48} = 4.01 \, \text{K kPa}^{-1}$$

5-4 状態方程式 ——P-V-T 関係式——

熱力学では，データが豊富に与えられている圧力 P, 体積 V および温度 T をめぐる P-V-T 関係値を基礎として，目的とする状態量を解明する手法がしばしば用いられる。そこで，P-V-T 関係式である状態方程式について簡単に説明しておきたい。

系の圧力 P, 体積 V および温度 T の間には一定の関係があり，これを状態方程式という。周知のように，もっとも簡単な状態方程式は理想気体についての式であり，物質の量 n mol および 1 mol について次のようである。

$$PV = nRT$$
$$PV_m = RT$$

ここに，V は n モルの体積，V_m はモル体積であり，$V = nV_m$ である。理想気体では分子の大きさは無視できるほど小さく，質点とみなされ，分子間力は存在しない。

● ファン・デル・ワールスの式

実在気体の P-V-T 関係式を解明するためには，分子の大きさと分子間力

5-4 状態方程式

を考慮しなければならない。分子が大きさをもつと分子の占める体積だけ，分子の運動ができる体積は減少する。気体 1 mol あたりの分子の占める体積，すなわち排除体積を b とすると，分子が運動できる有効体積は (V_m-b) となる。したがって，理想気体の式は次のように修正することになる。

$$P^{ideal}(V_m-b)=RT$$

ただし，P^{ideal} は理想気体の圧力である。

次に，分子間力が存在する場合，容器内の気体分子のうち器壁近くの分子は（壁と分子との相互作用はないので），中心部の分子に一方的に引きつけられることになる。圧力は，分子が容器の壁に衝突することで生じる力であるから，分子が中心部に引きつけられる場合には衝突力を弱めることになる。その結果，分子間力が働く場合には，理想気体の圧力と比較してより小さい圧力を示すことになる。さて，分子間力は器壁近くの分子数と中心部の分子数とに比例する（中心部の分子は相互に引力を及ぼし合っており，一方，器壁近くの分子は中心部に引きつけられるだけであり両者の作用は異なる），単位体積中の分子数が密度であるから分子間力は密度 ρ の二乗に比例し，比例定数を a とすると，$a\rho^2=a/V_m^2$ で表される。したがって，実在気体の圧力 P は理想気体の圧力 P^{ideal} を次のように補正することになる。

$$P=P^{ideal}-a/V_m^2$$

これより，$P^{ideal}=P+a/V_m^2$ を $P^{ideal}(V_m-b)=RT$ に代入すると，次の**ファン・デル・ワールスの式**(van der Waals' equation)が与えられる。気体 1 mol および n mol について次のようである。

$$\left(P+\frac{a}{V_m^2}\right)(V_m-b)=RT \tag{5・19}$$

$$\left(P+\frac{n^2a}{V^2}\right)(V-nb)=nRT \tag{5・20}$$

ここに a および b は，分子間力および分子の大きさに関係する定数であり，ファン・デル・ワールス定数といい物質の種類だけで定められる。

ファン・デル・ワールス定数 a，b は，物質の臨界点に着目して次のように決定できる。すなわち，臨界温度 T_c における等温線（P-V_m 曲線）の臨界点におけるスロープは 0，また臨界点で変曲することがわかっており，数学的に次式が成立する。

$$\left(\frac{\partial P}{\partial V_m}\right)_{T_c}=0, \quad \left(\frac{\partial^2 P}{\partial V_m^2}\right)_{T_c}=0$$

これより a，b は臨界温度 T_c，臨界圧力 P_c を用いて次のように表される。

コラム 6

ファン・デル・ワールス定数 a, b

ファン・デル・ワールス定数 a, b の T_c (臨界温度)，P_c (臨界圧力) および V_c (臨界体積) による表現式をまとめておこう。次の三つの条件を用いる，すなわちファン・デル・ワールス式は臨界点を満足する。

$$\left(P_c + \frac{a}{V_c^2}\right)(V_c - b) = RT_c \tag{1}$$

臨界温度 T_c の等温線の臨界点におけるスロープは 0 である。すなわち，$(\partial P/\partial V_m)_{T_c} = 0$，また臨界点で変曲する，すなわち $(\partial^2 P/\partial V_m^2)_{T_c} = 0$，したがって

$$\left(\frac{\partial P}{\partial V_m}\right)_{T_c} = -\frac{RT_c}{(V_c - b)^2} + \frac{2a}{V_c^3} = 0 \tag{2}$$

$$\left(\frac{\partial^2 P}{\partial V_m^2}\right)_{T_c} = \frac{2RT_c}{(V_c - b)^3} - \frac{6a}{V_c^4} = 0 \tag{3}$$

式(2)，(3) より

$$V_c = 3b \tag{4・a}$$

$$RT_c = \frac{8a}{27b} \tag{4・b}$$

式(4・a)，(4・b) を式(1) へ代入して

$$P_c = \frac{8a}{27b^2} \tag{5}$$

また臨界圧縮因子 Z_c を求めると

$$Z_c = \frac{P_c V_c}{RT_c} = \frac{3}{8} \tag{6}$$

したがって a, b は T_c, P_c を用いて次のように表される。

$$a = \frac{27R^2 T_c^2}{64P_c}, \quad b = \frac{RT_c}{8P_c} \tag{7}$$

V_c, T_c 用いると

$$a = \frac{9}{8} RT_c V_c, \quad b = \frac{V_c}{3} \tag{8}$$

V_c, P_c を用いると次のようである。

$$a = 3P_c V_c^2, \quad b = \frac{V_c}{3} \tag{9}$$

5-4 状態方程式

$$a = \frac{27R^2 T_c^2}{64 P_c}, \quad b = \frac{RT_c}{8P_c} \tag{5·21}$$

通常，よく知られている物質の臨界定数を付録4示す。なお，ファン・デル・ワールスの式は，実在気体および気体と液体のつながりを初めて明らかにしたものであり，これによりオランダのファン・デル・ワールスは1910年ノーベル物理学賞を受けた。

● ビリアル状態方程式

実在気体の P-V-T 関係を簡単な形で，正確に表現する式である。ビリアル(virial)はラテン語の"力"を意味する言葉である。さて実在気体とは $PV \neq nRT$ の気体であるので，PV/nRT は1以外の値をとり，これを**圧縮因子**(compressibility factor)といい Z で表す。

$$Z = PV/nRT = PV_m/RT \quad \text{または} \quad PV_m = ZRT \tag{5·22}$$

ビリアル状態方程式は，実在気体の圧縮因子 Z をモル体積 V_m の逆数 $1/V_m$ で展開した次式である。

$$Z \equiv \frac{PV_m}{RT} = 1 + \frac{B}{V_m} + \frac{C}{V_m^2} + \cdots \tag{5·23}$$

ここに B, $C \cdots$, は分子間力の効果を表し，順に B を第2ビリアル係数，C を第3ビリアル係数という。ビリアル係数は温度だけの関数であり，等温線ごとの P-V 関係値を用いて決定する。ビリアル式は $B=0$, $C=0\cdots$ のとき $Z=1$ すなわち，$PV_m/RT=1$ の理想気体の式を与える。このことは，ビリアル式は理想気体からの隔りを $1/V_m$ の多項式で表すものである。

ビリアル状態方程式のもう一つの形は，圧縮因子 Z を圧力 P で展開した次式である。

$$\frac{PV_m}{RT} = 1 + B'P + C'P^2 + \cdots \tag{5·24}$$

この式は P を与えて V_m を解くことができる点で便利である。式(5·24)中の係数 B', C' は式(5·23)中の係数 B, C により次のように表される。

$$B' = \frac{B}{RT}, \quad C' = \frac{C - B^2}{(RT)^2} \tag{5·24·a}$$

圧力 P が高くないとき，式(5·23)および式(5·24)の第3ビリアル係数を含む項の値は小さく，第2ビリアル係数の項に対して無視できる。したがって，圧力があまり高くないとき式(5·24)は次式で表される。

$$\frac{PV_m}{RT} = 1 + \frac{B}{RT}P \quad \text{または} \quad V_m = \frac{RT}{P} + B \tag{5·24·b}$$

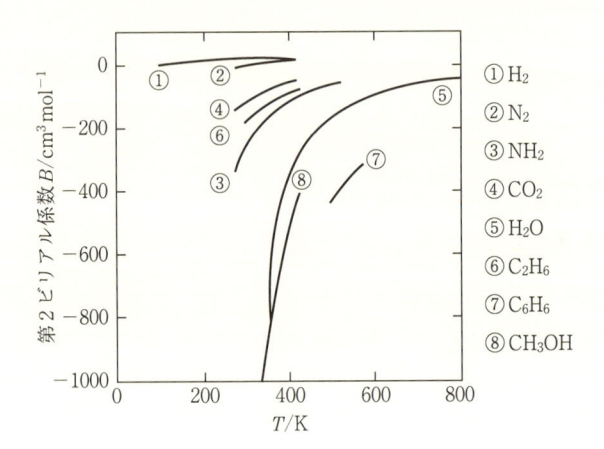

図 5·6　気体の第 2 ビリアル係数

① H_2
② N_2
③ NH_3
④ CO_2
⑤ H_2O
⑥ C_2H_6
⑦ C_6H_6
⑧ CH_3OH

ここに B は第 2 ビリアル係数である。いくつかの気体の第 2 ビリアル係数の温度による変化を図 5·6 に示す。

● **一般化された圧縮因子を用いる方法**
　　——広くどの物質にも使える実在気体の P-V-T 関係——

圧力 P,体積 V,温度 T を直接用いる代わりに,臨界点で 1 となるように換算した,圧力,体積,温度を考えて,これを換算変数といい P_r, V_r, T_r で表す。

$$\text{換算圧力} \quad P_r = \frac{P}{P_c}$$

$$\text{換算体積} \quad V_r = \frac{V}{V_c}$$

$$\text{換算温度} \quad T_r = \frac{T}{T_c}$$

なお,換算変数は対臨界値,還元変数ともいわれる。

さて,ファン・デル・ワールスの式 (5·19) を換算変数 P_r, V_r, T_r で書き直すために,定数 a, b を臨界定数で表した式 (5·21) を代入し,コラム 6 の $Z_c = 3/8$ を用いると次式をえる。

$$\left(P_r + \frac{3}{V_r^2}\right)\left(V_r - \frac{1}{3}\right) = \frac{8}{3} T_r$$

この式の特徴は気体の種類に依存する定数を含まないことである。すなわち，P，V，T の代わりに P_r，V_r，T_r を用いて圧力，体積，温度を表すと，気体の種類にかかわりなく，気体に共通に用いられる P_r-V_r-T_r 関係がえられることを示し，この原理は**対応状態の原理**として知られている。

対応状態の原理により，$V_r = f(P_r, T_r)$ であり，圧縮因子 Z は物質に共通して使える次式で表される。

$$Z = f(P_r, T_r)$$

すなわち，各物質の P-V-T データから Z を算出し，Z を P_r に対して T_r をパラメーターとしてプロットすると各物質の Z-P_r 図はほぼ重なり同一の図で表されるのである。

ところで，$P_r = P/P_c$，$T_r = T/T_c$ は臨界点で1となるように換算した圧力と温度であるから，$Z = f(P_r, T_r)$ が完全に成り立つためには，臨界点における Z は物質にかかわりなく同一とならねばならない。臨界点における圧縮因子は臨界圧縮因子といい次式で与えられる。

$$\text{臨界圧縮因子} \quad Z_c = P_c V_c / RT_c$$

Z_c の値は物質の種類によって大略 0.23〜0.30 の値をとり，さほど大きな差はない。しかし厳密に考える場合には P_r，T_r だけでは不十分であり，さらに第3のパラメーターとして Z_c を考慮して，圧縮因子を次のように表すことが必要である。

$$Z = f(P_r, T_r, Z_c)$$

この関係にもとづいて作成された一般化された圧縮因子図を付録5に示す。圧縮因子 Z を $Z = f(P_r, T_r, Z_c)$ の一般化された図でを求めると，P-V-T 関係は $PV_m = ZRT$ で計算できる。

5-5　フガシチー
——ギブスエネルギー変化を求めるための便利な状態量——

ギブスエネルギー G は化学熱力学で最も重要な状態量である。したがって，状態変化，とくに系の温度で圧力が変化したときのギブスエネルギー変化をしばしば計算することになる。系が理想気体の場合には，ギブスエネルギーの圧力による変化は次式（この節で説明する式(5·28)）で容易に計算できる。

$$G_m(P) = G_m°(P°) + RT \ln(P/P°) \quad (T = 一定)$$

理想気体の系だけを考える場合には，フガシチーといわれる量は必要ではない。問題は，理想気体として取り扱うことができない実在気体および液体，固

体の場合であり，これらについて圧力が変化したときのギブスエネルギーをどのように求めるかということであり，これを統一した形で，また便利に行うために**フガシチー**(fugacity)といわれる熱力学量が導入される。

● 出発点となる理想気体のギブスエネルギーの圧力による変化を表す式

フガシチーは，理想気体のモルギブスエネルギー G_m の圧力による変化を表す式を原型として定義される。モルギブスエネルギーの圧力による変化は，系の温度一定の場合には，式(4·18)より

$$dG_m = V_m\, dP \quad (T=一定) \tag{5·25}$$

系が理想気体の場合には $PV_m = RT$ より次式となる。

$$dG_m = \frac{RT}{P} dP = RT\, d\ln P \quad (T=一定，理想気体) \tag{5·26}$$

これを積分すると

$$G_m = RT \ln P + I \quad (T=一定，理想気体) \tag{5·27}$$

ただし，I は積分定数である。

積分定数は，標準状態を用いて決定するのが便利である。理想気体の標準状態は圧力 $P°(1\,\text{bar})$ にある純理想気体を用いるので，$P = P°(1\,\text{bar})$ のとき $G_m = G_m°$ として積分定数を決めると次式が与えられる。

$$G_m = G_m° + RT \ln \frac{P(\text{bar})}{1(\text{bar})} \quad (T=一定，理想気体) \tag{5·28}$$

すなわち，理想気体ではモルギブスエネルギー G_m と $\ln P$ との関係は，図5·7に示すように，スロープ RT の直線で表される。式(5·28)を用いると理想気体のギブスエネルギーの圧力による変化は容易に計算できる。

では，理想気体に対して，実在気体のギブスエネルギー変化はどのように求

$$G_m(P) = G_m°(P°) + RT \ln \frac{P}{P°}$$

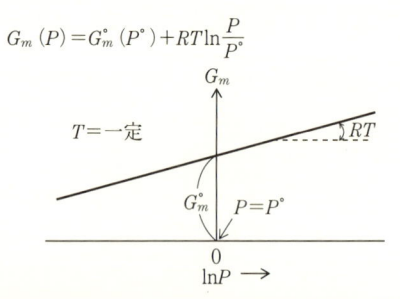

図 5·7 理想気体のギブスエネルギー G_m の圧力 P による変化（$T=$一定）

5-5 フガシチー

めたらよいのであろうか。一つの考え方は，実在気体では状態方程式が用いられるので，例えばファン・デル・ワールスの式を式(5・25)に代入して積分する方法であり次式となる。

$$\Delta G_m = \int_{V_{m,1}}^{V_{m,2}} \left(\frac{2a}{V_m^2} - \frac{RTV_m}{(V_m-b)^2} \right) dV_m$$

しかし，この実在気体のギブスエネルギー変化の計算式は，理想気体のそれと比較すると，簡単ではなくかなり複雑である。液体や固体の状態方程式はより複雑と考えられるので，ギブスエネルギー変化の計算式もより込み入ったものとなろう。したがって，ギブスエネルギー変化は系が理想気体の場合を除いて，すんなりと簡単な方法では計算はできないのである。

そこで，アメリカの理論化学者ルイス(Lewis, G. N.)†はフガシチーという量を導入し，フガシチーを用いた実在気体および液体や固体のギブスエネルギー変化の便利な求め方を提案した。

● 実在気体とフガシチーの導入

実在気体については，理想気体についての式(5・26)はむろん適用できない。しかし，直線形でもっとも簡単な式であるので，実在気体についても式(5・26)と同形式でモルギブスエネルギーが求まれば好都合である。そのためには式(5・26)の圧力 P に代えて，新しい量を導入する必要があり，次式で**フガシチー f** を定義する。

$$dG_m = RT\, d\ln f \quad (T=\text{一定}) \tag{5・29}$$

実在気体のギブスエネルギーを求めるために，フガシチー f を理想気体の $dG_m = RT\, d\ln P$ と同形式で定義した。ここに圧力が十分に低いとき，たとえば常圧以下の領域($P \to 0$)では，実在気体は理想気体となる(すなわち実在気体の状態方程式 $PV_m = ZRT$ は，$P \to 0$ のとき $Z \to 1$ であるから理想気体の状態方程式 $PV_m = RT$ となる)。したがって，圧力が十分に低い $P \to 0$ の領域では，$dG_m = RT\, d\ln f$ と $dG_m = RT\, d\ln P$ で計算したギブスエネルギーは一致する。そのためには $f = P$ が成立しなければならない。したがって，実在気体のフガシチーは次式を含めて定義される。

$$\lim_{P \to 0} \frac{f}{P} = 1 \quad \text{すなわち} \quad f = P \tag{5・30}$$

式(5・30)は理想気体法則が適用できるような低圧下では，気体のフガシチー f

---

† G. N. Lewis, *Proc. Am. Acad.*, **37**, 49 (1901) ; *Z. phys. chem.*, **38**, 205 (1901)

は気体の圧力 P に等しいことを示す。また，式(5・30)からわかるようにフガシチーは圧力の単位をもつ。

さて，式(5・29)を積分すると

$$G_m = RT \ln f + I \quad (T=\text{一定}) \tag{5・31}$$

ここに，I は積分定数である。積分定数はどのように決めてもよいが，後々の計算がうまくゆくように決めるべきである。そのため，積分定数の決定には標準状態における純物質が用いられる。いま標準状態におけるフガシチーを $f°$，標準状態におけるモルギブスエネルギーを $G_m°$ とすると，式(5・31)は次式となる。

$$G_m = G_m° + RT \ln \frac{f}{f°} \quad (T=\text{一定}) \tag{5・32}$$

ここに，G_m は圧力 P，温度 T の実在気体のモルギブスエネルギー，f は圧力 P，温度 T の実在気体のフガシチーである。

次に，実在気体の標準状態を確認しよう。実在気体の標準状態は，圧力 $P°$ は1 bar であり，フガシチー $f°$ も1 bar である純理想気体を用いる(図5・8)。それは，$P \to 0$ では式(5・32)と式(5・28)は一致し，標準状態も同じでないと矛盾が生じるからである(なお，圧力 $P°=1$ bar のときの実在気体のフガシチー f は図5・8から分かるように1 bar ではない)。標準状態を明記すると，実在気体に対して式(5・32)は次のようになる。

$$G_m = G_m° + RT \ln \frac{f(\text{bar})}{1(\text{bar})} \quad (T=\text{一定}) \tag{5・33}$$

このように，フガシチー f を定義してギブスエネルギー変化の計算に用い

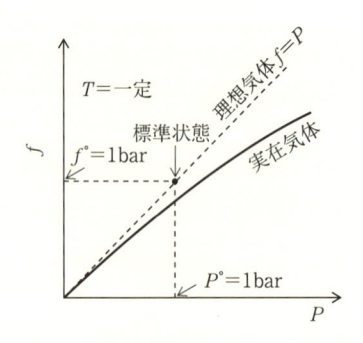

図 5・8 実在気体の標準状態-圧力は1 bar でフガシチーも1 bar の純理想気体の状態である。

るのは，系の温度 T，圧力 P におけるフガシチー f の値が比較的容易に求められるからである．次にフガシチーの P-V-T 関係値からの求め方を示そう．

● **実在気体のフガシチーの求め方**

フガシチーの定義，$dG_m = RT\,d\ln f$ と式(5・25)の $dG_m = V_m dP$ とで dG_m を消去すると

$$d\ln f = \left(\frac{V_m}{RT}\right) dP \qquad (T = 一定) \tag{5・34}$$

つぎに次式を用い

$$d\ln P = \frac{dP}{P}$$

両式の差をとると

$$d\ln\frac{f}{P} = \left(\frac{V_m}{RT} - \frac{1}{P}\right) dP \qquad (T = 一定)$$

これを $P=0$ から P まで積分すると，$P=0$ では式(5・30)より $f/P = 1$ であるから，次の計算式をえる．

$$\ln\frac{f}{P} = \int_0^P \left(\frac{V_m}{RT} - \frac{1}{P}\right) dP \qquad (T = 一定) \tag{5・35}$$

あるいは，一般に実在気体の P-V-T 関係値は圧縮因子 Z を用いて次式で表されるので

$$PV_m = ZRT$$

圧縮因子 Z を用いると式(5・35)は次式となる．

$$\ln\frac{f}{P} = \int_0^P \left(\frac{Z-1}{P}\right) dP \qquad (T = 一定) \tag{5・36}$$

ここにフガシチー f と系の圧力 P との比は**フガシチー係数**といい，記号 ϕ(ファイ)で表す．

$$フガシチー係数 \qquad \phi = f/P$$

求める温度 T，圧力 P におけるフガシチー f は，フガシチー係数を用いると次のように与えられる．

$$f = \left(\frac{f}{P}\right) \times P = \phi \times P \tag{5・37}$$

なお，式(5・30)より理想気体では $\phi = 1$ である．したがってフガシチー係数 ϕ は理想気体を1とし，その値が1からどれだけ異なるかにより(気体では数値はほぼ1と0の間である)実在気体の性質を表すのである．

ビリアル状態方程式によるフガシチー係数の求め方 ビリアル状態方程式 (5·24) を式 (5·36) に代入すると，実在気体の温度 T，圧力 P におけるフガシチー係数 $\phi = f/P$ は次式で与えられる

$$\ln \phi = \frac{BP}{RT} + \left(\frac{C-B^2}{2}\right)\left(\frac{P}{RT}\right)^2 \tag{5·38}$$

圧力があまり高くない場合には式 (5·24·b) を用いて次式で計算できる。

$$\ln \phi = \frac{BP}{RT} \quad \text{または} \quad \phi = \exp\left(\frac{BP}{RT}\right) \tag{5·39}$$

一般化された圧縮因子を用いるフガシチー係数の求め方 対応状態の原理による一般化された圧縮因子図，すなわち $Z = f(P_r, T_r, Z_c)$ を用い，また圧力 P を $P = P_c P_r$ でおきかえると式 (5·36) は次のように一般化できる。

$$\ln \frac{f}{P} = \int_0^{P_r} \left(\frac{Z-1}{P_r}\right) dP_r \quad (T = \text{一定}) \tag{5·40}$$

これより実在気体のフガシチー係数 $\phi = f/P$ は，一般化された Z-P_r 図を用いて計算でき，物質の種類にかかわりなく適用できる一般化されたフガシチー係数図がつくられている。これを付録6に示す。

例題 5·6

水蒸気の温度 473 K で圧力 1.4 MPa および 0.8 MPa におけるフガシチー係数およびフガシチーを求めよ。ただし与えられた条件下で水蒸気は実在気体であり 473 K における水蒸気の第 2 ビリアル係数 B は $-196.1\, \mathrm{cm^3\, mol^{-1}}$ である。

[解] フガシチー係数 $\phi = f/P$ は第 2 ビリアル係数 B を用いると式 (5·39) で，フガシチー f は式 (5·37) より $f = \phi P$ で求められる。

$$\phi = \exp \frac{BP}{RT}$$

473 K，1.4 MPa における水蒸気のフガシチー係数 ϕ は

$$\phi = \exp\left[\frac{(-196.1 \times 10^{-6}\, \mathrm{m^3\, mol^{-1}})(1.4 \times 10^6\, \mathrm{Pa})}{(8.3145\, \mathrm{Pa\, m^3\, K^{-1}\, mol^{-1}})(473\, \mathrm{K})}\right] = 0.932$$

フガシチー f は

$$f = \phi \times P = 0.932 \times 1.4 = 1.305\, \mathrm{MPa}$$

同様にして 473 K，0.8 MPa における水蒸気のフガシチー係数 ϕ とフガシチー f は次のようである。

$$\phi = 0.961 \quad \text{および} \quad f = \phi \times P = 0.961 \times 0.8 = 0.769\, \mathrm{MPa}$$

5-5 フガシチー

例題 5・7

水蒸気を温度 473 K で圧力 1.4 MPa から 0.8 MPa まで膨張させた。圧力変化にともなうギブスエネルギー変化を求めよ。ただしこの条件下では水蒸気は実在気体である。なお水蒸気を理想気体とするとどうなるか。

[解] 実在気体のギブスエネルギーはフガシチーを用いて式(5・33)で表される。

$$G_m = G_m^\circ + RT \ln f \, (\text{bar}) \quad (T = \text{一定})$$

$T=$ 一定で状態 $1(T_1, P_1)$ から状態 $2(T_2, P_2)$ へ変化したときのギブスエネルギー変化 G_m は

$$\Delta G_m = G_{m,2} - G_{m,1} = RT \ln \frac{f_2}{f_1}$$

例題 5・6 で説明したように,終わりの 473 K,$P_2 = 0.8$ MPa におけるフガシチーは $f_2 = 0.769$ MPa $= 7.69$ bar,始めの 473 K,$P_2 = 1.4$ MPa におけるフガシチーは $f_1 = 1.305$ MPa $= 13.05$ bar であるから

$$\Delta G_m = RT \ln \frac{f_2}{f_1} = 8.3145 \times 473 \ln \frac{7.69}{13.05} = -2080 \, \text{J mol}^{-1}$$

膨張は自発的に起こるのでギブスエネルギーは減少する。

なお理想気体とすると圧力変化にともなうギブスエネルギー変化は式(5・25)より

$$\Delta G_m = G_{m,2} - G_{m,1} = RT \ln \frac{P_2}{P_1}$$

したがって

$$\Delta G_m = RT \ln \frac{P_2}{P_1} = 8.3145 \times 473 \ln \frac{0.8 \times 10}{1.4 \times 10} = -2201 \, \text{J mol}^{-1}$$

ギブスエネルギー変化の偏差は 5.8% である。

● **フガシチーは純物質の相平衡の基準を与える**

すでに述べたように,純物質が二つの相,気液,固液,および固気で平衡状態をなすとき,平衡の基準は二つの相のモルギブスエネルギーが等しいことで与えられる。すなわち二つの相を相($'$)と相($''$)で示すと,次の式(5・4)で表される。

$$G_m' = G_m'' \quad (T = \text{一定}, \, P = \text{一定}) \quad (5 \cdot 4)$$

$G_m' = G_m''$ に着目してフガシチーの定義,式(5・29)を,$T=$ 一定,$P=$ 一定で,平衡にある相($'$)から相($''$)まで積分すると

$$\therefore \quad G_m'' - G_m' = 0 = RT \ln \frac{f''}{f'}$$

これより,ただちに次式をえる。

$$f' = f'' \quad (T = \text{一定}, \, P = \text{一定}) \quad (5 \cdot 41)$$

すなわち，純物質の二相平衡は，各相のフガシチーが等しいことで表され，フガシチーによっても相平衡の基準が与えられるのである。

● 液体，固体のフガシチー

純物質の二相平衡は，二つの相のフガシチーが等しいことで与えられる。このことは気液平衡をなす液相のフガシチーは，気相のフガシチーから求められるということである。いま温度 T，蒸気圧 P^* で平衡にある液フガシチーを $f^{l,s}$，気フガシチーを $f^{g,s}$ とすると，図5・9の l 点および g 点で表され，両者は等しい。

$$f^{l,s} = f^{g,s} \quad (T=\text{一定}, \ P^*=\text{一定}) \quad (5\cdot 42)$$

ここに温度 T，蒸気圧 P^* の気フガシチー $f^{g,s}$ は，式(5・36)を圧力 $P=0$ から P^* まで積分して気相フガシチー係数 $\phi^{g,s}$ を求めれば与えられる。

$$f^{g,s} = P^* \frac{f^{g,s}}{P^*} = P^* \phi^{g,s} = P^* \exp\left[\int_0^{P^*} \left(\frac{Z-1}{P}\right) dP\right] \quad (5\cdot 43)$$

$$f^{l,s} = f^{g,s} = P^* \exp\left[\int_0^{P^*} \left(\frac{Z-1}{P}\right) dP\right]$$

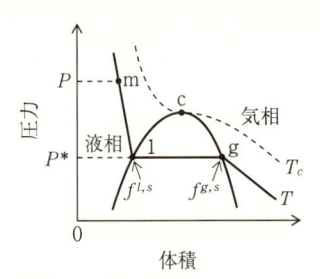

図 5・9 気液平衡にある液相のフガシチー f^{ls} は平衡にある気相のフガシチー f^{gs} で与えられる

例題 5・8

水の473Kにおける蒸気圧(平衡圧力)は 1.555 MPa であり，水と水蒸気はこの温度，圧力で気液平衡状態となる。平衡にある水および水蒸気のフガシチーを求めよ。ただし与えられた温度，圧力で水蒸気は実在気体であり，473Kにおける水蒸気の第2ビリアル係数は $-196.1 \text{ cm}^3 \text{ mol}^{-1}$ である。

[解] 純物質が温度 T の蒸気圧 P^* で気液平衡をなすとき，液体のフガシチー $f^{l,s}$ はこれと平衡にある気体のフガシチー $f^{g,s}$ で与えられ，T，P^* における気体のフガシチー係数 $\phi^{g,s}$ を計算すれば求まる。

$$f^{l,s} = f^{g,s} = P^* \phi^{g,s}$$

5-5 フガシチー

実在気体のフガシチー係数は第2ビリアル係数 B を用いると式(5·39)で求まる。

$$\phi = \exp\left(\frac{BP}{RT}\right)$$

これより 473 K，1.555 MPa における水蒸気のフガシチー係数 $\phi^{g,s}$ は

$$\phi^{g,s} = \exp\left[\frac{(-196.1\times 10^{-6}\,\mathrm{m^3\,mol^{-1}})(1.555\times 10^6\,\mathrm{Pa})}{8.3145\,\mathrm{Pa\,m^3\,K^{-1}\,mol^{-1}}(473\,\mathrm{K})}\right] = 0.925$$

水蒸気のフガシチー $f^{g,s}$ は

$$f^{g,s} = \phi^{g,s} \times P = 0.925 \times 1.555 = 1.44\,\mathrm{MPa}$$

したがって水蒸気と平衡にある水のフガシチー $f^{l,s}$ も 1.44 MPa である。

次に，液相内におけるフガシチーの圧力による変化を求めるための基礎式は，式(5·34)を液相に適用した次式である。

$$\ln\frac{f_2}{f_1} = \int_{P_1}^{P_2}\left(\frac{V_m^l}{RT}\right)dP \qquad (T=\text{一定}) \tag{5·44}$$

ただし，f_2 は温度 T，圧力 P_2 における純液体のフガシチー，f_1 は温度 T，圧力 P_1 におけるフガシチー，V_m^l は純液体のモル体積である。したがって，純液体のモル体積の圧力依存性がわかれば，圧力変化にともなうフガシチーの変化を求めることができる。液体ではモル体積の圧力による変化はわずかであるので，多くの場合モル体積は一定とみなすことができる。いま温度 T で気液平衡にある液体(圧力は蒸気圧 P^*)から，圧力 P の液体まで(図 5·9 の m 点)式(5·44)を $V_m^l = $ 一定として積分すると，圧力 P における液フガシチー f^l は次のようになる。

$$\ln\frac{f^l}{f^{l,s}} = \frac{V_m^l(P-P^*)}{RT} \quad \text{または} \quad \frac{f^l}{f^{l,s}} = \exp\frac{V_m^l(P-P^*)}{RT} \tag{5·44·a}$$

ここに，$f^{l,s} = f^{g,s} = P^*\phi^{g,s}$ であるので，式(5·44·a)は次のように書くことができる。

$$f^l = P^*\phi^{g,s}\exp\frac{V_m^l(P-P^*)}{RT} \qquad (T=\text{一定}) \tag{5·45}$$

式(5·45)は圧力 T，圧力 P における液フガシチー f^l を求める一般式である。固体については固モル容積 V_m^s を用いた同形式が用いられる。

例題 5・9

水の温度 473 K, 圧力 3 MPa におけるフガシチーを求めよ。ただし水の 473 K における蒸気圧は 1.555 MPa, また 473 K, 1.555 MPa における水蒸気のフガシチーは 1.44 MPa また水のモル体積は $2.082\times10^{-5}\,\mathrm{m^3\,mol^{-1}}$ である。

[解]　液体の温度 T, 圧力 P におけるフガシチー f^l は, 温度 T における蒸気圧を P^*, また T で P^* における水のフガシチーを $f^{l,s}$ として式(5・44・a)で与えられる。

$$\frac{f^l}{f^{l,s}}=\exp\frac{V_m^l(P-P^*)}{RT}$$

ここに温度 T の蒸気圧 P^* における液体のフガシチー $f^{l,s}$ は例題 5・8 より $f^{l,s}=1.44$ MPa したがって

$$f^l=(1.44\,\mathrm{MPa})\exp\left[\frac{(2.082\times10^{-5})(3\times10^6-1.555\times10^6)}{8.3145\times473}\right]=1.45\,\mathrm{MPa}$$

ここに 10 MPa 以下であるので指数項はほぼ 1 である。

　液体のフガシチーを求める一般式は, 系の圧力が低いときには簡略化される。まず式(5・45)右辺の指数項の値は表 5・3 に示すように, 系の圧力があまり高くない場合には 1 とおくことができる(10 bar 以下)。さらに気相が理想気体とみなされるような低圧下(常圧ないしそれ以下)では気相フガシチー係数は式(5・32)より 1 とおくことができる。したがって, <u>低圧下では, 純液体のフガシチーは系の圧力にかかわりなく系の温度における液体の蒸気圧 P^* で与えられる</u>。

$$f^l=P^* \quad (P^*:系の温度\ T\ における液体の蒸気圧) \quad (5・46)$$

純固体のフガシチーも同様であり, 低圧下では次式で表される。

$$f^c=P^* \quad (P^*:系の温度\ T\ における固体の蒸気圧) \quad (5・47)$$

例題 5・10

水の 298 K, 0.1 MPa におけるフガシチーを求めよ。ただし水の 298 K における蒸気圧は 0.00317 MPa である。

[解]　液体のフガシチー f^l は, 系の圧力が低いときには圧力に関係なく, 液体の温度における蒸気圧 P^* で与えられる。すなわち式(5・46)より

$$f^l=P^*$$

水の 298 K における蒸気圧 $P^*=0.0317$ MPa であるから水の 298 K におけるフガシチーは

$$f^l=0.00317\,\mathrm{MPa}$$

例題 5・11

氷の 270 K, 0.1 MPa におけるフガシチーを求めよ。ただし，氷の 270 K における蒸気圧は 470.1 Pa である。

[解] 固体のフガシチー f^s は，系の圧力が低いときには圧力に関係なく固体の温度における蒸気圧 P^* で与えられる。すなわち式(5・47)より

$$f^s = P^*$$

氷の 270 K における蒸気圧は $P^* = 470.1$ Pa であるから氷の 273 K におけるフガシチーは

$$f^s = 470.1 \text{ Pa}$$

さて，後まわしになったが，式(5・44)を液相に適用し，温度 $T=$ 一定で，標準状態における純液体(圧力 $P°=1$ bar の純液体)から圧力 P の純液体まで $V_m{}^l = V_m° =$ 一定として積分すると次式となる。

$$\frac{f^l}{f°} = \exp\frac{V_m°(P-P°)}{RT} \qquad (T=\text{一定}) \tag{5・48}$$

ただし，f^l は温度 T，圧力 P における純液体のフガシチー，$f°$ は標準状態 (圧力 1 bar) における純液体のフガシチーである。ここに，式(5・48)右辺の $\exp[V_m(P-P°)/RT]$ 項の数値の大きさは表 5・3 に示した値よりも若干小さく，圧力があまり高くないときには 1 である。このことは，純液体のフガシチーの圧力による変化は無視できることであり，圧力 P における純液体のフガシチー f^l は，標準状態(圧力 1 bar)における純液体のフガシチー $f°$ に等しいとおくことができる。

表 5・3 液体，固体の $\exp[V_m(P-P^*)/RT]$ 項の値の圧力による変動 (温度 298 K)

物 質	$\exp[V_m(P-P^*)/RT]$						
	圧力 P/bar						
	1.013	2	5	10	20	100	500
アセトン(l)	1.0008	1.0037	1.0127	1.0278	1.0588	1.3425	4.3990
エタノール(l)	1.0022	1.0045	1.0117	1.0237	1.0481	1.2655	3.2483
水(l)	1.0007	1.0014	1.0036	1.0073	1.0147	1.0756	1.4396
グリセロール(l)	1.0030	1.0059	1.0148	1.0299	1.0607	1.3428	4.3654
Cu(s)	1.0003	1.0006	1.0015	1.0031	1.0062	1.0313	1.1668
Al(s)	1.0004	1.0008	1.0020	1.0040	1.0081	1.0412	1.2235

$$\frac{f^l}{f^\circ}=1 \quad \text{または} \quad f^l=f^\circ \quad (T=\text{一定}) \tag{5・49}$$

純固体についても同様な関係が成立する。

6 混合物の熱力学の基礎
―― 化学ポテンシャルの導入 ――

　化学平衡や相平衡の実際を考えると，通常，系は二種以上の異なる化学物質からなる混合物であるので，混合物の熱力学的性質の理解が不可欠である．混合物は異なる純物質を加える（除く場合もある）ことでつくられるので，物質の出入りをともなう開いた系である．混合物中では，同種分子間力だけでなく異種分子間力も作用し，また形や大きさの異なる分子が混ざり合った配置をとるので，混合物の状態量はこれを構成する純物質の状態量を加え合わせた単純な形では表現できない．したがって，混合物では混合物の状態量に対して，混合物中で成分の1molが実際に寄与している状態量部分が主体的役割を果たすことになる．本章で登場する化学ポテンシャルは，混合物全体のギブスエネルギーに対して混合物中で成分の1molが実際に寄与しているギブスエネルギー部分であり，部分モルギブスエネルギーともいわれる．化学ポテンシャルの導入により混合物全体のギブスエネルギーは混合物中での成分の寄与量である化学ポテンシャルを用いて

　　　（混合物のギブスエネルギー）＝$\sum$（成分の物質量）×（成分の化学ポテンシャル）

で表される．また系内に成分の化学ポテンシャルの差があると，化学ポテンシャルが等しくなるまで成分物質の移動が行われ，系の平衡状態は成分の化学ポテンシャルがそれぞれ等しい条件で与えられる．化学ポテンシャルは混合系の化学平衡や相平衡を考えるときの重要な量であり，化学熱力学の鍵をにぎる量といっても過言ではない．

　まず始めに，混合系に物質の出入りがあるとき混合系のギブスエネルギーや内部エネルギーがどのように変化するかを考えよう．

閉じた系より開いた系へ　――物質の出入りによる状態量の変化――

　今まで取り扱ってきた閉じた系は，系と外界との間でエネルギーの出入りはあるが，物質の出入りはなかった．たとえば，化学反応については，図6·1に示すように生成物と反応物からなる全体を系とすると，系と外界とはエネルギーの出入りはあっても物質の出入りはなく，したがって閉じた系であり系の質量は一定である．

> **コラム 7**
>
> ### 混合物と成分の濃度の表し方
>
> **モル分率 x**　混合物中の成分の組成を表すのに用いられる。混合物が成分 $1, 2, \cdots, i, \cdots$ の $n_1, n_2, \cdots, n_i, \cdots$ モルよりなり，全体で n モルのとき，混合物中の任意の成分 i のモル分率 x_i は
>
> $$x_i = \frac{n_i}{n_1 + n_2 + \cdots} = \frac{n_i}{n}$$
>
> これより混合物中のすべての成分のモル分率の和は 1 である。
>
> $$\sum_i x_i = 1$$
>
> たとえば，二成分系では
>
> $$x_1 = \frac{n_1}{n_1 + n_2} = \frac{n_1}{n}, \quad x_2 = \frac{n_2}{n_1 + n_2} = \frac{n_2}{n}$$
>
> $$x_1 + x_2 = 1$$
>
> **質量モル濃度 m**　溶媒 1kg あたりの溶質の物質量である。単位は mol (溶質)/kg(溶媒)。質量モル濃度 m はモル濃度 C と違って温度に影響されない。
>
> 溶媒 A の W_A kg と溶質 B の W_B kg とからなる溶液の溶質の物質量は，W_B/M_B であるから溶質の質量モル濃度 m_B は
>
> $$m_B = \frac{W_B}{M_B W_A}$$
>
> 溶質のモル分率 x_B との関係は
>
> $$x_B = \frac{m_B M_A}{1 + m_B M_A}$$
>
> ただし，M_B は溶質のモル質量 (kg mol^{-1})，M_A は溶媒のモル質量 (kg mol^{-1}) である。
>
> **モル濃度 C**　溶液 1 リットルまたは立方デシメートルあたりの溶質の物質量である。単位は mol(溶質)/L(溶液)。
>
> 溶質 B の W_B kg が溶液 V L に含まれるとき，溶質 B のモル濃度 C_B は
>
> $$C_B = \frac{W_B}{M_B} \frac{1}{V}$$
>
> モル分率 x_B との関係は
>
> $$x_B = \frac{C_B M_A}{C_B (M_A - M_B) + 10^{-3} \times \rho}$$
>
> ただし，M_B は溶質，M_A は溶媒のモル質量 (kg mol^{-1})，ρ は溶液の密度 (kg m^{-3}) である。

閉じた系では第一法則は次式で表され
$$dU = dq_{可逆} + dw_{可逆} = T\,dS - P\,dV \tag{6·1}$$
ギブスエネルギー変化は次のように与えられる。
$$dG = V\,dP - S\,dT \tag{6·2}$$

開いた系は系と外界との間でエネルギーの出入りだけでなく，物質の出入りも行われる系である。たとえば図6·2を参照し，生成物の一つであるCを系とし，反応開始後のある時刻におけるCの物質量を n_C，微小時間 $d\theta$ に生成し増加したCの微小物質量を dn_C とすると，$\theta + d\theta$ 時間後にはCの量は $n_C + dn_C$ となる。ここに，物質は一定量のギブスエネルギーや内部エネルギーを所有するので，系に物質が加えられることで系のギブスエネルギーや内部エネルギーは変化する。では，変化はどのように表現されるかを考えてみよう。

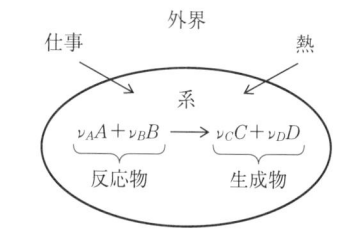

図 6·1　生成物と反応物からなる全体は閉じた系である

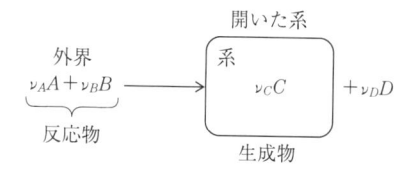

図 6·2　生成物Cを系とすると開いた系である

6-1　化学ポテンシャル
――混合物中で各成分の1molが実際に寄与しているギブスエネルギー部分――

いま成分 $1, 2, \cdots$ などの $n_1, n_2, \cdots$ mol よりなり，全体で n mol の混合物のギブスエネルギーを G とする。ギブスエネルギーは温度 T および圧力 P によって変化するので，物質の出入りによるギブスエネルギー変化だけを考える場合には，温度 T および圧力 P は一定とする。

さて，図6·3を参照し，系である混合物に成分 i の微少量 dn_i mol を加え，系のギブスエネルギーが dG だけ変化したとしよう。混合物中での成分 i の

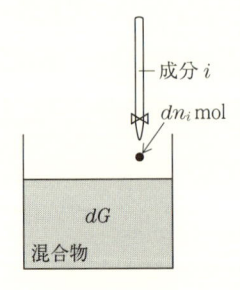

6. 混合物の熱力学の基礎

化学ポテンシャルは，混合物全体のギブスエネルギーに対して，混合物中で成分 1 mol が実際に寄与しているギブスエネルギー部分である。すなわち，混合物に成分の微少量 dn_i mol を加えて（ただし $T=$一定，$P=$一定また成分 i 以外のすべての成分の物質量 n_j $(j\neq i)$ 一定の条件のもとで）ギブスエネルギーが dG だけ変化したとき，混合物中の成分 i の 1 mol あたりの混合物のギブスエネルギー変化は，$\partial G/\partial n_i$ であり成分 i の寄与量を表す。そこで

$$\mu_i = \left(\frac{\partial G}{\partial n_i}\right)_{T,P,n_{j(j\neq i)}}$$

μ_i を成分 i の化学ポテンシャルという。

G：混合物 n mol のギブスエネルギー
n_i：成分 i の物質量

図 6・3 化学ポテンシャルを定義する

1 mol あたりの混合物のギブスエネルギーの変化は次のようである。

$$\frac{dG}{dn_i}$$

実際には，成分 i は，$T=$一定，$P=$一定で，しかも成分 i をのぞいた，他のすべての成分の物質量を一定（すなわち $n_1, n_2, \cdots n_{i-1}, n_{i+1}, \cdots$ を一定，以下ではこれを記号 $n_{j(j\neq i)}$ で示す）の条件で加えるので，次のように書き

$$\text{化学ポテンシャル} \quad \mu_i = \left(\frac{\partial G}{\partial n_i}\right)_{T,P,n_{j(j\neq i)}} \tag{6・3}$$

μ_i（ミュー）を混合物中の成分 i の化学ポテンシャルという。

化学ポテンシャル μ_i は，混合物中で成分 i の 1 mol が実際に寄与しているギブスエネルギー部分であり，混合物中で成分 i が実際に示すモルギブスエネルギーである。このように定義される化学ポテンシャルは $T=$一定，$P=$一定の系では組成によって変化し，組成の関数として表される。

化学ポテンシャルの定義より，μ_i は混合物中で成分 i の 1 mol が実際に寄与しているギブスエネルギー部分であるから，混合物に成分 i の dn_i mol が加えられたときの混合物のギブスエネルギー変化は次式で与えられる。

$$dG = \mu_i\, dn_i \quad (T=\text{一定}, P=\text{一定}) \tag{6・4}$$

すなわち，ギブスエネルギー変化 dG は物質の量 dn_i に比例し，化学ポテンシャル μ_i は比例定数の役割をはたす。

同様にして，混合物に各種の成分の出入りがあったときの混合物のギブスエ

6-1 化学ポテンシャル

ネルギーの全変化は，すべての成分の変化を加えればよいので次式で表される。

$$dG = \sum \mu_i \, dn_i \qquad (6\cdot5)$$

さて，混合物のギブスエネルギーは，一般に系の圧力 P，温度 T および各成分の物質量 $n_1, n_2, \cdots$ に依存するので，次のように書くことができる。

$$G = f(P, T, n_1, n_2, \cdots)$$

したがって，ギブスエネルギーの温度 T，圧力 P および物質量 n_i の変化にともなう全変化は次のようになる。

$$dG = \left(\frac{\partial G}{\partial P}\right)_{T,n} dP + \left(\frac{\partial G}{\partial T}\right)_{P,n} dT + \sum \left(\frac{\partial G}{\partial n_i}\right)_{T,P,n_{j(j\neq i)}} dn_i \qquad (6\cdot6)$$

ここに偏微分係数の下付きの n は，すべての成分の物質量 $n_1, n_2, \cdots$ が一定であり，したがって系の全物質量 n も一定であることを示す。物質量 $n=$ 一定の系は閉じた系であり，すでに 4-3 節で導出した式(4·22)および(4·20)が適用できる。

$$\left(\frac{\partial G}{\partial P}\right)_{T,n} = V \qquad (6\cdot6\cdot a)$$

$$\left(\frac{\partial G}{\partial T}\right)_{P,n} = -S \qquad (6\cdot6\cdot b)$$

また化学ポテンシャルの定義である式(6·3)より

$$\left(\frac{\partial G}{\partial n_i}\right)_{T,P,n_{j(j\neq i)}} = \mu_i \qquad (6\cdot6\cdot c)$$

したがって，式(6·6)は次式となる。

$$dG = V \, dP - S \, dT + \sum \mu_i \, dn_i \qquad (6\cdot7)$$

この式は，閉じた系の式(6·2)を物質の出入りのある開いた系に拡張した式である。式(6·7)は $T=$ 一定，$P=$ 一定のとき式(6·5)を与える。また混合物でも物質の出入りがなく，各成分の物質量 $n_i=$ 一定($dn_i = 0$)の場合には式(6·2)となり，閉じた系に適用した式となることがわかる。

次に，$G = H - TS = U + PV - TS$ を微分して，式(6·7)に代入すると次のようになる。

$$dU = T \, dS - P \, dV + \sum \mu_i \, dn_i \qquad (6\cdot8)$$

ここに混合物(各成分の物質量は一定，したがって全物質量 n も一定の閉じた系)を可逆的に加熱すると，系のエントロピーは増加する。また系を可逆的に圧縮すると体積変化の仕事がなされる。すなわち

$$dq_{\text{可逆},n} = T \, dS, \qquad dw_{\text{可逆},n} = -P \, dV$$

したがって，式(6・8)は次式となる．

$$dU = dq_{可逆,n} + dw_{可逆,n} + \sum \mu_i\,dn_i \qquad (6・9)$$

式(6・8)または式(6・9)は，閉じた系の第一法則を開いた系に拡張した式である．

同様にして，$U=H-PV$ を微分して，式(6・8)に代入すると式(6・10)を，また $U=A+TS$ を微分して，式(6・8)に代入すると式(6・11)を得る．

$$dH = T\,dS + V\,dP + \sum \mu_i\,dn_i \qquad (6・10)$$

$$dA = -S\,dT - P\,dV + \sum \mu_i\,dn_i \qquad (6・11)$$

式(6・8)，(6・10)および(6・11)より混合物中の成分 i の化学ポテンシャルについて次式を得る．

$$\mu_i = \left(\frac{\partial G}{\partial n_i}\right)_{T,P,n_j} = \left(\frac{\partial U}{\partial n_i}\right)_{S,V,n_j} = \left(\frac{\partial H}{\partial n_i}\right)_{S,P,n_j} = \left(\frac{\partial A}{\partial n_i}\right)_{T,V,n_j} \qquad (6・12)$$

この中でもっとも役に立つのは，ギブスエネルギーについての式(6・3)である．

また，純物質の化学ポテンシャルは次のように純物質のモルギブスエネルギー G_m に等しい．

$$\mu = \left(\frac{\partial G}{\partial n}\right)_{T,P} = \frac{\partial(nG_m)}{\partial n} = G_m + n\frac{\partial G_m}{\partial n} = G_m \qquad (6・13)$$

ここに，純物質のモルギブスエネルギーは示強性質であり，物質量に依存しないので $\partial G_m/\partial n = 0$ である．

6-2 混合物の相平衡の基準 ——化学ポテンシャルは等しい——

混合物の気液平衡，液液および固液平衡さらに気液液平衡，気液固平衡などのような多成分系多相平衡を考える．いま，図6・4に示すように成分1，2，3…などからなる混合物が，相($'$)，相($''$)，相($'''$)の三つの相をなして，$T=$ 一定，$P=$ 一定で相平衡をなすとしよう．ここに各相間では物質の出入りがあり開いた系であるが，系全体は物質の出入りがなく閉じた系である．

閉じた系で $T=$ 一定，$P=$ 一定の条件下の平衡の基準は式(4・9・b)より，系全体のギブスエネルギー極小で与えられる．

$$dG_{T,P} = 0 \qquad (4・9・b)$$

ギブスエネルギーは示量性質であり，系全体のギブスエネルギー変化は系を構成する各相のギブスエネルギー変化の和で与えられる．

$$dG_{T,P} = dG'_{T,P} + dG''_{T,P} = dG'''_{T,P} = 0 \qquad (6・14)$$

6-2 混合物の相平衡の基準

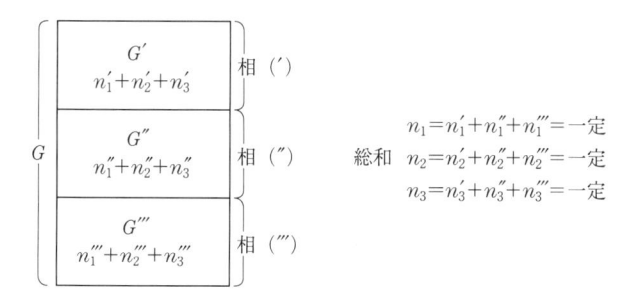

```
         ┌─────────────────┐
         │       G′         │
         │  n₁′+n₂′+n₃′    │  相 (′)
         │                 │
    G ───┤       G″         │
         │  n₁″+n₂″+n₃″    │  相 (″)
         │                 │
         │      G‴          │
         │  n₁‴+n₂‴+n₃‴    │  相 (‴)
         └─────────────────┘
```

総和
$n_1 = n_1' + n_1'' + n_1''' = $ 一定
$n_2 = n_2' + n_2'' + n_2''' = $ 一定
$n_3 = n_3' + n_3'' + n_3''' = $ 一定

図 **6・4** 多成分系の三相平衡

また各相のギブスエネルギー変化は式(6・7)で表されるので，$T=$ 一定，$P=$ 一定とおいて，式(6・14)に代入すると

$$dG_{T,P} = \sum_i \mu_i' dn_i' + \sum_i \mu_i'' dn_i'' + \sum_i \mu_i''' dn_i''' = 0 \qquad (6\cdot 15)$$

ここに物質の出入りが各相間で行われても，系全体は閉じた系であり各成分の物質量 n_1, n_2, $n_3\cdots$ は一定であるから，

$$dn_1 = 0 = dn_2 = dn_3 = \cdots$$

また

$$n_i = n_i' + n_i'' + n_i''' = \text{一定} \qquad (i=1, 2, 3, \cdots)$$

であるから

$$\left.\begin{array}{l} dn_1' = -dn_1'' - dn_1''' \\ dn_2' = -dn_2'' - dn_2''' \\ dn_3' = -dn_3'' - dn_3''' \end{array}\right\} \qquad (6\cdot 16)$$

式(6・16)を式(6・15)に代入して，従属変数である dn_i' ($i=1,2,3\cdots$) を消去すると

$$\begin{aligned} dG_{T,P} = {}& (\mu_i'' - \mu_1') dn_1'' + (\mu_1''' - \mu_1') dn_1''' \\ & + (\mu_1'' - \mu_2') dn_2'' + (\mu_2''' - \mu_2') dn_2''' \\ & + (\mu_3'' - \mu_3') dn_3'' + (\mu_3''' - \mu_3') dn_3''' \\ & + \cdots = 0 \end{aligned} \qquad (6\cdot 17)$$

ここに dn_i''，dn_i''' は独立変数であり，いかなる物質量の変化についても $dG_{T,P}=0$ となるためには，上式右辺の括弧内は 0 とならなければならない。したがって，次式が与えられる。

$$\mu_i' = \mu_i'' = \mu_i''' = \cdots \qquad (6\cdot 18)$$

すなわち，多成分系多相平衡の基準は，混合物中の成分 i ($i=1, 2, 3\cdots$) の化学ポテンシャルが各相で等しいことで与えられる。

● **混合物中の成分のフガシチーの導入** ──フガシチーの定義の一般化──

すでに純物質のフガシチーで説明したように純物質のフガシチーは，純実在気体および純液体や純固体の化学ポテンシャルを(純理想気体の化学ポテンシャルの式(5・28)と同形式を用いて)便利に求めるために導入された熱力学量である。

混合物は成分組成 $x_i=1$ のとき純物質 i となるので，混合物中の成分のフガシチーは純物質のフガシチーを含みフガシチーの定義を一般化するものである。

さて，**混合物中の成分 i のフガシチー f_i** は，混合物中の成分 i の化学ポテンシャルを用いて次のように定義される。

$$d\mu_i = RT\, d\ln f_i \quad (T=\text{一定}) \tag{6・19}$$

ただし，混合物中の成分 i のフガシチー f_i に対して，純物質のフガシチーは f_i^* で表す。式(6・19)を積分すると

$$\mu_i = RT \ln f_i + I \quad (T=\text{一定}) \tag{6・19・a}$$

積分定数 I は標準状態を用いて決定するのが便利である。いま標準状態のフガシチーを f_i° とし，$f_i = f_i^\circ$ のとき $\mu_i = \mu_i^\circ$ とすると，混合物中の成分 i の化学ポテンシャルは次式で表される。

$$\mu_i = \mu_i^\circ + RT \ln \frac{f_i}{f_i^\circ} \quad (T=\text{一定}) \tag{6・20}$$

このように導入される混合物中の成分のフガシチーは，成分の化学ポテンシャルを求めるのに便利だからである(この点は次章で学ぶことになる)。式(6・20)は実在気体混合物，液体や固体の混合物など混合物一般に適用される。

実在気体混合物については(純実在気体の場合と同様に)，系の圧力が十分低く，$P\to 0$ の条件下では実在気体混合物は理想気体混合物となる。理想気体混合物中の成分の圧力は分圧 p_i であるから，$P\to 0$ の条件下では実在気体混合物中の成分 i のフガシチー f_i は分圧 p_i に等しくなり次式が成立する。

$$\lim_{P\to 0} \frac{f_i}{p_i} = 1 \quad \text{すなわち} \quad f_i = p_i \tag{6・21}$$

実在気体混合物中の成分 i のフガシチーは式(6・19)と式(6・21)で定義される。

さて，実在気体混合物の標準状態であるが，圧力 P° は 1 bar でフガシチー

$f_i°$ も 1 bar である純理想気体 i を用いる。これは $P\to 0$ では実在気体混合物中の成分 i のフガシチー f_i は成分 i の分圧 p_i に等しくなり，また混合物は組成 $x_i=1$ のとき純理想気体 i となり，標準状態も同じでないと矛盾が生じるからである。したがって，**実在気体混合物中の成分 i の化学ポテンシャル μ_i** は次式で表される。

$$\mu_i = \mu_i° + RT\ln\frac{f_i(\text{bar})}{1(\text{bar})} \quad (T=\text{一定}) \qquad (6\cdot22)$$

次に，理想気体混合物では，式 (6・21) より成分のフガシチー f_i は成分 i の分圧 p_i に等しいので次のようになる。

$$\mu_i = \mu_i° + RT\ln\frac{p_i(\text{bar})}{1(\text{bar})} \quad (T=\text{一定，理想気体混合物})$$

$$(6\cdot22\cdot\text{a})$$

ここに，混合物中の成分 i は組成 $x_i=1$ のとき純物質 i となり，分圧は

$$p_i = Px_i = P\times 1 = P$$

となる。したがって，純物質の化学ポテンシャルを上付 (*) で示し $\mu_i{}^*$ と書くと式 (6・22・a) は次式となる。

$$\mu_i{}^* = \mu_i° + RT\ln\frac{P(\text{bar})}{1(\text{bar})} \quad (T=\text{一定，純理想気体 } i)$$

$$(6\cdot22\cdot\text{b})$$

この式はすでに示した式 (5・28) であり，フガシチーはこの式と同形式で化学ポテンシャルを便利に計算するために導入された熱力学量であることは繰り返し述べたことである。

活　量　化学ポテンシャルを便利に求めるために，成分のフガシチーを導入した。さらに，化学ポテンシャルの表現式を統一してまた簡潔に表すために，混合物中の成分 i のフガシチー f_i と標準状態におけるフガシチー $f_i°$ との比を**活量 a_i** と定義する。

$$\text{活　量} \quad a_i = \frac{f_i}{f_i°} \qquad (6\cdot23)$$

このように定義される活量は，混合物中の成分が標準状態にある場合と比較してどれだけ活動的な状態にあるかを表す。また活量は無次元であり，さらに系が標準状態にあるときには $f_i = f_i°$ であり，このとき $a_i = 1$ となるなどの特徴をもつのである。

活量を用いると，化学ポテンシャルの表現式は統一して次式で表される。

$$\mu_i = \mu_i° + RT\ln a_i \quad (T=\text{一定}) \qquad (6\cdot24)$$

ここに標準状態の化学ポテンシャルは，$\mu_i^\circ = (\mu_i)_{a_i=1}$ である。

混合物が実在気体あるいは理想気体の場合には，式(6・22)あるいは式(6・22・a)より活量は次のようになる。また，純液体や純固体では式(5・49)が成り立つので活量は1となる。

$$a_i = \frac{f_i(\text{bar})}{1(\text{bar})} \quad \text{(実在気体混合物)} \quad (6\cdot25)$$

$$a_i = \frac{p_i(\text{bar})}{1(\text{bar})} \quad \text{(理想気体混合物)} \quad (6\cdot25\cdot\text{a})$$

$$a_i = 1 \quad \text{(純液体，純固体)} \quad (6\cdot25\cdot\text{b})$$

● 成分のフガシチーを用いた相平衡の基準

化学ポテンシャルで与えられる相平衡の基準は，化学ポテンシャルを用いて定義される混合物中の成分のフガシチーを用いても表される。再び，図6・4を参照し，成分 $1, 2, 3\cdots$ などからなる混合物が相($'$)，相($''$)，相($'''$)の三つの相をなして，$T=$一定，$P=$一定で相平衡をなす場合を考える。化学ポテンシャルによる相平衡の基準は成分 $i(i=1, 2, 3, \cdots)$ について次式で与えられる。

$$\mu_i' = \mu_i'' = \mu_i''' = \cdots \quad (6\cdot18)$$

化学ポテンシャルによる相平衡の基準に着目して，混合物中の成分のフガシチーの定義式(6・19)を平衡にある相($'$)から相($''$)まで，また相($'$)から相($'''$)までそれぞれ積分すると

$$\mu_i'' - \mu_i' = 0 = RT \ln \frac{f_i''}{f_i'}$$

$$\mu_i''' - \mu_i' = 0 = RT \ln \frac{f_i'''}{f_i'}$$

したがって次式が与えられる。

$$f_i' = f_i'' = f_i''' = \cdots \quad (6\cdot26)$$

すなわち，多成分系多相平衡の基準は，混合物中の成分のフガシチーでも与えられ，混合物中の成分 $i(i=1, 2, 3, \cdots)$ のフガシチーが各相で等しいことである。

● 相　律　——$F = C - P + 2$——

平衡状態にある系の相の数 P，成分の数 C，および自由度 F（独立に変化させることができる示強性質の数）との間には次の関係があり

$$F = C - P + 2 \quad (6\cdot27)$$

ギブスの相律(Gibbs phase rule)といわれる。

相律がどのようにして与えられるかを考えよう。いま C 個の成分すなわち $1,2,3,\cdots,C$ が P 個の相すなわち $',\,'',\,''',\,\cdots P$ に分かれて温度一定, 圧力一定で相平衡をなすとする。

系が圧力一定, 温度一定で相平衡をなすとき平衡の基準は式(6·18)で与えられるので, あらためてまとめると

$$T' = T'' = T''' = \cdots = T^P$$
$$P' = P'' = P''' = \cdots = P^P$$
$$\mu_1' = \mu_1'' = \mu_1''' = \cdots = \mu_1^P$$
$$\mu_2' = \mu_2'' = \mu_2''' = \cdots = \mu_2^P$$
$$\vdots \qquad \vdots \qquad \vdots$$
$$\mu_C' = \mu_C'' = \mu_C''' = \cdots = \mu_C^P$$

したがって, 平衡にある系を記述するための式の数は次のようである。

$$\text{系を記述するための式の数} = (C+2)(P-1)$$

これに対し系についての変数は, P 個の相中の $(C-1)$ 個の成分のモル分率と温度, 圧力で $(C+1)$ 個である。

$$\text{系についての変数} = (C+1)P$$

したがって, 独立に変化させることができる示強的変数の数, すなわち自由度 F は, "系についての変数の数" と "系を記述するための式の数" の差で与えられるので次のようになる。

$$F = (C+1)P - (C+2)(P-1) = C - P + 2$$

相律より, たとえば純物質の気液平衡では $C=1$, $P=2$ であるから自由度 $F=1$ であり, 示強性質である温度を与えると圧力は固定される。また純物質の気相, 液相, 固相が共存する三重点では, $C=1$, $P=3$ であるから, 自由度 $F=0$ であり, この場合は不変系という。

6-3 混合物中の成分の部分モル量
――混合物中の成分の1molが実際に寄与している状態量――

6-1節で混合物のギブスエネルギーに対して化学ポテンシャル(部分モルギブスエネルギー)を定義した。同じ考え方で，<u>一般に混合物の状態量をその構成成分の寄与量で表すために部分モル量が用いられる。</u>さて，混合物はいくつかの異なる純物質を加えてつくられるが，混合物の状態量は，一般にこれを構成する純物質の状態量を加えた形では求められない。たとえば，二成分系エタノール(1)―水(2)系の温度298Kにおける，液モル体積V_mおよび液モルエンタルピーH_mをエタノールのモル分率x_1に対してプロットしたのが図6・5および図6・6である。図より，混合系の液モル体積V_mおよび液モルエンタルピーH_mは，純液体のモル体積およびモルエンタルピーのモル分率加算では求められないことがわかる。またエタノール―水系の場合，混合系のモル体積やモルエンタルピーは，始めの状態である純液体のモル体積やモルエンタルピーのモル分率加算値より小さく，体積の減少および熱の放出が起こることもわかる。これは混合系中の同種および異種分子間相互作用，および形や大きさの異なる分子が混ざり合った配置をとる結果である。

したがって，混合物の状態量を表すには，混合物の状態量に対して混合物中で各成分の1molが実際に寄与している状態量部分を用いる必要があり，これを混合物中の成分の部分モル量という。<u>混合物中の成分iの部分モル量を定義するために，一般に混合物$n$molの状態量($U, S, G\cdots$など)をXで表し，混合物中の成分iの部分モル量を$\bar{X}_i$とすると，混合物の状態量Xの部分モル量は次のように定義される。</u>

$$\text{成分 } i \text{ の部分モル量} \quad \bar{X}_i = \left(\frac{\partial X}{\partial n_i}\right)_{T,P,n_{j(j \neq i)}} \quad (6\cdot 28)$$

すなわち，混合物$n$molの状態量Xを，混合物中の成分iの物質量n_iで，$T=$一定，$P=$一定かつ$n_{j(j \neq i)}=$一定(成分iを除いた他のすべての成分の物質量$n_1, n_2, \cdots, n_{i-1}, n_{i+1}\cdots$を一定)として微分した値である。

すでに定義した化学ポテンシャルμ_iは，$X=G$とした場合の部分モルギブスエネルギー$\bar{G}_i$である。このことをあらためて明記しておこう。

$$\mu_i (\text{化学ポテンシャル}) = \bar{G}_i (\text{部分モルギブスエネルギー}) \quad (6\cdot 29)$$

部分モル量$\bar{X}_i$は，混合物中で成分iの1molが実際に寄与している状態量部分であり，$T=$一定，$P=$一定の系では$\bar{X}_i$は系の組成によって変化する。

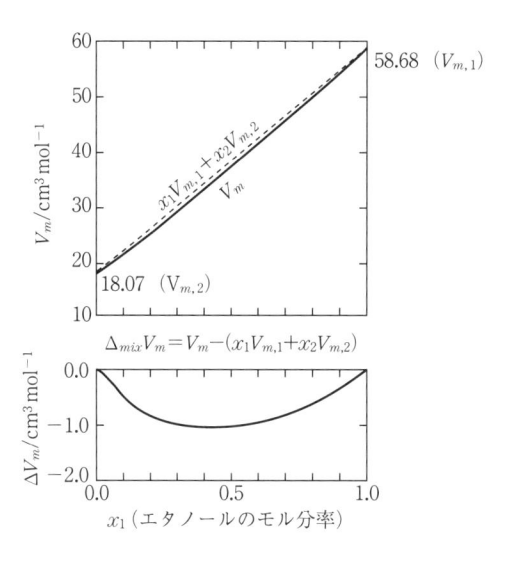

図 6・5 エタノール(1)-水(2)系の液モル体積 V_m と混合体積 $\Delta_{mix}V_m$(温度 298 K)

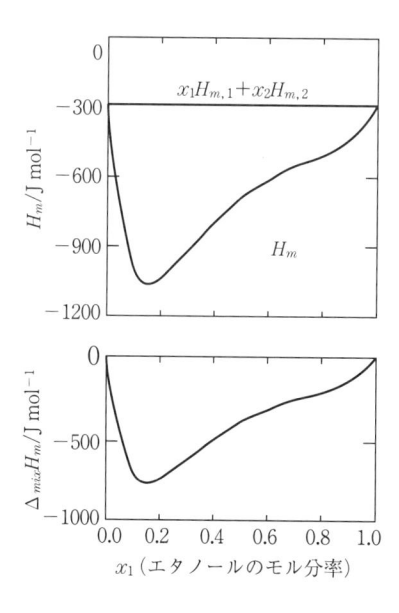

図 6・6 エタノール(1)-水(2)系の液モルエンタルピー H_m と混合エンタルピー $\Delta_{mix}H_m$(温度 298 K)

各成分の部分モル量を用いると，温度 T，圧力 P および与えられた組成の混合物 $n\,\mathrm{mol}$ の状態量 X は，部分モル量の物質量加算により混合物 $1\,\mathrm{mol}$ の状態量 X_m は部分モル量のモル分率加算で与えられる。逆説的な言い方をすると，混合物の状態量 X が次式で表されるように用いられるのが部分モル量 X_i という量である。

$$n\,\mathrm{mol} \qquad X = \sum_i n_i \bar{X}_i \qquad (6\cdot30\cdot\mathrm{a})$$

$$1\,\mathrm{mol} \qquad X_m = \sum_i x_i \bar{X}_i \qquad (6\cdot30\cdot\mathrm{b})$$

式(6·30)の導出と成分の部分モル量の求め方は次項で説明するが，その前に，状態量 V, H, S, G の部分モル量の定義をまとめておこう。

$$\text{部分モル体積} \qquad \bar{V}_i = \left(\frac{\partial V}{\partial n_i}\right)_{T,P,n_{j(j\neq i)}} \qquad (6\cdot31)$$

$$\text{部分モルエンタルピー} \qquad \bar{H}_i = \left(\frac{\partial H}{\partial n_i}\right)_{T,P,n_{j(j\neq i)}} \qquad (6\cdot32)$$

$$\text{部分モルエントロピー} \qquad \bar{S}_i = \left(\frac{\partial S}{\partial n_i}\right)_{T,P,n_{j(j\neq i)}} \qquad (6\cdot33)$$

$$\text{部分モルギブスエネルギー} \qquad \bar{G}_i = \left(\frac{\partial G}{\partial n_i}\right)_{T,P,n_{j(j\neq i)}} \qquad (6\cdot34)$$

部分モル量を用いると，与えられた温度 T，圧力 P および組成の混合物 $n\,\mathrm{mol}$ の状態量は式(6·30·a)より部分モル量の物質量加算で与えられる。

$$V = \sum_i n_i \bar{V}_i \qquad (6\cdot35)$$

$$H = \sum_i n_i \bar{H}_i \qquad (6\cdot36)$$

$$S = \sum_i n_i \bar{S}_i \qquad (6\cdot37)$$

$$G = \sum_i n_i \bar{G}_i \qquad (6\cdot38)$$

なお部分モル量はその定義が示すように $T=$ 一定，$P=$ 一定で n_i で微分した量であり，これ以外の条件，たとえば式(6·12)に示した $S=$ 一定，$V=$ 一定あるいは $T=$ 一定，$V=$ 一定で微分した場合には部分モル量とはいわないので注意されたい。

● **部分モル量の求め方** ──混合物のモル状態量と組成の関係を利用する──

二成分系について成分 1 および 2 の部分モル量の計算法を考えよう。部分モル量は混合物 $n\,\mathrm{mol}$ の状態量を X として式(6·28)で定義される。いま混合物 $1\,\mathrm{mol}$ の状態量を X_m とすると，$X = nX_m$ であるから，成分 1 の部分モル量

6-3 混合物中の成分の部分モル量

$\overline{X_1}$ は次のように表される。

$$\overline{X_1} = \left(\frac{\partial X}{\partial n_1}\right)_{T,P,n_2} = \frac{\partial nX_m}{\partial n_1} = X_m \frac{\partial n}{\partial n_1} + n \frac{\partial X_m}{\partial n_1} \quad (6\cdot39)$$

ここに，$n = n_1 + n_2$ であるから，$\partial n/\partial n_1 = 1$，また

$$\partial X_m/\partial n_1 = (\partial X_m/\partial x_2)(\partial x_2/\partial n_1)$$

とかくことができ，$x_2 = n_2/n$ より

$$\partial x_2/\partial n_1 = -n_2/n^2 = -x_2/n \quad \text{また} \quad dx_2 = -dx_1$$

したがって，成分1の部分モル量は次の式(6・40・a)で表される。同様にして，成分2の部分モル量は式(6・40・b)で与えられる。

$$\overline{X_1} = X_m + x_2 \frac{dX_m}{dx_1} \quad (6\cdot40\cdot\text{a})$$

$$\overline{X_2} = X_m - x_1 \frac{dX_m}{dx_1} \quad (6\cdot40\cdot\text{b})$$

これより，混合物1molの状態量 X_m とモル分率 x_1 の関係が与えられると，成分1および2の部分モル量 $\overline{X_1}$ および $\overline{X_2}$ が計算できる。図6・7は式(6・40・a)，(6・40・b)の関係を図示したものである。また図6・8はエタノール(1)－水(2)系の温度298K，圧力101.3kPaにおけるモル体積(表6・1)より求めたエタノール(1)と水(2)の部分モル体積，$\overline{V_1}$，$\overline{V_2}$ である。

次に，式(6・40・a)に成分1の物質量 n_1 を掛け，式(6・40・b)に成分2の物質量 n_2 を掛けて両式を加え，次の関係を用いると，

$$n_1 + n_2 = n, \quad nX_m = X$$

および

$$n_1 x_2 - n_2 x_1 = n_1 n_2/n - n_2 n_1/n = 0$$

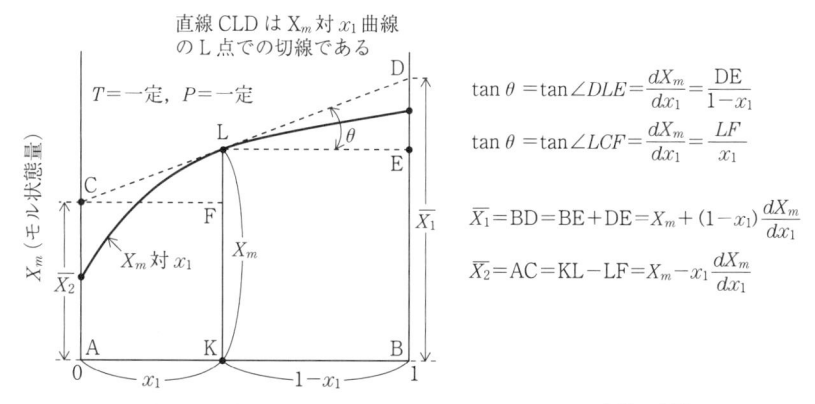

図 6・7 二成分系の成分1と成分2の部分モル量 $\overline{X_1}$ と $\overline{X_2}$

直線 CLD は X_m 対 x_1 曲線のL点での切線である

$$\tan\theta = \tan\angle DLE = \frac{dX_m}{dx_1} = \frac{\text{DE}}{1-x_1}$$

$$\tan\theta = \tan\angle LCF = \frac{dX_m}{dx_1} = \frac{LF}{x_1}$$

$$\overline{X_1} = \text{BD} = \text{BE} + \text{DE} = X_m + (1-x_1)\frac{dX_m}{dx_1}$$

$$\overline{X_2} = \text{AC} = \text{KL} - \text{LF} = X_m - x_1 \frac{dX_m}{dx_1}$$

式 (6・41・a) をえる。式 (6・41・a) の両辺を n で割ると次の式 (6・41・b) となる。

$$X = n_1 \overline{X}_1 + n_2 \overline{X}_2 \tag{6・41・a}$$

$$X_m = x_1 \overline{X}_1 + x_2 \overline{X}_2 \tag{6・41・b}$$

この式は二成分系についての式 (6・30・a) と (6・30・b) である。

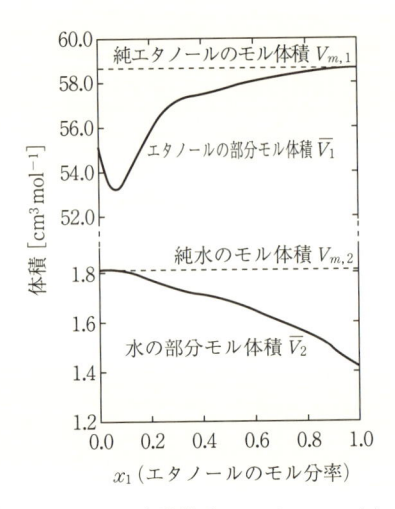

図 **6・8** エタノール水溶液中のエタノール(1)と水(2)の部分モル体積 $\overline{V}_1$, $\overline{V}_2$ (温度 298 K, 圧力 101.3 kPa)

表 **6・1** エタノール水溶液の液モル体積 (298 K)

エタノールモル分率 x_1	液モル体積 $V_m/\mathrm{cm}^3\,\mathrm{mol}^{-1}$	エタノールモル分率 x_1	液モル体積 $V_m/\mathrm{cm}^3\,\mathrm{mol}^{-1}$
0.0000	18.070	0.2038	25.457
0.0128	18.540	0.2267	26.341
0.0213	18.847	0.2631	27.766
0.0341	19.303	0.3505	31.253
0.0496	19.849	0.3945	33.028
0.0651	20.392	0.4619	35.763
0.0807	20.940	0.5745	40.390
0.0954	21.460	0.7805	49.094
0.1131	22.091	0.8665	52.804
0.1278	22.621	0.9373	55.901
0.1560	23.655	1.0000	58.680

6-3 混合物中の成分の部分モル量

......例題 6・1 ......

エタノール(1)―水(2)系の298K, 101.3kPaにおける液モル体積 V_m cm^3 mol^{-1} の実測値を表6・1に示す。溶液中のエタノールと水の部分モル体積 $\overline{V}_1$ と $\overline{V}_2$ を求めよ。

[**解**]　溶液中のエタノール(1)と水(2)の部分モル体積 $\overline{V}_1$, $\overline{V}_2$ は式(6・40・a), 式(6・40・b)より, 溶液のモル体積 V_m をモル分率 x_1 の関数として表せば計算できる。モル体積は混合体積 $\Delta_{mix}V_m$ を用いて表したほうが取り扱いやすい(式(6・47)参照)。

$$V_m = \Delta_{mix}V_m + (x_1 V_{m,1} + x_2 V_{m,2})$$

混合体積は $x_1=0(x_2=1)$ および $x_1=1(x_2=0)$ で0となるので $x_1 x_2$ で括った次の多項式で表すのが便利である。

$$\Delta_{mix}V_m = x_1 x_2 [a + b(x_1-x_2) + c(x_1-x_2)^2 + d(x_1-x_2)^3 + e(x_1-x_2)^4 \\ + f(x_1-x_2)^5 + g(x_1-x_2)^6 + \cdots]$$

題意のデータで定数 a, b, c, d, e, f, g を決めると

$$a = -4.2231, \quad b = 0.69193, \quad c = -1.0419, \quad d = 3.2494,$$
$$e = -2.2552, \quad f = -4.1809, \quad g = 3.8864$$

これより部分モル体積を求めるのに必要な dV_m/dx_1 は次のように求められる。

$$\frac{dV_m}{dx_1} = \frac{d\Delta_{mix}V_m}{dx_1} + V_{m,1} - V_{m,2}$$

ここに

$$\frac{d\Delta_{mix}V_m}{dx_1} = -(x_1-x_2)\frac{\Delta_{mix}V_m}{x_1 x_2} + 2x_1 x_2 [b + 2c(x_1-x_2) + 3d(x_1-x_2)^2 \\ + 4e(x_1-x_2)^3 + 5f(x_1-x_2)^4 + 6g(x_1-x_2)^5]$$

一例として $x_1=0.0954$ モル分率エタノールにおける部分モル体積を求めると

$$\Delta_{mix}V_m = -0.4842 \,\text{cm}^3\,\text{mol}^{-1}$$

$$\frac{d\Delta_{mix}V_m}{dx_1} = -5.1477 \,\text{cm}^3\,\text{mol}^{-1}$$

これより

$$V_m = \Delta_{mix}V_m + (x_1 V_{m,1} + x_2 V_{m,2}) = 21.46 \,\text{cm}^3\,\text{mol}^{-1}$$

$$\frac{dV_m}{dx_1} = \frac{d\Delta_{mix}V_m}{dx_1} - V_{m,1} + V_{m,2} = 35.462 \,\text{cm}^3\,\text{mol}^{-1}$$

求める部分モル体積は

$$\overline{V}_1 = V_m + x_2 \frac{dV_m}{dx_1} = 53.539 \,\text{cm}^3\,\text{mol}^{-1}$$

$$\overline{V}_2 = V_m - x_1 \frac{dV_m}{dx_1} = 18.077 \,\text{cm}^3\,\text{mol}^{-1}$$

図6・8はこれらの結果をプロットしたものである。

● **ギブス-デュエムの式** ──成分の部分モル量は相互に依存する──

成分の部分モル量の相互依存性を二成分について考えよう。混合物 n モルの状態量 X は，$T=$一定，$P=$一定のとき次のように表され

$$X = f(n_1, n_2) \quad (T=\text{一定},\ P=\text{一定})$$

物質量 n_1 および n_2 の変化にともなう X の全変化は

$$dX = \left(\frac{\partial X}{\partial n_1}\right)_{T,P,n_2} dn_1 + \left(\frac{\partial X}{\partial n_2}\right)_{T,P,n_1} dn_2$$

ここに部分モル量の定義式(6・28)より

$$(\partial X/\partial n_1)_{T,P,n_2} = \overline{X}_1, \quad (\partial X/\partial n_2)_{T,P,n_1} = \overline{X}_2$$

したがって dX は次のように表される。

$$dX = \overline{X}_1\, dn_1 + \overline{X}_2\, dn_2 \quad (T=\text{一定},\ P=\text{一定}) \tag{6・42}$$

次に式(6・41・a)を微分すると

$$dX = n_1\, d\overline{X}_1 + \overline{X}_1\, dn_1 + n_2\, d\overline{X}_2 + \overline{X}_2\, dn_2 \tag{6・43}$$

式(6・43)から式(6・42)を引くと次式をえる。

$$n_1\, d\overline{X}_1 + n_2\, d\overline{X}_2 = 0 \quad (T=\text{一定},\ P=\text{一定}) \tag{6・44}$$

あるいは

$$d\overline{X}_2 = -\frac{n_1}{n_2} d\overline{X}_1 \tag{6・45}$$

この式は成分2の部分モル量の変化は成分1の部分モル量の変化から求められること，また成分1の部分モル量が増加するとき成分2の部分モル量は減少することを示す。部分モル量の変化の相互依存性を示す式(6・44)は，$T=$一定，$P=$一定のとき成立し，**ギブス-デュエムの式**(Gibbs-Duhem equation)として知られている。

ギブス-デュエムの式はすべての状態量に用いられ，たとえば $X=G$ とすると，二成分系の部分モルギブスエネルギーすなわち化学ポテンシアルについての次式となる。

$$n_1\, d\overline{G}_1 + n_2\, d\overline{G}_2 = 0 \quad (T=\text{一定},\ P=\text{一定}) \tag{6・46}$$

● **混 合 量** ──混合過程における状態量の変化──

温度一定，圧力一定のもとで混合物 $n\,\text{mol}$ の状態量 X と，混合物を構成する純物質の状態量の和 $\sum X_i$ との差は，図6・9に示すように混合過程における状態量の変化を示すので**混合量**(mixing quantity)といい次のように $\varDelta_{mix} X$ で表す。

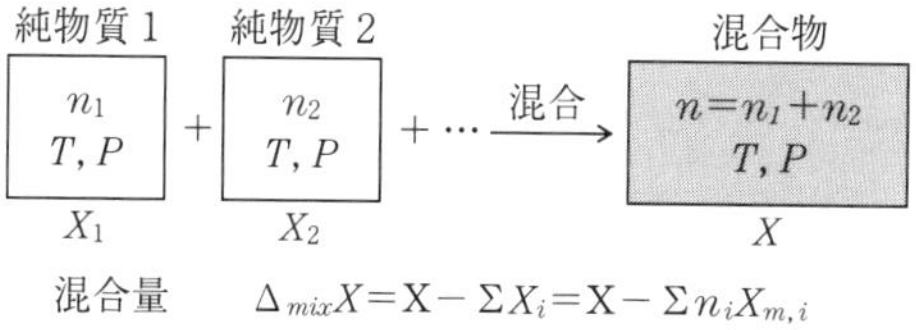

6·3 混合物中の成分の部分モル量

図 **6·9** 混合過程での状態量 X の変化を示す混合量

$$\text{混合量} \quad \Delta_{mix}X = X - \sum_i X_i$$
$$= X - \sum_i n_i X_{m,i} \quad (T=\text{一定},\ P=\text{一定})$$
(6·47)

ただし，X_i，$X_{m,i}$ は純物質 i の n_i mol および 1 mol の状態量である．混合量は混合過程での分子間相互作用や分子の配置の変化などによって生じる効果を表す．

さて，混合物 n mol の状態量 X は成分の部分モル量 $\bar{X_i}$ を用いて式(6·30·a)で表されるので，式(6·47)へ代入すると混合量は次式で表される．

$$\Delta_{mix}X = \sum_i n_i(\bar{X_i} - X_{m,i}) \quad (6·48)$$

混合量を状態量 V，H，S，G について，あらためてまとめると次のようである．

混合体積 $\qquad \Delta_{mix}V = \sum_i n_i(\bar{V_i} - V_{m,i}) \quad$ (6·49)

混合エンタルピー $\qquad \Delta_{mix}H = \sum_i n_i(\bar{H_i} - H_{m,i}) \quad$ (6·50)

混合エントロピー $\qquad \Delta_{mix}S = \sum_i n_i(\bar{S_i} - S_{m,i}) \quad$ (6·51)

混合ギブスエネルギー $\qquad \Delta_{mix}G = \sum_i n_i(\bar{G_i} - G_{m,i}) \quad$ (6·52)

コラム 8

溶解エンタルピー

溶質1molを溶媒に溶解させたとき，放出または吸収される熱を溶解エンタルピーという。溶解エンタルピーは，系の終わりの温度を始めの温度と同じにしたとき，放出または吸収される熱であり温度一定で測定される。溶質は $NaOH(s)$, $CaCl_2(s)$ などの固体，$H_2SO_4(l)$, $CH_3COOH(l)$ のような液体，$NH_3(g)$, $HCl(g)$, などの気体である。もっともよく用いられる溶媒は $H_2O(l)$ である。一例として，溶質である水酸化ナトリウム1molを，溶媒である水15molに溶解させたときの溶解エンタルピー $\Delta_{sol}H$ は次のようである。

$$NaOH(s) + 15\,H_2O(l) \longrightarrow NaOH \cdot 15\,H_2O$$
$$\Delta_{sol}H = -42.84_1 \tag{1}$$

ここに，$NaOH \cdot 15\,H_2O$ は $NaOH$ 1molに H_2O 15molを加え，全体で$(1+15)$molの水溶液を表す。

この系の298K，101.3kPaにおける溶解エンタルピーの測定値を表に示す。図aは $\Delta_{sol}H$ と n_{H_2O}/n_{NaOH} の関係をプロットしたものである。溶媒量が無限大(∞)のとき，溶質は無限希釈の状態にあるといい，溶質1molの無限希釈溶液 $NaOH \cdot \infty H_2O$ は $NaOH(aq)$ と書く。たんに溶解エンタルピーという場合，$NaOH(aq)$ についての値（$\Delta_{sol}H$ と n_{H_2O}/n_{NaOH} の関係が水平線で示される値）が示されていることが多い。たとえば

$$\Delta_{sol}H(NaOH(aq)) = -42.6\,kJ$$

図bは溶液1molの溶解エンタルピー $\Delta_{sol}H_m = \Delta_{sol}H/(n_{NaOH}+n_{H_2O})$ を，溶媒である水のモル分率 x_{H_2O} に対してプロットしたものである。

298K, 101.3kPa

物質量		濃度	溶解エンタルピー		生成エンタルピー
n_{NaOH} (mol)	n_{H_2O} (mol)	x_{H_2O} モル分率	$\Delta_{sol}H$ kJ/モルNaOH	$\Delta_{sol}H_m$ kJ/モル溶液	$\Delta_f H(NaOH \cdot nH_2O)$ kJ
1	3	0.750	−28.87	−7.22	−455.6
1	5	0.833	−37.78	−6.29	−464.5
1	10	0.909	−42.51	−3.86	−469.2
1	15	0.938	−42.84	−2.68	−469.5
1	20	0.952	−42.89	−2.04	−469.6
1	50	0.980	−42.51	−0.834	−469.2
1	100	0.990	−42.34	−0.419	−469.0
1	1000	0.999	−42.47	−0.0424	−469.2
1	∞	1.000	−42.89	0.00	−469.6

"Selected values of chemical thermodynamic properties", Circular of N. B. S. 500, U. S. Dept. of commerce (1952).

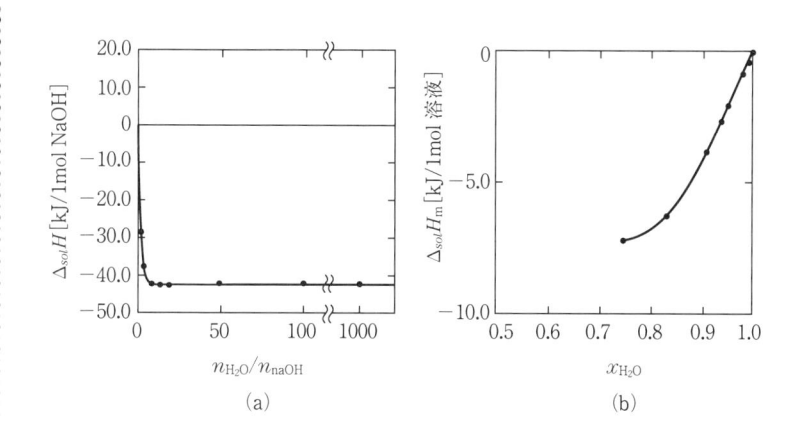

6-3 混合物中の成分の部分モル量

(a), (b) のグラフ

次に，溶解エンタルピーは，溶液の生成エンタルピーの形で表される。たとえば，NaOH 1mol を水 15mol に溶解させた水溶液の生成エンタルピーは次のように表される。

$$\text{Na}(s) + \frac{1}{2}\text{H}_2(g) + \frac{1}{2}\text{O}_2(g) + 15\,\text{H}_2\text{O}(l) \longrightarrow \text{NaOH}\cdot 15\,\text{H}_2\text{O}$$

$$\Delta_f H(\text{NaOH}\cdot 15\,\text{H}_2\text{O}) = -469.5\,\text{kJ mol}^{-1} \quad (2)$$

ここに NaOH・15 H$_2$O 水溶液の生成エンタルピー $\Delta_f H(\text{NaOH}\cdot 15\,\text{H}_2\text{O})$ は，溶質である NaOH の生成エンタルピー $\Delta_f H(\text{NaOH})$ と溶解エンタルピー $\Delta_{sol} H$ の和で与えられる。

$$\underbrace{\text{Na}(s) + \frac{1}{2}\text{H}_2(g) + \frac{1}{2}\text{O}_2(g)}_{\Delta_f H(\text{NaOH})} + 15\,\text{H}_2\text{O}(l) \xrightarrow{\Delta_f H(\text{NaOH}\cdot 15\,\text{H}_2\text{O})} \text{NaOH}\cdot 15\,\text{H}_2\text{O}$$

$$\text{NaOH}(s) + 15\,\text{H}_2\text{O}(l) \cdots\cdots\cdots \xrightarrow{\Delta_{sol} H}$$

すなわち，

$$\Delta_f H(\text{NaOH}\cdot 15\,\text{H}_2\text{O}) = \Delta_f H(\text{NaOH}) + \Delta_{sol} H \quad (3)$$

298K における NaOH の生成エンタルピー

$$\Delta_f H(\text{NaOH}) = -426.7\,\text{kJ mol}^{-1}$$

を用いると，$\Delta_f H(\text{NaOH}\cdot 15\,\text{H}_2\text{O})$ は次のようになる。

$$\Delta_f H(\text{NaOH}\cdot 15\,\text{H}_2\text{O}) = \Delta_f H(\text{NaOH}) + \Delta_{sol} H$$
$$= (-426.7) + (-42.84) = -469.5\,\text{kJ}$$

表には NaOH 水溶液の生成エンタルピーの値も示してある。この種のデータを用いるとき，溶液中の水の生成エンタルピーは含まれないことを指摘しておきたい。

混合物とその性質

—— 化学ポテンシャルの表現式 ——

7

　化学平衡や相平衡を考えるとき，系を構成する混合物は理想気体であったり，実在気体であったり，あるいは理想溶液や実在溶液であったりする。例えば次の均一気相反応の場合。

$$\text{(a)} \quad \text{H}_2(g) + \frac{1}{2}\text{O}_2(g) \longrightarrow \text{H}_2\text{O}(g)$$

$$\text{(b)} \quad \text{N}_2(g) + 3\,\text{H}_2(g) \longrightarrow 2\,\text{NH}_3(g)$$

(a)は常温，常圧で進行するので系全体は理想気体混合物と考えてよい。(b)は通常，高圧で行われるので系全体は理想気体としてではなく，実在気体混合物として取り扱うことになる。

　またエステル化反応として知られている。例えば次の均一液相反応の場合

$$\text{CH}_3\text{OH}(l) + \text{C}_2\text{H}_5\text{COOH}(l) \longrightarrow \text{CH}_3\text{COOC}_2\text{H}_3(l) + \text{H}_2\text{O}(l)$$

反応は常温，常圧で行われるが，アルコール，有機酸，水は極性成分であるので，系全体は理想溶液からのずれを示す実在溶液と考えねばならない。

　本章では次の混合物について

- ❑ 理想気体混合物
- ❑ 実在気体混合物
- ❑ 理想溶液
- ❑ 実在溶液
- ❑ 理想希薄溶液

成分の化学ポテンシャルがどのように表されるかを述べる。

　また化学ポテンシャルの表現式が与えられると，混合物の熱力学的性質を示す，混合ギブスエネルギー，混合エンタルピー，混合体積および混合エントロピーが導出できることを示す。基礎となる関係式として，まず混合ギブスエネルギー $\Delta_{mix}G$ は，式(6·52)および式(6·29)，(6·13)より次式で表される。

$$\Delta_{mix}G = \sum_i n_i(\mu_i - \mu_i^*) \quad (T=\text{一定},\; P=\text{一定}) \qquad (7\cdot1)$$

ただし $\mu_i(=\overline{G}_i)$ は温度 T，圧力 P，組成 $x_i(i=1,2,3\cdots)$ の混合物中の成分 i の化学ポテンシャル，$\mu_i^*(=G_{m,i})$ は系と同じ温度，同じ圧力における純成分 i

の化学ポテンシャルである。

次に $\Delta_{mix}G$ がわかると混合エンタルピー $\Delta_{mix}H$ は，ギブス-ヘルムホルツの式，$[\partial(G/T)/\partial(1/T)]_P = H$ を用いて，次式で導出できる。

$$\left[\frac{\partial(\Delta_{mix}G/T)}{\partial(1/T)}\right]_{P,n} = \Delta_{mix}H \tag{7・2}$$

また，混合体積 $\Delta_{mix}V$ は，式(4・22)の $(\partial G/\partial P)_T = V$ を適用して次式で求められる。

$$\left(\frac{\partial \Delta_{mix}G}{\partial P}\right)_{T,n} = \Delta_{mix}V \tag{7・3}$$

さらに，混合エントロピー $\Delta_{mix}S$ は，式(4・20)の $(\partial G/\partial T)_P = -S$ を用いて次式で与えられる。

$$\left(\frac{\partial \Delta_{mix}G}{\partial T}\right)_{P,n} = -\Delta_{mix}S \tag{7・4}$$

7-1 理想気体混合物

理想気体混合物中の成分 i の化学ポテンシャル μ_i は，式(6・22・a)より，成分 i の分圧 p_i を用いて次式で表される。

$$\mu_i = \mu_i^\circ + RT \ln \frac{p_i(\mathrm{bar})}{1(\mathrm{bar})} \quad (T=一定) \tag{7・5}$$

ここに，$p_i = Px_i$ である。式(7・5)を系の圧力 P と成分組成 x_i を明記してていねいに書くと

$$\mu_i(P, x_i) = \mu_i^\circ(P^\circ, x_i=1) + RT \ln p_i \quad (T=一定) \tag{7・5・a}$$

P° は標準状態の圧力 1 bar である。

次に，混合量を求めるには，同一の T, P における混合物中の成分 i と純成分 i の化学ポテンシャルの差が必要となる。そこで式(7・5・a)を純理想気体 $i(x_i=1)$ に適用すると，分圧 $p_i = Px_i = P \times 1 = P$ であるから

$$\mu_i^*(P, x_i=1) = \mu_i^\circ(P^\circ, x_i=1) + RT \ln P \tag{7・5・b}$$

ただし，μ_i^* は純理想気体 i の圧力 P における化学ポテンシャルである。式(7・5・a)から(7・5・b)を引くと次式をえる。

$$\mu_i(P, x_i) = \mu_i^*(P, x_i=1) + RT \ln x_i \quad (T=一定) \tag{7・6}$$

ここに，μ_i は温度 T，圧力 P，組成 $x_i(i=1,2,3\cdots)$ の理想気体混合物中の成分 i の化学ポテンシャル，μ_i^* は混合物と同じ温度 T，圧力 P おける純理想気体 i の化学ポテンシャルである。

7-1 理想気体混合物

> **例題 7・1**
> 理想気体 A と B よりなる理想気体混合物がある。混合物中の A のモル分率 $x_A=0.60$ と $x_A=0.20$ の混合物では(a) 成分 A の化学ポテンシャルはどちらが大きいか，(b) 差はどれだけか。ただし混合物の温度は 323 K，圧力は 1 bar である。
>
> [解] （a）理想気体混合物中の成分 A の化学ポテンシャルは式(7·5)より
> $$\mu_A = \mu_A° + RT \ln p_A \quad (T=\text{一定})$$
> 分圧 p_A が大きいほど（全圧一定の場合にはモル分率 x_A が大きいほど），化学ポテンシャルは大きいので，$x_A=0.60$ モル分率 A を含む混合物中の A の化学ポテンシャルの方が大きい。
>
> （b）化学ポテンシャルの差は
> $$x_A=0.60 \text{ のとき} \quad \mu_A = \mu_A° + RT \ln 1 \times 0.6$$
> $$x_A=0.20 \text{ のとき} \quad \mu_A = \mu_A° + RT \ln 1 \times 0.2$$
> 温度 298 K では $RT=8.3145 \times 323 = 2685.6$ J mol^{-1} であるから
> $$\mu_A(x_A=0.6) - \mu_A(x_A=0.2) = RT \ln \frac{0.6}{0.2} = 2950 \text{ J mol}^{-1}$$

理想気体混合物の性質　理想気体混合物の混合ギブスエネルギー $\Delta_{mix}G$ は，式(7·6)を式(7·1)へ代入して次式で表される。

$$\Delta_{mix}G = RT \sum_i n_i \ln x_i \quad \text{または} \quad \Delta_{mix}G/RT = \sum_i n_i \ln x_i \quad (7·7)$$

次に，混合エンタルピー $\Delta_{mix}H$ は，式(7·7)を式(7·2)へ代入し，混合物中の各成分の物質量 $n_i=$ 一定（このとき全物質量 $n=$ 一定，また組成 $x_i=$ 一定）で微分して，次のようになる。

$$R\left[\frac{\partial(\Delta_{mix}G/RT)}{\partial(1/T)}\right]_{P,n} = R\left[\frac{\partial(\sum_i n_i \ln x_i)}{\partial(1/T)}\right]_{P,n} = 0 = \Delta_{mix}H$$
$$\therefore \Delta_{mix}H = 0 \quad (7·8)$$

同様にして，混合体積 $\Delta_{mix}V$ は，式(7·7)を式(7·3)へ代入して

$$\left(\frac{\partial \Delta_{mix}G}{\partial P}\right)_{T,n} = RT\left[\frac{\partial(\sum_i n_i \ln x_i)}{\partial P}\right]_{T,n} = 0 = \Delta_{mix}V$$
$$\therefore \Delta_{mix}V = 0 \quad (7·9)$$

混合エントロピー $\Delta_{mix}S$ は，式(7·7)を式(7·4)へ代入して次式で与えられる。

$$\left(\frac{\partial \Delta_{mix}G}{\partial T}\right)_{P,n} = R\left[\frac{\partial(T\sum_i n_i \ln x_i)}{\partial T}\right]_{P,n} = R\sum_i n_i \ln x_i = -\Delta_{mix}S$$

$$\therefore \Delta_{mix}S = -R\sum_i n_i \ln x_i \tag{7・10}$$

理想気体は分子間力がない気体であるので，式(7・9)，(7・8)より，混合過程で体積変化はなく，熱の放出や吸収は起こらない。しかし理想気体でも混合により成分分子は混ざり合った乱れた配置をとるので，エントロピーおよびエントロピーを含んで定義されるギブスエネルギーは変化する。すなわち式(7・10)により混合エントロピーは増加し（$\Delta_{mix}S>0$）また混合は自発的に起こるので式(7・7)により混合ギブスエネルギーは減少（$\Delta_{mix}G<0$）する。

例題 7・2

理想気体 A の 3 mol と B の 2 mol を混ぜて理想気体混合物をつくる。(a) 混合ギブスエネルギー，(b) 混合エントロピー，(c) 混合エンタルピー，(d) 混合体積，(e) 混合内部エネルギーを求めよ。ただし，温度は 298 K，圧力は 1 bar である。

[解] 混合物中の A のモル分率は $x_A = 3/(3+2) = 0.6$，$x_B = 1 - x_A = 0.4$ である。
(a) 混合ギブスエネルギーは式(7・7)より
$$\Delta_{mix}G = RT(n_A \ln x_A + n_B \ln x_B) = 8.3145 \times 298(3 \times \ln 0.6 + 2 \times \ln 0.4)$$
$$= -8.338 \,\mathrm{kJ}$$
混合は自発的に起こるのでギブスエネルギー変化は負である。
(b) 混合エントロピーは式(7・10)より
$$\Delta_{mix}S = -R(n_A \ln x_A + n_B \ln x_B) = 8.3145(3 \times \ln 0.6 + 2 \times \ln 0.4)$$
$$= 27.98 \,\mathrm{J\,K^{-1}}$$
混合はより乱れた配置への変化であるからエントロピーは増加する。
(c) 混合エンタルピーは式(7・8)より $\Delta_{mix}H = 0$ である。このことは，$G = H - TS$ より
$$\Delta_{mix}H = \Delta_{mix}G + T\Delta_{mix}S$$
$$= RT(n_A \ln x_A + n_B \ln x_B) + T \times \{-R(n_A \ln x_A + n_B \ln x_B)\} = 0$$
となることからもわかる。
(d) 混合体積は式(7・9)より $\Delta_{mix}V = 0$ である。
(e) 混合内部エネルギーは $H = U + PV$ より
$$\Delta_{mix}U = \Delta_{mix}H - P\Delta_{mix}V = 0$$
である。

7-2 実在気体混合物

実在気体は理想気体からのずれを示す実際の気体である。実在気体混合物中の成分 i の化学ポテンシャル μ_i は，式(6・22)より次式で表される。

$$\mu_i = \mu_i^\circ + RT \ln \frac{f_i(\text{bar})}{1(\text{bar})} \qquad (T = \text{一定}) \qquad (7\cdot 11)$$

ここに μ_i° は標準状態(圧力 P°(1 bar))における純理想気体 i の化学ポテンシャルである。式(7・11)を圧力 P，組成 x_i を明記してていねいに書くと

$$\mu_i(P, x_i) = \mu_i^\circ(P^\circ, x_i=1) + RT \ln f_i^g \qquad (T = \text{一定})$$

$$(7\cdot 11\cdot\text{a})$$

これより実在気体混合物中の成分 i の化学ポテンシャル μ_i は，実在気体混合物中の成分 i のフガシチー f_i^g がわかれば求められる。実在気体混合物中の成分 i の，系の温度 T，圧力 P，組成 $x_i (i=1, 2, 3 \cdots)$ における，フガシチー f_i^g の簡単な求め方は，系の温度 T，圧力 P における純実在気体 i のフガシチー f_i^{*g} を計算し，これに混合物中の成分 i のモル分率 x_i をかけて次式を利用する方法である。

$$f_i^g = f_i^{*g} x_i \qquad (7\cdot 12)$$

この方法は実在気体混合物を次節で述べる理想溶液(理想気体ではない)とみなすことであり，気体に対しては良好な近似計算法である。

なお実在気体混合物では，混合過程で多少とも体積の増減や熱の放出や吸収が起こる。しかし理想溶液とみなすと，混合ギブスエネルギーは式(7・7)となり，理想気体混合物と同じ結果となる。

7-3　理想溶液

● 理想溶液のラウールの法則

理想溶液とは溶液中の溶媒および溶質，一般に任意の成分について次の**ラウールの法則**(Raoult's law)が成り立つ溶液である。

$$p_i = P_i^* x_i \qquad (\text{分圧のラウールの法則}) \qquad (7\cdot 13)$$

P(全圧)
T(温度)
y_i, T, P 気相
x_i, T, P 液相
$(i=1, 2, 3, \cdots)$

x_i：液相中の成分 i のモル分率
y_i：気相中の成分 i のモル分率
$p_i (= P y_i)$：気相中の成分 i の分圧

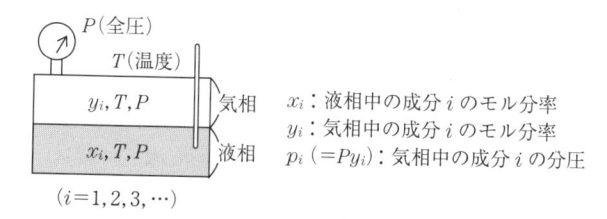

図 **7・1**　混合系の液相と気相間の平衡

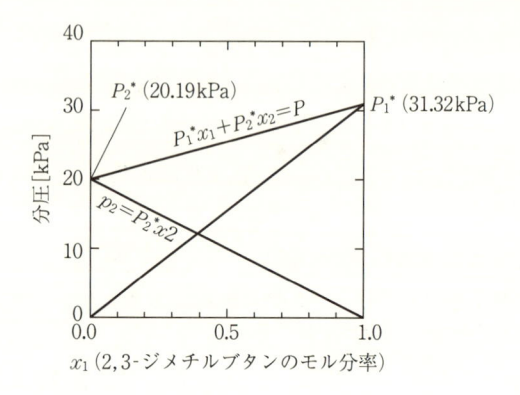

図 7・2 ラウールの法則にしたがう 2,3-ジメチルブタン(1)-ヘキサン(2)系の分圧-組成図(温度 298 K)

すなわち,理想溶液では系が気液平衡状態をなすとき(図7・1参照),気相中の成分 i の分圧 p_i はこれと平衡にある液相中の成分 i のモル分率 x_i に比例する。P_i^* は比例定数であり,純液体 i($x_i=1$)の系の温度における蒸気圧である。一例を図7・2に示す。

式(7・13)は,気相が理想気体混合物とみなされるような低圧下(常圧ないしそれ以下)で成立する。系の圧力が高くなると,気体は分子間力が作用する実在気体となり理想気体からのずれを示すようになる。気相が実在気体混合物とみなされる系の圧力において,理想溶液が気液平衡にあるとき平衡にある気相中の成分 i のフガシチー f_i^g は,液相中の成分 i のモル分率 x_i に比例する。比例定数を純液体 i($x_i=1$)の系の温度,圧力におけるフガシチー f_i^{*l} とすると次式が成立する。

$$f_i^g = f_i^{*l} x_i \quad \text{(フガシチーのラウールの法則)} \quad (7・14)$$

この式はフガシチーで表したラウールの法則であり,平衡にある気相フガシチー f_i^g は,液相中の組成 x_i と純液体 i のフガシチー f_i^{*l}(f_i^{*l} は式(5・45)で計算できる)で求められる。式(7・14)は,分圧で表したラウールの法則をも含むより一般的なラウールの法則の表し方である。すなわち,低圧下では気相中の成分 i のフガシチー f_i^g は,式(6・21)より気相中の成分 i の分圧 p_i となる。また純液体 i のフガシチー f_i^{*l} は,式(5・46)より純液体 i の蒸気圧 P_i^* となり式(7・14)は式(7・13)となる。

7-3 理想溶液

● **理想溶液の化学ポテンシャルと性質**

理想溶液の溶液中の成分の化学ポテンシャル μ_i は，ラウールの法則が成立するので，下記の式(7・19)によりモル分率 x_i の関数で表されるのである。さて化学ポテンシャル μ_i は，式(6・20)より次式で表される。

$$\mu_i = \mu_i° + RT \ln \frac{f_i^l}{f_i°} \quad (T=一定) \quad (7・15)$$

ここに $\mu_i°$ および $f_i°$ は，標準状態(圧力 $P°(1\,\mathrm{bar})$)における純液体 i の化学ポテンシャルとフガシチーである。μ_i は液組成 $x_i(i=1,2,3\cdots)$ の溶液中の成分 i の圧力 P における化学ポテンシャル，f_i^l は同じく溶液中の成分 i の圧力 P における液相フガシチーである(理想溶液では f_i^l は $f_i^g = f_i^l = f_i^{*l} x_i$ より f_i^{*l} と x_i から求まる)。式(7・15)を圧力 P，組成 x_i を明記していねいに書くと

$$\mu_i(P, x_i) = \mu_i°(P°, x_i=1) + RT \ln \frac{f_i^l}{f_i°} \quad (T=一定) \quad (7・16)$$

まず，式(7・16)を純液体 $i(x_i=1)$ に適用すると，溶液中の成分 i の化学ポテンシャル $\mu_i(P, x_i)$ は純液体 i の化学ポテンシャル $\mu_i^{*l}(P°, x_i=1)$，また溶液中の成分 i のフガシチー f_i^l は純液体のフガシチー f_i^{*l} となるので次式となる。

$$\mu_i^{*l}(P, x_i=1) = \mu_i°(P°, x_i=1) + RT \ln \frac{f_i^{*l}}{f_i°} \quad (T=一定) \quad (7・17)$$

再び，式(7・15)へもどり，式(7・15)の右辺の対数項中の f_i^l にラウールの法則 $f_i^g = f_i^l = f_i^{*l} x_i$ を代入すると

$$\mu_i = \left[\mu_i° + RT \ln \frac{f_i^{*l}}{f_i°} \right] + RT \ln x_i \quad (7・18)$$

ここに［ ］内は組成に無関係の部分であり，式(7・17)より純液体 i の圧力 P における化学ポテンシャル μ_i^{*l} である。したがって次式をえる。

$$\mu_i = \mu_i^{*l} + RT \ln x_i \quad (T=一定) \quad (7・19)$$

この式は理想溶液中の成分 i の化学ポテンシャルの表現式であり，理想溶液では液モル分率 x_i の関数である。μ_i は液組成 $x_i(i=1,2,3\cdots)$ の理想溶液中の成分 i の温度 T，圧力 P における化学ポテンシャル，μ_i^{*l} は純液体 i の溶液と同じ温度 T，圧力 P における化学ポテンシャルである。なお理想溶液はしばしば式(7・19)で定義される。式(7・19)から出発してラウールの法則は容易に導出できる。

次に，系の圧力が余り高くない場合には，純液体では圧力によるフガシチーの変化は無視でき(式(5・49))，$f_i^{*l} = f_i°$ とおくことができ式(7・17)より $\mu_i^{*l} = \mu_i°$ となる。したがって低圧下では式(7・19)は次式を与える。

$$\mu_i = \mu_i^\circ + RT \ln x_i \quad (T=\text{一定}) \tag{7·19·a}$$

ここに，μ_i° は標準状態(圧力 1 bar)における純液体 i の化学ポテンシャルである．

理想溶液の性質　次に，理想溶液の混合ギブスエネルギー $\Delta_{mix}G$ は，式(7·19)を式(7·1)へ代入して次式で与えられる．

$$\Delta_{mix}G = RT \sum_i n_i \ln x_i \tag{7·20}$$

混合エンタルピーおよび混合体積は，式(7·20)を式(7·2)および式(7·3)に代入して次のようである．

$$\Delta_{mix}H = 0 \tag{7·21}$$

$$\Delta_{mix}V = 0 \tag{7·22}$$

また混合エントロピーは，式(7·20)を式(7·4)に代入して次式で表される．

$$\Delta_{mix}S = -R \sum_i n_i \ln x_i \tag{7·23}$$

これより，理想溶液では混合過程において体積の増減はなく，熱の吸収や放出もない．しかし，液体の混合は自発的に起こるので混合ギブスエネルギーは減少し，また混合過程は乱れた配置への変化であるから混合エントロピーは増大する．

例題 7·3

二成分系理想溶液について全組成範囲で混合ギブスエネルギー，混合エントロピーを計算しプロットせよ．

[解]　モル混合ギブスエネルギー $\Delta_{mix}G_m$ は式(7·20)，モル混合エントロピー $\Delta_{mix}S_m$ は式(7·24)より

$$\Delta_{mix}G_m = RT(x_1 \ln x_1 + x_2 \ln x_2), \quad \Delta_{mix}S_m = -R(x_1 \ln x_1 + x_2 \ln x_2)$$

x_1	$x_1 \ln x_1 + x_2 \ln x_2$
0.25	-0.5623
0.50	-0.6931
0.75	-0.5623

$x_1 \ln x_1 + x_2 \ln x_2$ はモル分率 $x_1 = 0.5$ で最大となり，左右対称形である．
図 E 7·3·1 に $\Delta_{mix}G_m/RT$，$\Delta_{mix}S_m$ のプロットを示す．

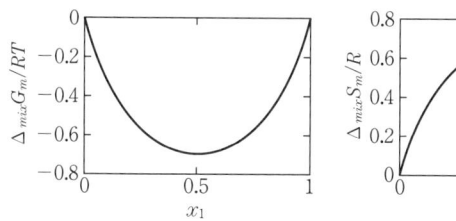

7-3 理想溶液

図 E7・3・1

例題 7・4

混合の逆プロセスの分離を考える。ベンゼン(A)－トルエン(B)の液体混合物は理想溶液とみなされる。下図のように，$x_A=0.40$ モル分率ベンゼンを含む溶液 10 mol（原料）を，$x_A=0.70$ モル分率ベンゼンを含む溶液 5 mol（製品 I）と $x_B=0.90$ モル分率トルエンを含む溶液 5 mol（製品 II）の二つの溶液に分離する。分離プロセスのギブスエネルギー変化を求めよ。ただし始終状態の温度は 298 K，圧力は 1.013 bar である。

[解] 理想溶液中の成分の化学ポテンシャルは式(7・19)より
$$\mu_i = \mu_i^{*l} + RT\ln x_i \quad (T=\text{一定}, P=\text{一定})$$
成分 A と B からなる溶液のギブスエネルギーは式(6・38)と式(6・29)より
$$G = n_A\mu_A + n_B\mu_B$$
プロセスのギブスエネルギー変化 $\varDelta G$ は
$$\varDelta G = G_{\text{製品 I}} + G_{\text{製品 II}} - G_{\text{原料}}$$
化学ポテンシャルで表すと
$$\begin{aligned}\varDelta G &= (3.5\mu_A + 1.5\mu_B)_{\text{製品 I}} + (0.5\mu_A + 4.5\mu_B)_{\text{製品 II}} - (4\mu_A + 6\mu_B)_{\text{原料}} \\ &= RT(3.5\ln 0.7 + 1.5\ln 0.3)_{\text{製品 I}} + RT(0.5\ln 0.1 + 4.5\ln 0.9)_{\text{製品 II}} \\ &\quad - RT(4\ln 0.4 + 6\ln 0.6)_{\text{原料}}\end{aligned}$$

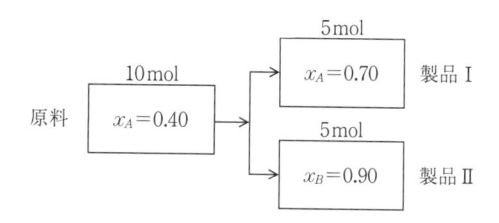

	原料	製品 I ＋ 製品 II
ベンゼン量(mol)	4	3.5＋0.5
トルエン量(mol)	6	1.5＋4.5

$$= RT \times 2.0503$$
$$= 8.3145 \times 298 \times 2.0504 = 5080 \text{ J}$$

溶液の分離は自発的には起こらないので，分離プロセスではギブスエネルギーは増加する。このため成分分離行うには，系に外部からエネルギーを加える蒸留などが用いられる。

7-4 実在溶液 ——ラウールの法則からのずれをしめす溶液——

実在溶液はラウールの法則が成立しない実際の溶液である。したがって実在溶液では $p_i/P_i^*x_i \neq 1$ であり，ラウールの法則からのずれを次のように表し

$$p_i/P_i^*x_i = \gamma_i \tag{7・24}$$

γ_i（ガンマ）を実在溶液中の成分 i の**活量係数**(activity coefficient)という。ラウールの法則が成立する理想溶液では $\gamma_i=1$ であるから，活量係数はその値が1とどれだけ違うかによって実在溶液の性質を表すのである。

実在溶液のうち $p_i > P_i^*x_i(\gamma_i>1)$ の系は，ラウールの法則に対して正のかたよりを示す系といい，一例を図7・3に示す。一方，$p_i < P_i^*x_i(\gamma_i<1)$ の系は，ラウールの法則に対して負のかたよりを示すと系といい，一例を図7・4に示す。活量係数は式(7・24)の定義からわかるように，必ず正である。活量係数は，通常，気液平衡実測値（温度一定または圧力一定で測定される）を用いて決定され組成の関数である。

実在溶液が気液平衡の状態にあるとき，気相中の成分 i の分圧 p_i とこれと

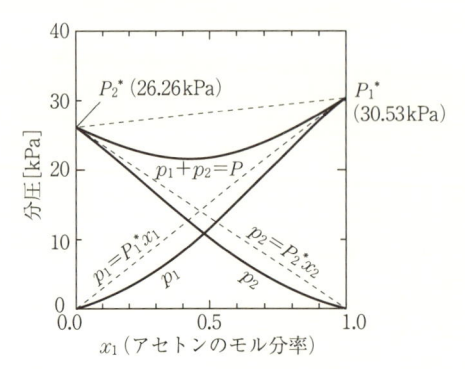

図 7・3 ラウールの法則より正にかたよるベンゼン(1)-シクロヘキサン(2)系の分圧-組成図（温度 298 K）

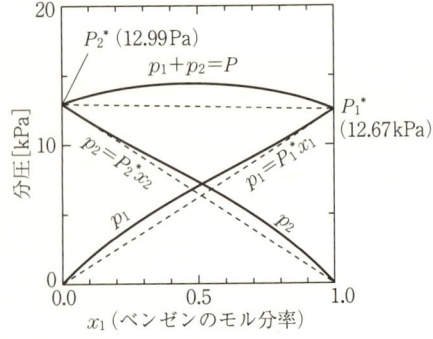

図 7・4 ラウールの法則より負にかたよるアセトン(1)-クロロホルム(2)系の分圧-組成図（温度 298 K）

7-4 実在溶液

平衡にある液相中の成分のモル分率 x_i との関係は式(7・24)より活量係数 γ_i を含む次式で表される。

$$p_i = \gamma_i P_i^* x_i \tag{7・25}$$

この式は，平衡にある気相が理想気体混合物とみなされるような低圧下（常圧ないしそれ以下）で用いられる。

系の圧力が高くなると気相は理想気体からのずれを示す実在気体となるので，一般的にはフガシチーを用いる必要がある。気相が実在気体混合物とみなされる系の圧力において，実在溶液が気液平衡をなすとき（$f_i^g = f_i^l$ が成立する），平衡にある気相中の成分 i のフガシチー f_i^g は，液相中の成分 i のモル分率 x_i，成分 i の活量係数 γ_i および純液体 i の系と同じ温度 T，圧力 P におけるフガシチー f_i^{*l} の積で与えられる。

$$f_i^g = \gamma_i f_i^{*l} x_i \tag{7・26}$$

式(7・26)は低圧下では式(7・25)を与える。

● 実在溶液の化学ポテンシャルと性質

実在溶液の溶液中の成分 i の化学ポテンシャル μ_i は，下記の式(7・29)により，活量係数 γ_i とモル分率 x_i との積の関数で表される。さて化学ポテンシャル μ_i は，式(6・20)より次式で表される。

$$\mu_i = \mu_i^\circ + RT \ln \frac{f_i^l}{f_i^\circ} \qquad (T=\text{一定}) \tag{7・27}$$

この式の右辺の f_i^l に実在溶液の気液平衡式 $f_i^g = f_i^l = \gamma_i x_i f_i^{*l}$ を代入すると

$$\mu_i = \left[\mu_i^\circ + RT \ln \frac{f_i^{*l}}{f_i^\circ} \right] + RT \ln \gamma_i x_i \tag{7・28}$$

ここに上式の[ ]内は溶液組成に無関係であり，式(7・17)より μ_i^{*l}（純液体 i の化学ポテンシャル）であるから次式をえる。

$$\mu_i = \mu_i^{*l} + RT \ln \gamma_i x_i \qquad (T=\text{一定}) \tag{7・29}$$

式(7・29)は実在溶液中の成分 i の化学ポテンシャル μ_i の表現式であり，液相中の成分 i の活量係数 γ_i とモル分率 x_i の関数で表される。μ_i は液組成 x_i（$i=1, 2, 3 \cdots$）の実在溶液中の成分 i の温度 T，圧力 P における化学ポテンシャル，μ_i^{*l} は純液体 i の溶液と同じ温度 T，圧力 P における化学ポテンシャルである。

次に，圧力が余り高くないときには，純液体のフガシチーの圧力による変化

は無視できるので(式(5·49)), $\mu_i^{*l}=\mu_i°$ とおくことができ式(7·29)は次式を与える.

$$\mu_i=\mu_i°+RT\ln\gamma_i x_i \quad (T=\text{一定}) \quad (7·29·a)$$

ここに, $\mu_i°$ は標準状態(圧力 1 bar)における純液体 i の化学ポテンシャルである.

実在溶液の性質 次に, 実在溶液について混合過程での変化を示す混合量を求めよう. まず混合ギブスエネルギー $\Delta_{mix}G$ は式(7·29)を式(7·1)へ代入して次のようである.

$$\Delta_{mix}G=RT\sum_i n_i\ln\gamma_i x_i \quad (7·30)$$

実在溶液では, 着目している系が理想溶液と比較してどれだけのへだたりをもつかが重要であるので, 実際の混合ギブスエネルギー $\Delta_{mix}G$(実際)と, 仮に理想溶液とみなして求めた混合ギブスエネルギー $\Delta_{mix}G$(理想)(実在溶液で $\gamma_i=1$ とおいた値)との差を**過剰ギブスエネルギー** G^E という.

過剰ギブスエネルギー $\quad G^E=\Delta_{mix}G(\text{実際})-\Delta_{mix}G(\text{理想})$

$$(7·31)$$

実在溶液の過剰ギブスエネルギーは式(7·30)を用いると次式で与えられる.

$$G^E=\Delta_{mix}G(\text{実際})-\Delta_{mix}G(\text{理想})$$
$$=RT\sum_i n_i\ln\gamma_i x_i-RT\sum_i n_i\ln x_i$$

$$\therefore\quad G^E=RT\sum_i n_i\ln\gamma_i \quad (7·32)$$

同様にして, 実在溶液中の成分 i の化学ポテンシャル μ_i(実際)と, 仮に理想溶液として求めた化学ポテンシャル μ_i(理想)(実在溶液で $\gamma_i=1$ とおいた値)との差を**過剰化学ポテンシャル** μ_i^E という.

過剰化学ポテンシャル $\quad \mu_i^E=\mu_i(\text{実際})-\mu_i(\text{理想}) \quad (7·33)$

実在溶液中の成分 i の過剰化学ポテンシャルは, 式(7·29)を用いて次のようである.

$$\mu_i^E=\mu_i(\text{実際})-\mu_i(\text{理想})$$
$$=RT\ln\gamma_i x_i-RT\ln x_i$$

$$\therefore\quad \mu_i^E=RT\ln\gamma_i \quad (7·34)$$

例題 7・5

ベンゼン(1)―シクロヘキサン(2)系の温度298Kにおける気液平衡データを表E7・5・1に示す。(a) 理想溶液からのへだたりを示す溶液中のベンゼン(1)とシクロヘキサン(2)の活量係数 γ_1 と γ_2，(b) 溶液の混合ギブスエネルギー $\Delta_{mix}G$，(c) 溶液の過剰ギブスエネルギー G^E を求めよ。ただし純ベンゼンと純シクロヘキサンの298Kにおける蒸気圧は $P_1^*=12.67\,\text{kPa}$，$P_2^*=12.99\,\text{kPa}$ である。

表 E 7・5・1 ベンゼン(1)―シクロヘキサン(2)系の気液平衡実測値(温度298K)[a]

全圧 P/kPa	成分1のモル分率	
	x_1(液相)	y_1(気相)
12.99	0.0000	0.0000
13.61	0.1035	0.1375
13.93	0.1750	0.2170
14.23	0.2760	0.3130
14.41	0.3770	0.4015
14.46	0.4330	0.4460
14.49	0.5090	0.5050
14.44	0.5830	0.5620
14.25	0.6940	0.6505
13.93	0.7945	0.7410
13.41	0.9005	0.8565
13.09	0.9500	0.9220
12.67	1.0000	1.0000

a) Tasic A., B. Djordjeric, and D. Grozdanic: *Chem. Eng. Sci.*, **33**, 189 (1978).

[**解**] (a) ベンゼン(1)―シクロヘキサン(2)の活量係数 γ_1 と γ_2 は，気相が理想気体とみなされる定圧下では，式(7・24)で与えられる。

$$\gamma_1=\frac{p_1}{P_1^*x_1}=\frac{Py_1}{P_1^*x_1}, \quad \gamma_2=\frac{p_2}{P_2^*x_2}=\frac{Py_2}{P_2^*x_2}$$

一例として液モル分率 $x_1=0.276$ ベンゼンの溶液について計算すると，$y_1=0.313$，$P=14.23\,\text{kPa}$ であるから

$$\gamma_1=\frac{14.23\times0.313}{12.67\times0.276}=1.274, \quad \gamma_2=\frac{14.23\times(1-0.313)}{12.99\times(1-0.276)}=1.039$$

すべてのデータ点について計算した γ_1 と γ_2 を x_1 に対してプロットして図E7・5・1に示す。

(b) 混合ギブスエネルギーは式(7・33)より溶液1 molについて

$$\Delta_{mix}G_m=RT(x_1\ln\gamma_1 x_1+x_2\ln\gamma_2 x_2)$$

たとえば液モル分率 $x_1=0.276$ の溶液では

$$\Delta_{mix}G_m=8.3145\times298\{0.276\ln1.274\times0.273+(1-0.276)\ln1.039\times(1-0.276)\}$$
$$=-1225.3\,\text{J mol}^{-1}$$

混合は自発的に起こり混合ギブスエネルギーは減少する。すべてのデータ点について求めた $\Delta_{mix}G_m$ をプロットして図 E7·5·1 に示す。

（c）溶液の過剰ギブスエネルギーは式 (7·30) より溶液 1 mol について
$$G_m^E = RT(x_1 \ln \gamma_1 + x_2 \ln \gamma_2)$$
例えば液モル分率 $x_1 = 0.276$ の溶液では
$$G_m^E = 8.3145 \times 298\{0.276 \ln 1.274 + (1-0.276) \ln 1.039\}$$
$$= 234.3 \,\text{J mol}^{-1}$$
すべてのデータ点について計算した G_m^E をプロットして図 E7·5·1 に示す。

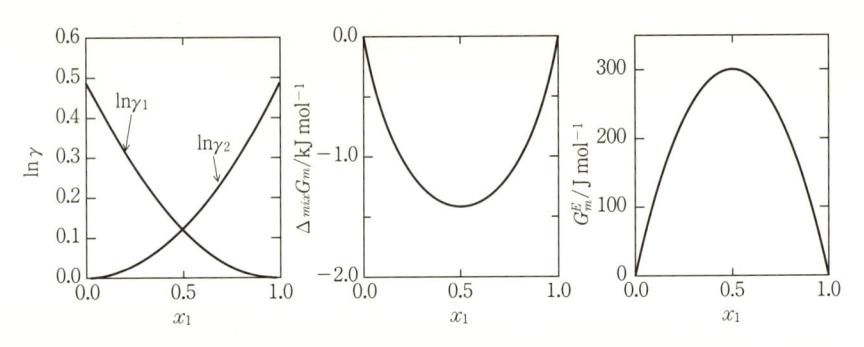

図 E7·5·1　ベンゼン (1)-シクロヘキサン (2) 系 (温度 298 K)

さて，化学ポテンシャル μ^E は混合物 n モルのギブスエネルギー G^E の部分モル量であるので式 (6·3) より
$$\mu_i^E = \left(\frac{\partial G^E}{\partial n_i}\right)_{T,P,n_{j(j\neq i)}} \quad \text{または} \quad \frac{\mu_i^E}{RT} = \left[\frac{\partial (G^E/RT)}{\partial n_i}\right]_{T,P,n_{j(j\neq i)}} \quad (7\cdot35)$$
したがって，式 (7·35) へ式 (7·34) を代入して次式をえる。
$$\ln \gamma_i = \left[\frac{\partial (G^E/RT)}{\partial n_i}\right]_{T,P,n_{j(j\neq i)}} \quad (7\cdot36)$$
すなわち，$\ln \gamma_i$ は G^E/RT の部分モル量である。またすべての成分についての総和 $\sum_i n_i \ln \gamma_i$ は，式 (7·32) より混合物 n モルの G^E/RT を与える。

実在溶液では，混合エンタルピー $\Delta_{mix}H$ および混合体積 $\Delta_{mix}V$ についても同様に過剰エンタルピー H^E および過剰体積 V^E を次のように定義する。
$$H^E = \Delta_{mix}H(\text{実際}) - \Delta_{mix}H(\text{理想}) \quad (7\cdot37)$$
$$V^E = \Delta_{mix}V(\text{実際}) - \Delta_{mix}V(\text{理想}) \quad (7\cdot38)$$

ここに理想溶液として求めた混合エンタルピーは，式(7・21)より $\Delta_{mix}H$(理想)$=0$。また混合体積は式(7・22)より $\Delta_{mix}V$(理想)$=0$ であるから次のようになる。

$$H^E = \Delta_{mix}H(実際) \tag{7・39}$$
$$V^E = \Delta_{mix}V(実際) \tag{7・40}$$

すなわち，実在溶液の過剰エンタルピーと過剰体積は混合エンタルピーと混合体積の測定値で与えられる。

過剰ギブスエネルギー G^E と過剰エンタルピー H^E，過剰体積 V^E の間には熱力学的に次の関係が成立する。

$$\left[\frac{\partial(G^E/RT)}{\partial(1/T)}\right]_{P,n} = \frac{H^E}{R} \tag{7・41}$$

$$\left(\frac{\partial G^E}{\partial P}\right)_{T,n} = V^E \tag{7・42}$$

7-5 理想希薄溶液 ——ヘンリーの法則——

溶媒と溶質からなる実在溶液において，溶液中の小量成分である溶質の濃度が低い希薄溶液が気液平衡の状態にあるとき，気相中の溶質の分圧 p_B(溶質は B で示す)は，これと平衡にある液相中の溶質 B のモル分率 x_B に比例することが確かめられている。すなわち

$$p_B \propto x_B \quad または \quad p_B = k_B x_B \quad (分圧のヘンリーの法則)$$
$$\tag{7・43}$$

この関係は，分圧 p_B がモル分率 x_B に比例する点で理想溶液と同様であり，**ヘンリーの法則**(Henry's law)という。k_B は比例定数であり，ヘンリー定数といい，p_B 対 x_B 曲線の $x_B=0$ における勾配であり，図7・5に示すように希薄領域のデータを $x_B=1$ へ外挿して求める。

系の圧力が高く気相が実在気体混合物のときには，気相中の溶質の分圧 p_B にかえて溶質のフガシチー $f_B{}^g$ を用いヘンリーの法則は次のように表される。

$$f_B{}^g = k_B x_B \quad (フガシチーのヘンリーの法則) \tag{7・44}$$

ここに，k_B は比例定数としてのヘンリー定数である。

ヘンリーの法則は，溶液中(溶質+溶媒)の小量成分である溶質(B)についての法則である。溶液中の溶質についてヘンリーの法則が成り立つとき，大量成分である溶媒(A)についてはラウールの法則が成り立ち，このような溶液を**理**

想希薄溶液という。つまり，実在溶液でも溶質濃度が低い（溶媒濃度は高い）領域では溶媒についてラウールの法則が成り立つのである。

ヘンリーの法則は，実用的には気体の液体中への溶解度を求めるのに用いられる。表7・1にいくつかの気体の水，メタノール，アセトン，ベンゼンに対するヘンリー定数を示す。

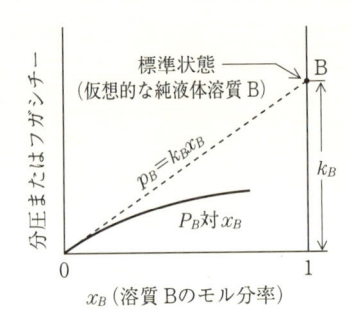

図 7・5 ヘンリーの法則

表 7・1 ヘンリー定数（温度 298 K）

気体 液体	ヘンリー定数 k_B/(kbar/モル分率)				
	H_2	N_2	O_2	CO_2	CH_4
水	71.3	85.1	43.9	1.67	40.8
メタノール	—	3.69	2.44	0.182	1.17
アセトン	3.38	1.88	1.21	0.054	0.552
ベンゼン	3.93	2.27	1.24	0.104	0.488

例題 7・6

気体の液体に対する溶解度はヘンリーの法則で表される。温度 298 K で $CO_2(g)$ の水に対するヘンリー定数は $k_B=1.67$(kbar/モル分率)，$O_2(g)$ の水に対するヘンリー定数は $k_B=43.9$(kbar/モル分率) である。(a) どちらの気体が水によく溶けるか，(b) 気体分圧 101.3 kPa における溶解度を求めよ。

[解] （a）ヘンリーの法則は低圧下では式(7・43)より
$$P_B = k_B x_B$$
同じ気体分圧ではヘンリー定数 k_B が小さいほど x_B は大きくよく溶けるので $CO_2(g)$ の方が溶解度が大きい。

（b）溶解度は $x_B = p_B/k_B$ より，$CO_2(g)$ では

7-5 理想希薄溶液

$x_B = 1.013 \times 10^{-3}/1.67 = 6.07 \times 10^{-4}$ モル分率 CO_2, (0.0607 モル%)

$O_2(g)$ では

$x_B = 1.013 \times 10^{-3}/43.9 = 2.31 \times 10^{-5}$ モル分率 O_2, (0.00231 モル%)

溶液中の小量成分で，ある溶質の化学ポテンシャルをあらわすとき問題となることは，溶質の標準状態である。たとえば，気体の液体に対する溶解度を取り扱う場合，液中に溶けた気体成分である溶質(B)の濃度は希薄領域に限られ，0から1までの全組成範囲をとることはなく，溶質は純液体($x_B = 1$)としては存在しない。このように溶質が純液体として存在しない場合には，溶質の標準状態として仮想的な純液体溶質を用いるのである(希薄領域のデータを$x_B = 1$, すなわち仮想的な純溶質 B まで外挿した図 7・5 の B 点)。圧力が余り高くないときには純液体のフガシチーの圧力による変化は無視できるので，標準状態における溶質のフガシチー $f_B°$ は k_B(bar)である。

$$f_B° = k_B \quad (\text{bar}) \tag{7·45}$$

次に，理想希薄溶液中の溶質(B)の化学ポテンシャルの表現式であるが，まず式(6·20)より

$$\mu_B = \mu_B° + RT \ln \frac{f_B^l}{f_B°} \quad (T = \text{一定}) \tag{7·46}$$

ここにヘンリーの法則より $f_B^g = f_B^l = k_B x_B$, また $f_B° = k_B$ であるから，溶質(B)の化学ポテンシャル μ_B は次式で表される。

$$\mu_B = \mu_B° + RT \ln x_B \quad (T = \text{一定}) \tag{7·47}$$

ヘンリーの法則は液中の溶質濃度を質量モル濃度 m_B(mol kg^{-1})で表し，次式で示す場合もある。

$$f_B^g = f_B^l = k_B' m_B \tag{7·48}$$

ただし，k_B' は質量モル濃度 m_B を用いたときのヘンリー定数であり，k_B' の単位は(bar mol kg^{-1})である。この場合の標準状態は，単位質量モル濃度($m_B = 1$ mol kg^{-1})における仮想的な純液体溶質(B)を用いる。溶質(B)の化学ポテンシャル μ_B は次式で表される。

$$\mu_B = \mu_B° + RT \ln \frac{m_B(\text{mol kg}^{-1})}{1(\text{mol kg}^{-1})} \tag{7·49}$$

ここに $m_B = 1$ mol kg^{-1} のとき $\mu_B = \mu_B°$ である。

7-6 活量による化学ポテンシャルの表現式のまとめ

6章で説明したように,混合物中の成分 i の活量 a_i は,混合物中の成分 i のフガシチー f_i と標準状態におけるフガシチー f_i° の比で定義される。

$$a_i = \frac{f_i}{f_i^\circ} \tag{7・50}$$

活量を用いると,混合物中の成分 i の化学ポテンシャル μ_i は標準状態における化学ポテンシャルを μ_i° として,式(6・24)より,一般に次式で表される。

$$\mu_i = \mu_i^\circ + RT \ln a_i \quad (T=一定) \tag{7・51}$$

この式を混合物の温度 T,圧力 P,および組成 $x_i (i=1, 2, 3 \cdots)$ を明記して,ていねいに書くと

$$\mu_i(P, x_i) = \mu_i^\circ(P^\circ = 1\,\text{bar}, x_i=1) + RT \ln a_i \tag{7・51・a}$$
$$(T=一定)$$

ここに,系が標準状態にあるとき $f_i = f_i^\circ$ で活量 $a_i = 1$ であり,標準状態の化学ポテンシャルは $\mu_i^\circ = (\mu_i)_{a_i=1}$ である。

さて,これまでに明らかにした,純物質や混合物中の成分の化学ポテンシャル μ_i の表現式を成分の活量 a_i でまとめると次のようである。

$$a = \frac{f(\text{bar})}{1(\text{bar})} = f \qquad (純実在気体) \tag{7・52}$$

$$a = 1 \qquad (純液体,純固体) \tag{7・53}$$

$$a_i = \frac{p_i(\text{bar})}{1(\text{bar})} = p_i \qquad (理想気体混合物) \tag{7・54}$$

$$a_i = \frac{f_i(\text{bar})}{1(\text{bar})} = f_i \qquad (実在気体混合物) \tag{7・55}$$

$$a_i = x_i \qquad (理想溶液) \tag{7・56}$$

$$a_i = \gamma_i x_i \qquad (実在溶液) \tag{7・57}$$

$$a_i = x_B \quad (Bは溶質) \qquad (理想希薄溶液) \tag{7・58}$$

活量と化学ポテンシャルの表現式を一括して表7・2にまとめた。表には化学ポテンシャルの表現式の本文中での式番号も備考欄に示してある。

7-6 活量による化学ポテンシャルの表現のまとめ

表 7・2 活量 ($a_i = f_i/f_i^\circ$) と化学ポテンシャルの表現式 (まとめ)
$$\mu_i = \mu_i^\circ + RT \ln a_i$$

物質の状態	標準状態	活量	備考
純実在気体	圧力 P° (1 bar) における理想気体	$a = f$	式 (5・33)
純液体, 純固体	圧力 P° (1 bar) における純液体, 純固体	$a = 1$	式 (5・49)
理想気体混合物	圧力 P° (1 bar) における理想気体	$a_i = p_i$	式 (6・22・a)
実在気体混合物	圧力 P° (1 bar) における理想気体	$a_i = f_i$	式 (6・22)
理想溶液	圧力 P° (1 bar) における純液体	$a_i = x_i$	式 (7・19・a)
実在溶液	圧力 P° (1 bar) における純液体	$a_i = \gamma_i x_i$	式 (7・29・a)
理想希薄溶液	圧力 P° (1 bar) における仮想的な純液体溶質 B	$a_i = x_B$	式 (7・47)

μ_i, f_i: 温度 T, 圧力 P, 組成 x_i ($i = 1, 2, 3\cdots$) の混合物中の成分 i の化学ポテンシャルと成分 i のフガシチー

μ_i°, f_i°: 標準状態 (圧力 $P^\circ = 1$ bar) で系と同じ温度 T における純物質 i の化学ポテンシャルとフガシチー

8 不揮発性の溶質を含む理想希薄溶液をめぐる相間の平衡

―― 溶質のモル濃度で表される現象 ――

　食塩や砂糖や水酸化ナトリウムなどの不揮発性溶質の希薄水溶液を理想希薄溶液とみなすと，少量成分である溶質はヘンリーの法則にしたがい，大量成分である溶媒はラウールの法則でしたがう。理想希薄溶液では溶液をめぐる相間の平衡を考えることにより，溶液の凝固点降下や沸点上昇さらに浸透圧の現象を説明することができる。

8-1　凝固点降下 ――溶液の凝固点は純溶媒の凝固点より低くなる――

　凝固点降下とは，たとえば水に不揮発性の食塩を加えた希薄食塩水溶液の凝固点は，純溶媒である水の凝固点より低くなるという現象である。
　いま，純溶媒 A の(与えられた圧力例えば 101.3 kPa における)凝固点を T_f とし，純溶媒に不揮発性の溶質 B を少量加えた組成 x_B の溶質の希薄溶液の凝固点を T とすると，T_f と T の差が**凝固点降下**である。

$$\text{凝固点降下} \quad \Delta T_f = T_f - T$$

凝固点降下を示す図 8・1 を参照し，溶質組成 x_B (溶媒組成 $x_A = 1 - x_B$) の溶液を冷却していくと，ついにある温度で溶媒が結晶化し，純溶媒の固相が生じ系は固液平衡の状態となる。このときの平衡温度が溶液の凝固点 T である。
　固液平衡の状態(図 8・2)では，相平衡の基準より固相である純固体溶媒の化学ポテンシャル μ_A^{*s} と液相中の溶媒の化学ポテンシャル μ_A^l とは等しい。

$$\mu_A^{*s}(\text{純固体溶媒}) = \mu_A^l(\text{液相中の溶媒}) \tag{8・1}$$

液相を理想希薄溶液とすると，液相中の大量成分である溶媒はラウールの法則にしたがうので，溶媒 A の化学ポテンシャル μ_A^l は式(7・19)より次式で表される。

$$\mu_A^l = \mu_A^{*l} + RT \ln x_A \tag{8・2}$$

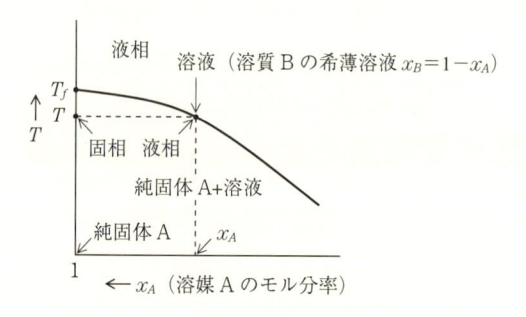

図 8·1 溶液の凝固温度 T と純溶媒の凝固温度 T_f

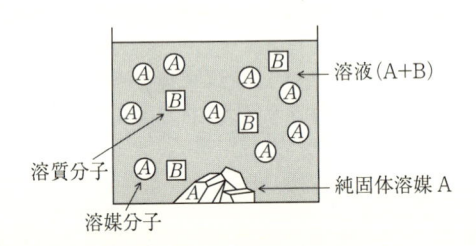

図 8·2 溶液 $(A+B)$ と純固体溶媒 (A) との固液平衡

式(8·1)へ式(8·2)を代入すると,凝固点降下を求めるための基礎式である次式をえる.

$$\mu_A{}^{*s} = \mu_A{}^{*l} + RT \ln x_A \tag{8·3}$$

ここに $\mu_A{}^{*s}$, $\mu_A{}^{*l}$ は純固体溶媒,純液体溶媒の系の温度 T における化学ポテンシャルである.

式(8·3)は,凝固点降下がなぜ起こるかも説明してくれるので,まずこの点を考えよう.純物質では式(6·13)より,化学ポテンシャルはモルギブスエネルギー G_m であるので $\mu^* = G_m = H_m - TS_m$. これを純固体と純液体に適用し,式(8·3)を温度 T について解くと

$$T = \frac{\Delta_{fus} H_{m,A}}{\Delta_{fus} S_{m,A} - R \ln x_A} \tag{8·4}$$

ただし,$\Delta_{fus} H_{m,A} = H_{m,A}^l - H_{m,A}^s$, $\Delta_{fus} S_{m,A} = S_{m,A}^l - S_{m,A}^s$ で与えられる純溶媒 A の融解エンタルピーと融解エントロピーである.いずれも正の値であり狭い温度範囲では一定とみなすことができる.

式(8·4)より純液体溶媒の凝固点 T_f は $x_A = 1$ とおいて

8-1 凝固点降下

$$T_f = \Delta_{fus}H_{m,A}/\Delta_{fus}S_{m,A}$$

である。純溶媒に溶質を加えた溶媒組成 x_A の溶液では，$x_A<1$ であるから $-R\ln x_A>0$ であり，凝固点は $T<T_f$ となり降下する．これは純溶媒に溶質を加えた溶液中の溶媒のエントロピー効果(溶媒の部分モルエントロピー $(S_{m,A}^l - R\ln x_A)$)によるものである．

凝固点降下を求める式は，式(8・2)からえられ(導出の詳細はコラムに示す)，次のようである．

$$\Delta T_f = \left(\frac{RT_f^2 M_A}{\Delta_{fus}H_{m,A}}\right)m_B = K_f m_B \tag{8・5}$$

ここに m_B は溶質の質量モル濃度(mol(溶質)/kg(溶媒))，K_f は**凝固点降下定数**といい溶媒だけに関係する定数である．すなわち T_f，M_A および $\Delta_{fus}H_{m,A}$ は純溶媒 A の融点，モル質量およびモル融解エンタルピーである．いくつかの溶媒の凝固点降下定数を表 8・1 に示す．凝固点降下は固定された溶媒については溶質の質量モル濃度のみで表され，溶質の種類が何であるかには依存しないのである．

例題 8・1

水 900 g に不揮発性の塩化ナトリウム 90 g を溶かした水溶液の凝固点降下と凝固点を求めよ．ただし，圧力は 101.3 kPa，水の凝固点は 273 K，融解エンタルピーは 6012 J mol^{-1} である．

[解] 凝固点降下 ΔT_f は式(8・5)より

$$\Delta T_f = K_f m_B$$

溶質 B の質量モル濃度 m_B は

$$m_B = \frac{90\,\text{g}}{58.44\,\text{g mol}^{-1}} \times \frac{1}{0.9\,\text{kg}} = 1.71\,\text{mol kg}^{-1}$$

凝固点降下定数 k_f は

$$K_f = \frac{RT_f^2 M_A}{\Delta_{fus}H_{m,A}} = \frac{(8.3145\,\text{J K}^{-1}\,\text{mol}^{-1})\times(273\,\text{K})^2\times(18\times10^{-3}\,\text{kg mol}^{-1})}{6012\,\text{J mol}^{-1}}$$
$$= 1.86\,\text{K kg mol}^{-1}$$

凝固点降下は

$$\Delta T_f = 1.86 \times 1.71 = 3.2\,\text{K}$$

水溶液の凝固点は

$$T = T_f - \Delta T_f = 273 - 3.2 = 269.8\,\text{K}$$

コラム 9

凝固点降下の式の導出

まず，基礎となる式を書くと固液平衡式は式(8·1)より

$$\mu_A^l = \mu_A^{*s} \qquad (T=\text{一定}, P=\text{一定}) \tag{1}$$

液相中の溶媒(A)の化学ポテンシャルは式(8·2)より

$$\mu_A^l = \mu_A^{*l} + RT \ln x_A \qquad (T=\text{一定}, P=\text{一定}) \tag{2}$$

式(1)へ式(2)を代入して，μ_A^l を消去すると

$$\mu_A^{*s} = \mu_A^{*l} + RT \ln x_A \tag{3}$$

ここに μ_A^{*s}, μ_A^{*l} は純固体溶媒および純液体溶媒の化学ポテンシャルである．式(3)を $\ln x_A$ について解くと

$$\ln x_A = \frac{1}{R}\left(\frac{\mu_A^{*s}}{T} - \frac{\mu_A^{*l}}{T}\right) \tag{4}$$

これを $P=$ 一定として温度 T で微分すると

$$\left(\frac{\partial \ln x_A}{\partial T}\right)_P = \frac{1}{R}\left[\left(\frac{\partial (\mu_A^{*s}/T)}{\partial T}\right)_P - \left(\frac{\partial (\mu_A^{*l}/T)}{\partial T}\right)_P\right] \tag{5}$$

ギブス-ヘルムホルツの式(4·21)より

$$\left(\frac{\partial (\mu_A^{*s}/T)}{\partial T}\right)_P = -\frac{H_{m,A}^s}{T^2}, \quad \left(\frac{\partial (\mu_A^{*l}/T)}{\partial T}\right)_P = -\frac{H_{m,A}^l}{T^2} \tag{6}$$

したがって式(5)は次のようになる．

$$\left(\frac{\partial \ln x_A}{\partial T}\right)_P = \frac{H_{m,A}^l - H_{m,A}^s}{RT^2} = \frac{\Delta_{fus}H_{m,A}}{RT^2} \tag{7}$$

または

$$d \ln x_A = \frac{\Delta_{fus}H_{m,A}}{RT^2} dT \qquad (P=\text{一定}) \tag{8}$$

ただし，$\Delta_{fus}H_{m,A}$ は純溶媒 A のモル融解エンタルピーである．

次に，式(8)を純溶媒($x_A=1, T_f$)から，希薄溶液中の溶媒の状態(x_A, T)まで $\Delta_{fus}H_{m,A}=$ 一定として積分すると

$$\int_1^{x_A} d \ln x_A = \frac{\Delta_{fus}H_{m,A}}{R} \int_{T_f}^T \frac{dT}{T^2}$$

$$\ln x_A = -\frac{\Delta_{fus}H_{m,A}}{R}\left(\frac{1}{T} - \frac{1}{T_f}\right)$$

$$= -\frac{\Delta_{fus}H_{m,A}}{R} \frac{(T_f - T)}{TT_f} \tag{9}$$

ここに $T_f - T = \Delta T_f$, また $\ln x_A = \ln(1-x_B)$ であり $x_B \ll 1$ のとき

$$\ln(1-x_B) = -\left(x_B + \frac{x_B^2}{2} + \frac{x_B^3}{3} + \cdots\right) \fallingdotseq -x_B$$

さらに，T_f と T とは接近した値であるので $TT_f \fallingdotseq T_f^2$ とおくと，式(9)は次式となる．

$$x_B = \frac{\Delta_{fus}H_{m,A}}{R} \frac{\Delta T_f}{T_f^2} \tag{10}$$

溶質のモル分率 x_B を溶質の質量モル濃度 m_B(mol(溶質)/kg(溶媒))を用いて表すと

$$x_B = \frac{n_B}{n_A+n_B} \fallingdotseq \frac{n_B}{n_A} = \frac{n_B}{(n_A M_A)/M_A} = M_A m_B \tag{11}$$

ただし，M_A は純溶媒 A のモル質量(kg mol^{-1})である。

式(10)を $\varDelta T_f$ について解き，式(11)を用いると，凝固点降下は次式で表される。

$$\varDelta T_f = \left(\frac{RT_f^2 M_A}{\varDelta_{fus}H_{m,A}}\right) m_B = K_f m_B \tag{12}$$

8-2　沸 点 上 昇 ——溶液の沸点は純溶媒の沸点より高くなる——

沸点上昇とは，たとえば，水に不揮発性の水酸化ナトリウムを加えた水酸化ナトリウム水溶液の沸点は，純溶媒である水の沸点よりも高くなるという現象である。沸点上昇は凝固点降下と同様な考え方で説明できる。

いま，純溶媒 A の(与えられた圧力，例えば 101.3 kPa における)沸点を T_b とし，純溶媒に不揮発性の溶質 B を加えた組成 x_B の溶質の希薄溶液の沸点を T とすると，T と T_b の差が**沸点上昇**である。

$$\text{沸 点 上 昇} \quad \varDelta T_b = T - T_b$$

沸点上昇を示す図 8・3 を参照し，溶質組成 x_B(溶媒組成 $x_A=1-x_B$)の溶液を加熱するとある温度で沸騰する。不揮発性の溶質は蒸発しないので純気体溶媒のみが発生し気液平衡の状態となり，このときの平衡温度が溶液の沸点 T である。

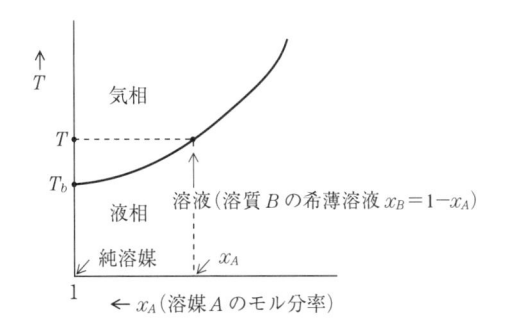

図 **8・3**　溶液の沸点 T と純溶媒の沸点 T_b.

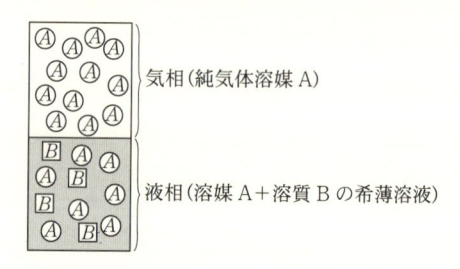

図 8·4 溶媒 A と不揮発性溶質 B の希薄溶液の気液平衡

　気液平衡の状態(図 8·4)では，相平衡の基準より気相である純気体溶媒の化学ポテンシャル $\mu_A{}^{*g}$ と液相中の溶媒の化学ポテンシャル $\mu_A{}^l$ とは等しい。

$$\mu_A{}^{*g}(純気体溶媒) = \mu_A{}^l(液相中の溶媒) \tag{8·6}$$

　液相を理想希薄溶液とすると，液相中の大量成分である溶媒はラウールの法則にしたがうので，溶媒 A の化学ポテンシャル $\mu_A{}^l$ は式(7·19)より次式で表される。

$$\mu_A{}^l = \mu_A{}^{*l} + RT \ln x_A \tag{8·7}$$

式(8·6)へ式(8·7)を代入して $\mu_A{}^l$ を消去すると，沸点上昇を求めるための基礎式である次式をえる。

$$\mu_A{}^{*g} = \mu_A{}^{*l} + RT \ln x_A \tag{8·8}$$

ここに $\mu_A{}^{*g}$，$\mu_A{}^{*l}$ は純気体溶媒，純液体溶媒の温度 T における化学ポテンシャルである。

　さて，純物質では式(6·13)より化学ポテンシャルはモルギブスエネルギー G_m であるので，$\mu^* \equiv G_m = H_m - TS_m$ これを純気体，純液体に適用し，式(8·8)を温度 T について解くと

$$T = \frac{\varDelta_{vap}H_{m,A}}{\varDelta_{vap}S_{m,A} + R \ln x_A} \tag{8·9}$$

ただし，$\varDelta_{vap}H_{m,A} = H_{m,A}^g - H_{m,A}^l$，$\varDelta_{vap}S_{m,A} = S_{m,A}^g - S_{m,A}^l$ で与えられる純溶媒 A の蒸発エンタルピーと蒸発エントロピーである。いずれも正の値であり，狭い温度範囲では一定とみなすことができる。

　式(8·9)より純液体溶媒の沸点 T_b は $x_A = 1$ とおいて，

$$T_b = \varDelta_{vap}H_{m,A} / \varDelta_{vap}S_{m,A}$$

である。純溶媒に溶質を加えた溶媒組成 x_A の溶液では，$x_A < 1$ であるから $R \ln x_A < 0$ であり，沸点は $T > T_b$ となり上昇する，これは純溶媒に溶質を加えたエントロピー効果によるものである。

8-2 沸点上昇

沸点上昇を求める式は式(8・8)から得られ(凝固点降下の場合と同様である)，次のようである。

$$\Delta T_b = \left(\frac{RT_b^2 M_A}{\Delta_{vap}H_{m,A}}\right) m_B = k_b m_B \tag{8・10}$$

ここに m_B は溶質の質量モル濃度(mol(溶質)/kg(溶媒))，k_b は**沸点上昇定数**といい溶媒だけに関係する定数である。すなわち T_b，M_A および $\Delta_{vap}H_{m,A}$ は純溶媒 A の沸点，モル質量およびモル蒸発エンタルピーである。いくつかの溶媒の沸点上昇定数を表 8・1 に示す。沸点上昇は溶質の質量モル濃度のみの関数で表され，溶質の種類が何であるかには依存しない。

表 8・1 溶媒の凝固点降下定数 K_f と沸点上昇定数 K_b

溶媒	M_A	T_f/K	$K_f/\text{K kg mol}^{-1}$	T_b/K	$K_b/\text{K kg mol}^{-1}$
水	18.0	273.1	1.86	373.1	0.51
酢酸	60.1	289.7	3.90	391.6	3.07
ベンゼン	78.1	278.6	5.12	353.2	2.53
フェノール	94.1	315.1	7.27	455.1	3.04
ニトロベンゼン	123.1	278.8	8.10	483.9	5.24
クロロホルム	46.1	209.6	4.68	334.3	3.63
エタノール	119.4	158.5	1.99	351.5	1.22

例題 8・2

水 800 kg に不揮発性の水酸化ナトリウム 60 g を溶かした水溶液の沸点上昇と沸点を求めよ。ただし，圧力は 101.3 kPa，水の沸点は 373 K，蒸発エンタルピーは 40656 J mol^{-1} である。

[**解**]　沸点上昇 ΔT_b は式(8・10)より

$$\Delta T_b = K_b m_B$$

溶質 B の質量モル濃度 m_B は

$$m_B = \left(\frac{60\,\text{g}}{30\,\text{g mol}^{-1}}\right) \times \frac{1}{0.8\,\text{kg}} = 2.5\,\text{mol kg}^{-1}$$

沸点上昇定数 K_B は

$$\begin{aligned}K_B &= \frac{RT_b^2 M_A}{\Delta_{vap}H_{m,A}} \\ &= \frac{(8.3145\,\text{J K}^{-1}\,\text{mol}^{-1}) \times (373\,\text{K})^2 \times (18\,\text{mol}^{-1}) \times (10^{-3}\,\text{kg mol}^{-1})}{(40656\,\text{J mol}^{-1})} \\ &= 0.51\,\text{K kg mol}^{-1}\end{aligned}$$

沸点上昇は

$$\Delta T_b = 2.5 \times 0.51 = 1.27\,\text{K}$$

水溶液の沸点は

$$T = T_b + \Delta T_b = 373 + 1.27 = 374.27 \text{K}$$

8-3 浸 透 圧 ——純溶媒の溶液中への浸透——

　溶媒分子は通すが溶質分子は通さない半透膜をへだてて，溶液（溶媒＋溶質）と純溶媒，たとえば，希薄食塩水溶液と水とを接触させると，純溶媒の溶液中への流れ込みが起こり，この溶媒分子の膜を通しての溶液中への移動を**浸透**という。

　純溶媒の溶液中への浸透が起こると溶液の圧力は次第に高くなり，溶液と純溶媒との間に静圧差が生ずる。やがて圧力差Π（パイ）が一定となり，浸透がそれ以上起こらない平衡状態となったときΠを**浸透圧**という。浸透圧とは溶媒の浸透を引き起こす力と考えることもできるし，また溶液にΠに相当する圧力を加えることで，純溶媒の溶液中への浸透を止める力と考えることもできる。

　いま，純溶媒Aと不揮発性の溶質Bを少量含む希薄溶液（$A+B$）とを半透膜をへだてて図8・5のように接触させる。さて，微小量の溶媒dn_Aモルが純溶媒相（″）から溶液相（′）へ移行したとすると，ギブスエネルギー変化は式(6・5)より次のようである。

$$dG = -\mu_A'' dn_A + \mu_A' dn_A = (\mu_A' - \mu_A'') dn_A \qquad (8 \cdot 11)$$

ギブスエネルギーの判定基準より，変化はギブスエネルギーが減少する方向に

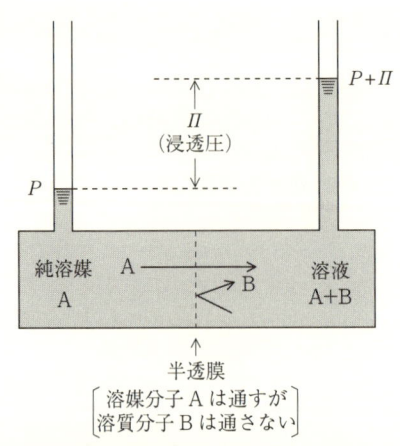

図 8・5 純溶媒の溶液中への浸透

8-3 浸透圧

起こる。式(8·11)は浸透が $dG<0$ すなわち μ_A''(純溶媒)$>\mu_A'$(溶液)の条件で起こり,溶媒はその化学ポテンシャルが高い方(純溶媒相)から低い方(溶液相)へ移動することを示す。

浸透圧を与える平衡状態は,$dG=0$ すなわち μ_A''(純溶媒)$=\mu_A'$(溶液)の条件で表される。純溶媒の化学ポテンシャルを $\mu_A^{*l}(\equiv\mu_A'')$,溶液中の溶媒の化学ポテンシャルを $\mu_A^l(\equiv\mu_A')$ と書くと,化学ポテンシャルが等しい条件は次のようである。

$$\mu_A^{*l}(純溶媒, 圧力\ P) = \mu_A^l(溶液中の溶媒, 圧力\ P+\Pi) \qquad (8·12)$$

溶液を理想希薄溶液とみなすと,大量成分である溶媒 A の化学ポテンシャル μ_A^l は式(7·19)より次式で表される。

$$\mu_{A,P+\Pi}^l = \mu_{A,P+\Pi}^{*l} + RT\ln x_A \qquad (8·13)$$

式(8·12)と式(8·13)より $\mu_{A,P+\Pi}^l$ を消去すると次式をえる。

$$\mu_{A,P+\Pi}^{*l} - \mu_{A,P}^{*l} = -RT\ln x_A \qquad (8·14)$$

さて,純液体の化学ポテンシャルの圧力による変化は,式(4·22)より

$$\left(\frac{\partial\mu^{*l}}{\partial P}\right)_T = V_m^l \quad または \quad d\mu^{*l} = V_m^l dP$$

これを圧力 P から $P+\Pi$ まで純溶媒の液モル体積 V_m^l を一定として,積分すると

$$\mu_{A,P+\Pi}^{*l} - \mu_{A,P}^{*l} = V_m^l \Pi \qquad (8·15)$$

式(8·14),(8·15)の左辺は等しいので

$$-\ln x_A = \frac{V_m^l \Pi}{RT} \qquad (8·16)$$

ここで,$\ln x_A = \ln(1-x_B) \fallingdotseq -x_B$ と近似できるので($x_B \ll 1$ のとき),次のようになる。

$$x_B = \frac{V_m^l \Pi}{RT} \quad したがって \quad \Pi = \frac{RT}{V_m^l} x_B \qquad (8·17)$$

溶液中の溶質のモル分率 x_B は,溶質の希薄溶液では次のように

$$x_B = n_B/(n_A+n_B) \fallingdotseq n_B/n_A$$

また,溶媒の体積 V_A は溶液の体積 V に等しいと近似すると

$$n_A V_m^l = V_A \fallingdotseq V$$

式(8·17)は結局次式となる。

$$\Pi = \frac{n_B RT}{V} = C_B RT \qquad (8·18)$$

ただし,C_B は溶液中の溶質のモル濃度 n_B/V である。式(8·18)は n_B モルの溶質が体積 V に溶解している溶液の温度 T における浸透圧 Π を与え**ファン**

ト・ホッフの式(van't Hoff equation)として知られている。なお,式(8・18)の形は理想気体の状態方程式と同じ形である。

例題 8・3

スクロース($C_{12}H_{22}O_{11}$の糖)20gを溶かして全体で1.0Lの水溶液の浸透圧を求めよ。温度は298Kである。

[解]　浸透圧 Π は式(8・18)より

$$\Pi = \frac{n_B RT}{V} = C_B RT$$

溶質Bの物質量 n_B は

$$n_B = \frac{20\,\mathrm{g}}{342\,\mathrm{g\,mol^{-1}}} = 0.0585\,\mathrm{mol}$$

浸透圧は

$$\Pi = \frac{(0.0858\,\mathrm{mol}) \times (8.3145 \times 10^{-2}\,\mathrm{L\,bar\,K^{-1}\,mol^{-1}}) \times (298\,\mathrm{K})}{(1.0\,\mathrm{L})}$$

$$= 1.45\,\mathrm{bar}$$

例題 8・4

10gの尿素($CO(NH_2)_2$)を水に溶かして全体で1.0Lの水溶液の293Kにおける浸透圧は405.2kPaである。尿素の分子量を求めよ。

[解]　浸透圧 Π は式(8・18)で与えられる。

$$\Pi = \frac{n_B RT}{V} = \frac{W_B}{M_B}\frac{RT}{V}$$

したがって溶質である尿素Bの分子量は

$$M_B = \frac{W_B RT}{\Pi V}$$

$$= \frac{(10\,\mathrm{g}) \times (8.3145 \times 10^{-2}\,\mathrm{L\,bar\,K^{-1}\,mol^{-1}}) \times (293\,\mathrm{K})}{(4.052\,\mathrm{bar}) \times (1.0\,\mathrm{L})}$$

$$\therefore\quad M_B = 60.1\,\mathrm{g\,mol^{-1}}$$

浸透圧の工業的応用の一つは海水の淡水化であり,食塩水溶液に浸透圧よりも高い圧力を加えることにより,逆に溶液から溶媒である水を分離することができる。この方法は逆浸透圧法といわれる。

さて8章で述べた溶質の希薄溶液の凝固点降下,沸点上昇および浸透圧は溶質のモル濃度のみの関数で表され,溶質の種類が何であるかには依存しない。このように溶液中に存在する粒子(分子またはイオン)の濃度のみに依存する性質は**束一的性質**(colligative property)といわれる。

化学平衡

化学反応が，
$$\nu_A A + \nu_B B \rightarrow \nu_C C + \nu_D D \tag{9・1}$$
温度 T，圧力 P で自発的に起こるとき，反応はやがてそれ以上は自発的に進まず，生成物と反応物の組成が時間とともに変化しない平衡点に達し，化学平衡となる。定温，定圧条件下の変化は系のギブスエネルギーが減少する方向に起こり，ギブスエネルギー極小において平衡状態となるので，化学反応の進行する方向と化学平衡の基準は式(4・9・a)，(4・9・b)である次式で与えられる。
$$dG_{T,P} < 0 \tag{4・9・a}$$
$$dG_{T,P} = 0 \tag{4・9・b}$$

本章では，化学平衡の平衡点の位置の決定，平衡点の温度による変化，また均一反応，不均一反応について化学平衡に達したときの各成分の平衡組成の求め方などを説明する。

9-1 化学反応と化学ポテンシャル

式(9・1)の化学反応をめぐって，微小時間に反応物 A，B および生成物 C，D の物質量がそれぞれ dn_A，dn_B および dn_C，dn_D モルだけ変化したとき，系のギブスエネルギー変化は，式(6・7)より混合系中の各物質の化学ポテンシャル μ_i を用いて次式で表される。
$$dG_{T,P} = \mu_A dn_A + \mu_B dn_B + \mu_C dn_C + \mu_D dn_D \quad (T=\text{一定}, \ P=\text{一定}) \tag{9・2}$$

ここに反応の進行による物質の量の変化は，たとえば，次の化学反応を考えると
$$N_2(g) + 3H_2(g) \longrightarrow 2NH_3(g)$$
N_2 の x mol が消失したとき，H_2 は $3x$ mol 消失し，NH_3 は $2x$ mol 生成し，各物質について物質量の変化と化学量論係数との比をとると，次のように等し

くなる.

$$\frac{x}{1}=\frac{3x}{3}=\frac{2x}{2}=一定$$

したがって，式(9·1)について各物質の物質量の変化 dn_i と化学量論係数 ν_i との比は等しく次式が成立する.

$$\frac{dn_A}{-\nu_A}=\frac{dn_B}{-\nu_B}=\frac{dn_C}{\nu_C}=\frac{dn_D}{\nu_D}=d\xi \qquad (9\cdot3)$$

ただし，反応物 A, B の物質量は減少するので反応物の化学量論係数には負の符号(−)をつける.

式(9·3)の ξ(クシー)は**反応進行度**(extent of reaction)といい，反応が未だ起こっていない始めの状態を $\xi=0$ とし，反応の進行による物質量の変化を表す尺度である.すなわち，反応が $d\xi$ 進むと各物質の物質量は次のように変化する.

$$dn_A=-\nu_A d\xi, \quad dn_B=-\nu_B d\xi \quad (反応物) \qquad (9\cdot4\cdot a)$$
$$dn_C=+\nu_C d\xi, \quad dn_D=+\nu_D d\xi \quad (生成物) \qquad (9\cdot4\cdot b)$$

式(9·2)へこの式を代入すると

$$dG_{T,P}=(-\nu_A\mu_A-\nu_B\mu_B+\nu_C\mu_C+\nu_D\mu_D)d\xi \qquad (9\cdot5)$$

すなわち，系のギブスエネルギー変化は反応進行度の変化に依存し，図9·1に示すように $G=f(\xi)$ で表される.

式(9·5)より**反応ギブスエネルギー** ΔrG を次のように定義する.

$$反応ギブスエネルギー \quad \Delta rG=\left(\frac{\partial G}{\partial \xi}\right)_{T,P}$$
$$=\nu_C\mu_C+\nu_D\mu_D-\nu_A\mu_A-\nu_B\mu_B \qquad (9\cdot6)$$

反応ギブスエネルギー ΔrG は，反応のギブスエネルギー変化であるから式

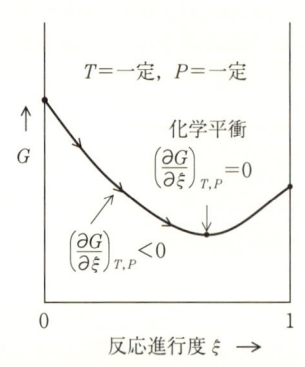

図 9·1　系のギブスエネルギー G の反応進行度 ξ による変化

9-1 化学反応と化学ポテンシャル

(4・8・a), (4・8・b) より，化学反応について次の基準が与えられる。

$\Delta rG < 0$ （反応は自発的に→の方向に起こる） (9・7・a)
$\Delta rG = 0$ （反応は化学平衡となる） (9・7・b)
$\Delta rG > 0$ （反応は進行しない，逆に←の方向に起こる） (9・7・c)

あるいは，化学ポテンシャルを用いると次の基準が与えられる。

$\nu_C \mu_C + \nu_D \mu_D - \nu_A \mu_A - \nu_B \mu_B < 0$ （自発的に起こる） (9・8・a)
$\nu_C \mu_C + \nu_D \mu_D - \nu_A \mu_A - \nu_B \mu_B = 0$ （化学平衡） (9・8・b)
$\nu_C \mu_C + \nu_D \mu_D - \nu_A \mu_A - \nu_B \mu_B > 0$ （進行しない） (9・8・c)

● **反応ギブスエネルギー ΔrG と標準反応ギブスエネルギー $\Delta rG°$**

反応ギブスエネルギー ΔrG は式(9・6)で与えられ，反応が進行し系中の物質の組成が変わるにつれて変化する。あらためて書くと，

反応ギブスエネルギー
$$\Delta rG = (\nu_C \mu_C + \nu_D \mu_D)_{生成物} - (\nu_A \mu_A + \nu_B \mu_B)_{反応物} \qquad (9・9)$$

これに対し，**標準反応ギブスエネルギー $\Delta rG°$** は標準状態にある別々の純粋な反応物が，標準状態にある別々の純粋な生成物へ変換したときのギブスエネルギー変化と定義され，反応の進行状況と無関係であり化学反応式に基づいて次式で定義される。

$$\Delta rG° = (\nu_C G°_{m,C} + \nu_D G°_{m,D})_{生成物} - (\nu_A G°_{m,A} + \nu_B G°_{m,B})_{反応物} \qquad (9・10・a)$$

ここに，標準状態にある純物質 i のモルギブスエネルギー $G°_{m,i}$ は，式(6・13)より標準状態にある純物質 i の化学ポテンシャル $\mu_i°$ に等しいので，次のように書くことができる。

標準反応ギブスエネルギー
$$\Delta rG° = (\nu_C \mu_C° + \nu_D \mu_D°)_{生成物} - (\nu_A \mu_A° + \nu_B \mu_B°)_{反応物} \qquad (9・10・b)$$

標準反応ギブスエネルギー $\Delta rG°$ は，4章で述べた式(4・35)～式(4・40)で計算できる。

式(9・9)と式(9・10・b)の差をとると次式となる。

$$\Delta rG - \Delta rG° = [\nu_C(\mu_C - \mu_C°) + \nu_D(\mu_D - \mu_D°)]_{生成物}$$
$$- [\nu_A(\mu_A - \mu_A°) + \nu_B(\mu_B - \mu_B°)]_{反応物} \qquad (9・11)$$

すなわち，反応ギブスエネルギー ΔrG と標準反応ギブスエネルギー $\Delta rG°$ の差は生成物の $\sum \nu_i(\mu_i - \mu_i°)$ と反応物の $\sum \nu_i(\mu_i - \mu_i°)$ の差，すなわち化学ポテンシャル μ_i と標準状態における化学ポテンシャル $\mu_i°$ の差で与えられる。

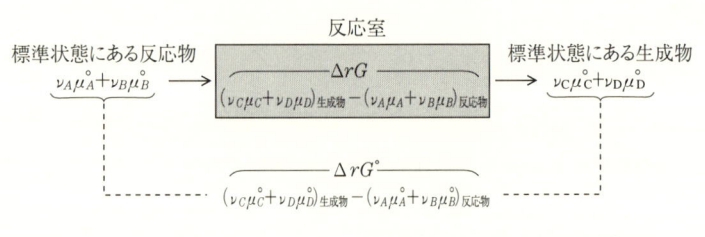

```
                           反応室
標準状態にある反応物    ┌─────────────┐    標準状態にある生成物
 ν_Aμ°_A+ν_Bμ°_B    │     ΔrG      │     ν_Cμ°_C+ν_Dμ°_D
                    │(ν_Cμ_C+ν_Dμ_D)生成物−(ν_Aμ_A+ν_Bμ_B)反応物│
                    └─────────────┘
                           ΔrG°
                 (ν_Cμ°_C+ν_Dμ°_D)生成物−(ν_Aμ°_A+ν_Bμ°_B)反応物

ΔrG−ΔrG°=[ν_C(μ_C−μ°_C)+ν_D(μ_D−μ°_D)]生成物−[ν_A(μ_A−μ°_A)+ν_B(μ_B−μ°_B)]反応物
```

図 9·2 反応ギブスエネルギー ΔrG と標準反応ギブスエネルギー $\Delta rG°$ の関係

図 9·2 に ΔrG と $\Delta rG°$ との関係を示す。

混合系中の成分 i の化学ポテンシャル μ_i と標準状態にある純物質 i の化学ポテンシャル $\mu_i°$ の差は，混合系中の成分 i の活量 a_i を用いて式(7·51)である次式で表される。

$$\mu_i = \mu_i° + RT \ln a_i \tag{7·55}$$

式(9·1)の化学反応の各物質に式(7·51)を適用して，式(9·11)に代入すると次式が与えられる。

$$\Delta rG = \Delta rG° + RT \ln \frac{a_C^{\nu_C} a_D^{\nu_D}}{a_A^{\nu_A} a_B^{\nu_B}} \tag{9·12}$$

ここに物質 i の活量 a_i ($i=A, B, C, D$) は，反応の任意の時点の混合系中の物質の組成に応じて決められる値をとる。式(9·12)は化学平衡の出発点となる関係式である。

9-2 化学平衡と平衡定数

化学反応がそれ以上は自発的に進行しない**化学平衡**に達したとき，式(9·7·b)より反応ギブスエネルギーは 0 である。

$$\Delta rG = 0 \quad (\text{化学平衡})$$

したがって，化学平衡状態では式(9·12)は標準反応ギブスエネルギー $\Delta rG°$ だけを含む次式となる。

$$\Delta rG° = -RT \ln \left(\frac{a_C^{\nu_C} a_D^{\nu_D}}{a_A^{\nu_A} a_B^{\nu_B}} \right)_{\text{化学平衡}} \tag{9·13}$$

上式右辺の括弧内は**平衡定数**といい記号 K で表す。

9-2 化学平衡と平衡定数

$$\text{平 衡 定 数} \quad K = \left(\frac{a_C{}^{\nu_C} a_D{}^{\nu_D}}{a_A{}^{\nu_A} a_B{}^{\nu_B}}\right)_{\text{化学平衡}} \tag{9・14}$$

平衡定数に含まれる活量は,生成物と反応物が化学平衡にあるときの組成における値である。活量は無次元であるので,式(9・14)で定義される平衡定数は無次元である。

式(9・13)は平衡定数 K を用いると次式となる。

$$\Delta rG° = -RT \ln K \tag{9・15・a}$$

または

$$K = \exp\left(-\frac{\Delta rG°}{RT}\right) \tag{9・15・b}$$

ここに,標準反応ギブスエネルギー $\Delta rG°$ は,温度だけの関数であり平衡定数も温度だけの関数である(標準状態の圧力は $P°$ (1 bar)と決められている)。

式(9・15・b)は化学熱力学におけるもっとも重要な式の一つであり,これを使うと,標準反応ギブスエネルギー $\Delta rG°$ を知って(この計算法は4章で述べた)平衡定数 K を計算することができる。平衡定数がわかると(本章で説明するように)化学平衡に達したときの反応進行度 ξ,すなわち化学反応の平衡点の位置を決定することができ,同時に各物質の平衡組成を求めることができる。平衡点の位置は与えられた温度,圧力で化学反応はどこまで進むかを示す。一般に $\Delta rG°$ が負でその値が大きいほど K の値は $K>1$ でかつ大きくなり,平衡点の位置は生成物側に移行して生成物 C, D が多くなる。逆に K の値が小さく $K<1$ のときには反応物 A, B の方が多く含まれる。

● 平衡定数の温度による変化

反応の平衡点が温度によってどのように変化するかは,ギブスエネルギーの温度による変化を与えるギブス-ヘルムホルツの式を用いて導出できる。

$\Delta rG° = -RT \ln K$ 式(9・15・a)を $\Delta rG°/T = -R \ln K$ と書きかえて温度で微分すると

$$\left(\frac{\partial (\Delta rG°/T)}{\partial T}\right)_P = -R\left(\frac{\partial \ln K}{\partial T}\right)_P \tag{9・16}$$

次に,ギブス-ヘルムホルツの式(4・21)より

$$\left(\frac{\partial (\Delta rG°/T)}{\partial T}\right)_P = -\frac{\Delta rH°}{T^2} \tag{9・17}$$

$\Delta rH°$ は標準反応エンタルピーである。

式(9·16), (9·17)より平衡定数の温度による変化は次式で与えられる。

$$\left(\frac{\partial \ln K}{\partial T}\right)_P = \frac{\Delta rH°}{RT^2} \tag{9·18·a}$$

ここに平衡定数 K は温度だけの関数であり，圧力 P に依存しないので偏微分で表す必要はなく次のように書ける。

$$\frac{d \ln K}{dT} = \frac{\Delta rH°}{RT^2} \tag{9·18·b}$$

この式は**ファント・ホッフの式**(van't Hoff equation)として知られている。

式(9·18·b)は，温度範囲があまり大きくないときには $\Delta rH°$ を一定として積分できる。

$$\int d \ln K = \frac{\Delta rH°}{R} \int \frac{dT}{T^2} + I \tag{9·19·a}$$

$$\therefore \ln K = -\frac{\Delta rH°}{R} \frac{1}{T} + I \tag{9·19·b}$$

ただし，K は温度 T における平衡定数である。積分定数 I を温度298Kのときの K_{298} を用いて決定すると次のようになる。

$$\ln \frac{K}{K_{298}} = -\frac{\Delta rH°}{R}\left(\frac{1}{T} - \frac{1}{298}\right) \tag{9·19·c}$$

式(9·19·b)より，$\ln K$ と $1/T$ との関係はスロープ$(-\Delta rH°/R)$の直線で表され，平衡定数の温度による変化は，標準反応エンタルピー $\Delta rH°$ に依存することがわかる。すなわち，図9·3に示すように，吸熱反応$(\Delta rH°>0)$では $-\Delta rH°/R<0$ であり，$\ln K$ は $1/T$ が減少すると大きくなる。一方，発熱反応$(\Delta rH°<0)$では $\ln K$ は $1/T$ が増加するほど大きくなる。

反応の平衡点は平衡定数が $K>1$ でその値が大きいほど生成物側に移行するので，反応を生成物側に移行させるには吸熱反応$(\Delta rH°>0)$では高温が有利で

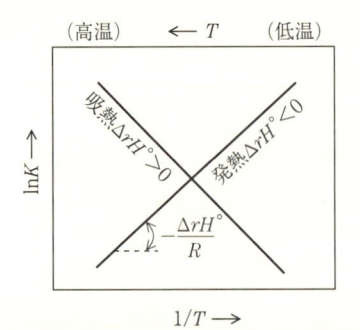

図 9·3 $\ln K_T$ と $1/T$ との関係

あり，一方，発熱反応($\Delta rH° < 0$)では低温が有利である。

次に温度範囲が広く，$\Delta rH°$ が温度とともに変化するときには，$\Delta rH°$ を温度の関数として表した式(2·54)を式(9·18·b)へ代入して積分すると次式となる。

$$R \ln \frac{K}{K_{298}} = -\Delta H_0° \left(\frac{1}{T} - \frac{1}{298} \right) + \Delta a \ln \frac{T}{298} + \frac{\Delta b}{2}(T - 298)$$
$$+ \frac{\Delta c}{6}(T^2 - 298^2) + \frac{\Delta d}{12}(T^3 - 298^3) \qquad (9·20)$$

ただし

$$\Delta H_0° = \Delta rH_{298}° - \Delta a \times (298) - \frac{\Delta b}{2} \times (298)^2 - \frac{\Delta c}{3} \times (298)^3 - \frac{\Delta d}{4} \times (298)^4$$

Δa, Δb, Δc, Δd は式(2·55)で与えられる。なお，式(9·20)は次の式(9·20·a)のように整理できる。

$$R \ln K = -\frac{H_0°}{T} + \Delta a \ln T + \frac{\Delta b}{2} T + \frac{\Delta c}{6} T^2 + \frac{\Delta d}{12} T^3 + I$$
$$(9·20·a)$$

ただし

$$I = \Delta rS_{298}° - \Delta a(1 + \ln 289) - \Delta b \times 298 - \frac{\Delta c}{2} \times (298)^2 - \frac{\Delta d}{3} \times (298)^3$$

● **反応進行度 ξ による物質量と組成の表し方**

化学反応の平衡点の位置は反応進行度 ξ で指定され，同時に物質量と組成も決まるのである。反応がまだ起こっていない始めの状態($\xi=0$)から出発して反応進行度 ξ で化学平衡に達したとすると，反応進行度は物質量の変化を表す尺度であるから，反応物については式(9·4·a)を，生成物については式(9·4·b)を積分して

$$\int_{n_{0A}}^{n_A} dn_A = -\nu_A \int_0^\xi d\xi \quad \therefore \quad n_A = n_{0A} - \nu_A \xi \quad \text{および} \quad n_B = n_{0B} - \nu_B \xi$$

$$\int_{n_{0C}}^{n_C} dn_C = +\nu_C \int_0^\xi d\xi \quad \therefore \quad n_C = n_{0C} + \nu_C \xi \quad \text{および} \quad n_D = n_{0D} + \nu_D \xi$$

ただし，n_{0i} は始めの物質量であり，普通，$n_{0A} = \nu_A$, $n_{0B} = \nu_B$ および $n_{0C} = 0$, $n_{0D} = 0$ とするので，化学平衡に達したときの各物質の物質量は次のようになる。

$$n_A = \nu_A(1 - \xi), \quad n_B = \nu_B(1 - \xi), \quad n_C = \nu_C \xi, \quad n_D = \nu_D \xi \quad (9·21)$$

全物質量 n はこれらを加えて

$$n = n_A + n_B + n_C + n_D = \nu_A + \nu_B + (\nu_C + \nu_D - \nu_A - \nu_B)\xi \qquad (9·22)$$

したがって，化学平衡に達したときの系中の物質 i のモル分率 x_i は次のようになる。

$$x_A = \nu_A(1-\xi)/n, \quad x_B = \nu_B(1-\xi)/n,$$
$$x_C = \nu_C\xi/n, \quad x_D = \nu_D\xi/n \tag{9・23}$$

これらの結果を表 9・1 にまとめた。

表 9・1 反応進行度 ξ で表した物質量および組成

		$\nu_A A + \nu_B B \longrightarrow \nu_C C + \nu_D D$				総 和
始め ($\xi=0$) の物質量		ν_A	ν_B	0	0	$\nu_A + \nu_B$
化学平衡時 (ξ) の	物質量	$\nu_A(1-\xi)$	$\nu_B(1-\xi)$	$\nu_C\xi$	$\nu_D\xi$	n
	モル分率	$\dfrac{\nu_A(1-\xi)}{n}$	$\dfrac{\nu_B(1-\xi)}{n}$	$\dfrac{\nu_C\xi}{n}$	$\dfrac{\nu_D\xi}{n}$	1

n (化学平衡時の全物質量) $= \nu_A + \nu_B + (\nu_C + \nu_D - \nu_A - \nu_B)\xi = \nu_A + \nu_B + \Delta\nu \times \xi$

9-3 均一気相反応の化学平衡

式 (9・1) の反応系全体が気相である均一気相反応について，理想気体の系の場合と実在気体の系の場合について，温度 T，圧力 P における化学平衡を考える。

● **理想気体系の化学平衡**

理想気体混合物中の成分 i の活量 a_i は式 (7・58) より次のようである。

$$a_i = \frac{p_i(\text{bar})}{1(\text{bar})} = \frac{Py_i(\text{bar})}{1(\text{bar})} = Py_i \tag{9・24}$$

ここに，p_i は混合物中の成分 i の分圧，P は系の圧力，y_i は気体混合物中の成分 i のモル分率である。

各成分の活量を次の平衡定数 K の定義式に代入すると

$$K = \frac{a_C^{\nu_C} a_D^{\nu_D}}{a_A^{\nu_A} a_B^{\nu_B}}$$

平衡定数は，化学平衡にある系の圧力 P および気モル分率 y_i を含む次式で表される。

$$K = P^{\Delta\nu} \left(\frac{y_C^{\nu_C} y_D^{\nu_D}}{y_A^{\nu_A} y_B^{\nu_B}} \right)$$
$$= P^{\Delta\nu} K_y \tag{9・25}$$

9-3 均一気相反応の化学平衡

ただし
$$\Delta\nu = (\nu_C + \nu_D)_{生成物} - (\nu_A + \nu_B)_{反応物}$$

式(9・25)中の気モル分率 y_i は，表 9・1 に示すように反応進行度 ξ の関数 $y_i = f(\xi)$ であるので，系の温度 T における K の値を知って，式(9・25) より平衡点の反応進行度 ξ を解くことができる。同時に平衡組成も求まる。この計算で圧力 P の単位は bar を用いる。計算法を次の例題で説明する。

例題 9・1

自動車エンジンの燃焼生成物中に含まれる四酸化二窒素 $N_2O_4(g)$ と二酸化窒素 $NO_2(g)$ は，次の反応にしたがい

$$N_2O_4(g) \longrightarrow 2NO_2(g)$$

平衡混合物をつくる。温度 298K での平衡定数を求め平衡組成を計算せよ。ただし系は理想気体とし，圧力は 1bar である。

[解] 平衡定数 K は式(9・15・b)より

$$K = \exp\left(-\frac{\Delta_r G°}{RT}\right)$$

温度 298K における標準反応ギブスエネルギー $\Delta_r G°$ を付録3のデータで求めると

$$\Delta_r G° = 2\Delta_f G°_{NO_2} - \Delta_f G°_{N_2O_4}$$
$$= 2 \times 51.3 - 97.9 = 4.7 \text{kJ}$$

したがって 298K における平衡定数は

$$K = \exp\left(-\frac{4.7}{(8.3145 \times 10^{-3}) \times 298}\right) = 0.15$$

$K < 1$ であるので平衡点は反応物よりであり，平衡混合物には N_2O_4 が多く含まれることになる。

平衡組成は，理想気体系の平衡定数と平衡組成の関係を示す式(9・25)より

$$K = P^{\Delta\nu} \frac{y_{NO_2}^2}{y_{N_2O_4}}$$

ここに系は二成分系であるので気モル分率の和は1である。

$$y_{N_2O_4} + y_{NO_2} = 1$$

また $\Delta\nu = 2 - 1 = 1$，$P = 1$bar また $K = 0.15$ であるから

$$0.15 = \frac{y_{NO_2}^2}{1 - y_{NO_2}}$$

二次式を解くと平衡組成はモル分率で次のようである。

$$y_{NO_2} = 0.32 \quad \text{したがって} \quad y_{N_2O_4} = 0.68$$

系が二成分系であるので平衡組成は容易に求まった。しかし一般的には表 9・1 にしたがって，物質量とモル分率を反応進行度 ξ で表して計算する。

	$N_2O_4(g)$	$\longrightarrow$ $2NO_2(g)$	総　和
始め($\xi=1$)の物質量	1	0	1
平衡時(ξ)の物質量	$1-\xi$	2ξ	$1+\xi$
モル分率	$\dfrac{1-\xi}{1+\xi}$	$\dfrac{2\xi}{1+\xi}$	1

式(9·25)へ気モル分率 $y_{NO_2}=2\xi/(1+\xi)$, $y_{N_2O_4}=(1-\xi)/(1+\xi)$ を代入して

$$0.15=\frac{\left(\dfrac{2\xi}{1+\xi}\right)^2}{\dfrac{1-\xi}{1+\xi}}=\frac{4\xi^2}{1-\xi^2}$$

これより平衡時の反応進行度は

$$\xi=\sqrt{0.15/4.15}=0.19$$

したがって平衡組成は

$$y_{N_2O_4}=\frac{1-0.19}{1+0.19}=0.68, \quad y_{NO_2}=\frac{2\times 0.19}{1+0.19}=0.32$$

平衡混合物には反応物 N_2O_4 が多く含まれる。

例題 9·2

気相において酢酸は部分的に会合して二量体をつくる。圧力 101.3 kPa における酢酸の沸点は 391 K である。101.3 kPa, 391 K で酢酸蒸気はどれだけ会合しているか。また温度の影響を調べよ。ただし会合の平衡定数 K は次式で与えられる。

$$K=\exp(-14.747+1454/T)$$

[解]　反応は次のように表される。

$$2\,\text{HOAc}(g) \longrightarrow (\text{HOAc})_2(g)$$

温度 391 K における平衡定数は

$$K=\exp(-4.747+1454/391)=0.3576$$

$K<1$ であるので平衡点は反応物側である。

ここに酢酸蒸気を理想気体とみなすと、平衡定数は式(9·25)より

$$K=P^{\Delta\nu}\frac{y_{(\text{HOAc})_2}}{y_{\text{HOAc}}^2}$$

$P=1.013\,\text{bar}$, $\Delta\nu=-1$, また始めの酢酸の物質量を 2 mol とし、平衡に達したときのモル分率を表9·1にしたがって反応進行度 ξ で表すと

$$y_{(\text{HOAc})_2}=\frac{\xi}{2-\xi}, \quad y_{\text{HOAc}}=\frac{2-2\xi}{2-\xi}$$

平衡定数の式に代入して数値を入れると

$$0.3577=(1.013)^{-1}\frac{\dfrac{\xi}{2-\xi}}{\left(\dfrac{2-2\xi}{2-\xi}\right)^2}$$

これより

$$\xi=0.361$$

9-3 均一気相反応の化学平衡

したがって二量体のモル分率は

$$y_{(HOAc)_2} = \frac{0.361}{2-0.361} = 0.220$$

すなわち 22% が二量体として会合している。

次に温度の影響を調べるために

$$T = 423\,\mathrm{K} \text{ とすると}, \quad K = 0.270$$

$K<1$ で小さくなるので平衡点はさらに反応物側による。

$$\xi = 0.309 \text{ で}, \quad y_{(HOAc)_2} = 0.183 \quad (18.3\% \text{ が二量体})$$

● **実在気体系の化学平衡**

実在気体混合物中の成分 i の活量 a_i は式(7·55)より次のようである。

$$a_i = \frac{f_i(\mathrm{bar})}{1(\mathrm{bar})} = f_i \tag{9·26}$$

ここに f_i は実在気体混合物中の成分 i のフガシチーであり，式(7·12)より次のように純実在気体 i のフガシチー f_i^*，つまり純実在気体 i のフガシチー係数 $\phi_i^* = f_i^*/P$ を計算すれば求められる。

$$f_i = f_i^* y_i = \left(\frac{f_i^*}{P}\right) P y_i = P y_i \phi_i^* \tag{9·27}$$

純実在気体のフガシチー係数は式(5·36)，(5·39)および一般化されたフガシチー係数図で計算できる。フガシチーは単位 bar で表す。

各成分の活量を平衡定数 K の定義式(9·14)に代入すると，平衡定数は化学平衡にある系の圧力 P，および気モル分率 y_i ならびに純実在気体のフガシチー係数 ϕ_i^* を含む次式で表される。

$$\begin{aligned} K &= P^{\Delta\nu} \left(\frac{y_C{}^{\nu_C} y_D{}^{\nu_D}}{y_A{}^{\nu_A} y_B{}^{\nu_B}}\right) \left(\frac{\phi_C^{*\nu_C} \phi_D^{*\nu_D}}{\phi_A^{*\nu_A} \phi_B^{*\nu_B}}\right) \\ &= P^{\Delta\nu} K_y K_\phi \end{aligned} \tag{9·28}$$

ただし

$$\Delta\nu = (\nu_C + \nu_D)_{生成系} - (\nu_A + \nu_B)_{反応系}$$

式(9·28)で気モル分率 y_i は反応進行度 ξ の関数 $y_i = f(\xi)$ である。したがって，系の温度 T，圧力 P における純実在気体のフガシチー係数 ϕ_i^* を求めると，温度 T における K の値を知って平衡点の反応進行度 ξ が計算でき，同時に平衡組成も求まる。

実在気体系のフガシチー係数の平衡定数に及ぼす影響であるが，常圧付近以下の圧力では，気体は理想気体($\phi_i=1$)とみなしうるので $K_\phi=1$ とおくことが

できる。しかし、圧力が数 MPa 以上となると K_ϕ は無視できないと考えられる。一例として、アンモニア合成反応の温度 673 K における圧力による K_ϕ の変動を表 9・2 に示す。

表 9・2　K_ϕ の圧力による変動
アンモニア合成反応　$N_2(g) + 3 H_2(g) \longrightarrow 2 NH_3(g)$，温度 673 K

圧力 P/MPa	0.00	10.1	30.4	50.6	70.9
K_ϕ	1.00	0.925	0.776	0.627	0.536

例題 9・3

メタノール合成反応について
$$CO(g) + 2 H_2(g) \longrightarrow CH_3OH(g)$$

(a) 温度 500 K における平衡定数を求めよ。(b) 500 K，5 MPa で平衡に達したときの平衡組成を計算せよ。系は実在気体系である。

[解]　(a) 平衡定数は式 (9・20・a) で求める。このためにまず温度 298 K における標準反応エンタルピー $\Delta rH°_{298}$ と標準反応エントロピー $\Delta rS°_{298}$ を式 (2・47) と式 (3・34) で求める。付録 3 のデータを用いると

$$\Delta rH°_{298} = -91.0 \text{ kJ}, \quad \Delta rS°_{298} = -219.3 \text{ J K}^{-1}$$

次に各物質の定圧熱容量を $C_{P,m}$/J K^{-1} mol^{-1} を $C_{P,m} = a + bT + cT^2 + dT^3$ で表したときの，反応による定数の変化を式 (2・55) で求める。付録 1 のデータを用いると

$$\Delta a = -64.0, \quad \Delta b = 7.332 \times 10^{-2}, \quad \Delta c = 2.56 \times 10^{-5}, \quad \Delta d = -3.09 \times 10^{-8}$$

これより

$$H_0° = -7.535 \times 10^4, \quad I = 189.1$$

したがって温度 500 K における平衡定数 K は

$$K = 6.244 \times 10^{-3}$$

$K < 1$ であるから平衡点は反応物側よりである。

(b) 実在気体系の平衡定数は式 (9・28) で求まる。

$$K = P^{\Delta\nu} \left(\frac{y_{CH_3OH}}{y_{CO} y_{H_2}^2} \right) \left(\frac{\phi_{CH_3OH}}{\phi_{CO} \phi_{H_2}^2} \right)$$

ここに ϕ_i は系の温度，圧力における純実在気体 i のフガシチー係数である。臨界定数は付録 4 より，フガシチー係数は付録 6 の一般化されたフガシチー係数図で求めると表に示す値となる。

	T_c/K	P_c/kPa	Z_c
CH$_3$OH	512.6	8.09	0.224
CO	132.9	3.50	0.295
H$_2$	33.0	1.29	0.303

	$T_r(=T/T_c)$	$P_r(=P/P_c)$	$\phi_{0.27}$	D	ϕ
CH$_5$OH	0.98	0.62	0.791	0.242	0.771
CO	3.76	1.43	1.000	0	1.000
H$_2$	15.15	3.88	1.025	0	1.025

ただし CO(g), H$_2(g)$ のフガシチー係数は付表で求めた。これより 500 K, 5 MPa における K_ϕ は

$$K_\phi = \frac{\phi_{CH_3OH}}{\phi_{CO}\phi_{H_2}^2} = 0.734$$

次に平衡点の反応進行度 ξ を計算して平衡組成を求める。表 9・1 にしたがって各物質の物質量とモル分率を反応進行度 ξ で表すと

	CO(g)	$+$ 2 H$_2(g)$	$\longrightarrow$ CH$_3$OH(g)	総和
始め($\xi=0$)の物質量	1	2	0	3
化学平衡時(ξ)の物質量	$1-\xi$	$2-2\xi$	ξ	$3-2\xi$
モル分率	$(1-\xi)/(3-2\xi)$	$(2-2\xi)/(2-3\xi)$	$\xi/(3-2\xi)$	1

したがって

$$K = P^{\Delta\nu} \frac{\left(\dfrac{\xi}{3-2\xi}\right)}{\left(\dfrac{1-\xi}{3-2\xi}\right)\left(\dfrac{2-2\xi}{3-2\xi}\right)^2} \times K_\phi$$

$T=500$ K, $P=5$ Mpa $=50$ bar で化学平衡に達したときの反応進行度 ξ は, $K=6.244\times10^{-3}$, $P=50$ bar, $\Delta\nu=-2$, $K_\phi=0.734$ であるから, 試行錯誤法で計算して

$$\xi = 0.727$$

したがって平衡組成は次のようである。

$$y_{CH_3OH} = \frac{\xi}{3-2\xi} = 0.470, \quad y_{CO} = \frac{1-\xi}{3-2\xi} = 0.176, \quad y_{H_2} = \frac{2-2\xi}{3-2\xi} = 0.354$$

9-4 均一液相反応の化学平衡

式 (9・1) の反応の系全体が液相である均一液相反応について, 実在溶液と理想溶液の場合について化学平衡を考える。

実在溶液の場合, 溶液中の成分 i の活量 a_i は式 (7・57) より次のようである。

$$a_i = \gamma_i x_i \tag{9・29}$$

ここに, γ_i は理想溶液からのずれを示す溶液中の成分 i の活量係数, x_i は溶液中の成分 i の液モル分率である。

各成分の活量を平衡定数 K の定義式(9·14)に代入すると，実在溶液では平衡定数は次式で表される．

$$K = \left(\frac{x_C^{\nu_C} x_D^{\nu_D}}{x_A^{\nu_A} x_B^{\nu_B}}\right)\left(\frac{\gamma_C^{\nu_C} \gamma_D^{\nu_D}}{\gamma_A^{\nu_A} \gamma_B^{\nu_B}}\right)$$
$$= K_x K_\gamma \tag{9·30}$$

次に理想溶液の場合には，理想溶液とは $\gamma_i = 1$ の溶液と定義されるので $K_\gamma = 1$ となり平衡定数は次のようになる．

$$K = \frac{x_C^{\nu_C} x_D^{\nu_D}}{x_A^{\nu_A} x_B^{\nu_B}}$$
$$= K_x \tag{9·31}$$

実在溶液や理想溶液の場合，溶液中の成分の液モル分率 x_i は反応進行度 ξ の関数であるので，系の温度 T における平衡定数 K の値を知り，実在溶液では各成分の活量係数 γ_i を求めると平衡点の反応進行度 ξ を計算することができ，同時に平衡組成を求めることができる．なお，現状では活量係数を理論式だけで求めることはできないので，溶液の気液平衡を測定して決定する手続きなどが必要である．

9-5 純粋固体と気体よりなる不均一反応

純粋固体と気体よりなる次のような不均一反応の化学平衡を考える．

(a) $CO_2(g) + C(s) \longrightarrow 2CO(g)$
(b) $CaCO_3(s) \longrightarrow CaO(s) + CO_2(g)$
(c) $MgCO_3(s) \longrightarrow MgO(s) + CO_2(g)$

ここに(b)，(c)の場合，固体は他の固体と溶け合わないので相の異なる純粋固体が接触するかたちで存在する．

純粋固体と気体よりなる不均一系が化学平衡に達したとき，結論をまず述べると，平衡定数は系中の気体成分の活量のみで表されるのである．すなわち，反応式(a)および(b)，(c)について，平衡定数 K は次のように表される．

(a) $\quad K = \dfrac{a_{CO(g)}^2}{a_{CO_2(g)}} \tag{9·32}$

(b)，(c) $\quad K = a_{CO_2(g)} \tag{9·33}$

さて，不均一反応の平衡定数がなぜ気体成分の活量だけで表されるかを考えよう．化学平衡の基準は化学ポテンシャル μ_i を用いると式(9·8·b)で与えられるので，たとえば反応(a)の化学平衡の基準は次式で表される．

9-5 純粋固体と気体よりなる不均一反応

$$2\mu_{CO(g)} - \mu_{C(s)} - \mu_{CO_2(g)} = 0 \tag{9・34}$$

ここに μ_i は系の温度 T, 圧力 P における値である。

次に, 化学平衡における平衡定数 K は, 系の温度 T で標準状態(圧力 P° が 1 bar の純物質)における化学ポテンシャル μ_i° を用いて表され, 式(9・15・a)へ式(9・10・b)を代入して次式で表される。

$$-RT \ln K = 2\mu_{CO(g)}^\circ - \mu_{C(s)}^\circ - \mu_{CO_2(g)}^\circ \tag{9・35}$$

さて, 純粋固体である黒鉛に注目すると, 系の温度 T で圧力 P における黒鉛の化学ポテンシャル $\mu_{C(s)}$ と, 系の温度 T で標準状態における黒鉛の化学ポテンシャル $\mu_{C(s)}^\circ$ とは等しいとおくことができる(純固体では式(7・53)より化学ポテンシャルの圧力による変化は無視できる)。

$$\mu_{C(s)} = \mu_{C(s)}^\circ \tag{9・36}$$

式(9・36)を式(9・34)へ代入すると

$$2\mu_{CO(g)} - \mu_{C(s)}^\circ - \mu_{CO_2(g)} = 0 \quad \text{したがって} \quad \mu_{C(s)}^\circ = 2\mu_{CO(g)} - \mu_{CO_2(g)} \tag{9・37}$$

式(9・37)を式(9・35)へ代入すると次式となる。

$$-RT \ln K = -[2(\mu_{CO(g)} - \mu_{CO(g)}^\circ) - (\mu_{CO_2(g)} - \mu_{CO_2(g)}^\circ)] \tag{9・38}$$

式(9・38)の右辺には気体成分だけが含まれる。また混合気体中の成分 i の化学ポテンシャル μ_i と, 標準状態における純気体 i の化学ポテンシャル μ_i° との差は, 式(7・51)より気体成分の活量 a_i で表される。

$$\mu_{CO(g)} - \mu_{CO(g)}^\circ = RT \ln a_{CO(g)}$$

$$\mu_{CO_2(g)} - \mu_{CO_2(g)}^\circ = RT \ln a_{CO_2(g)}$$

これを式(9・38)へ代入すると平衡定数 K は次式で与えられる。

$$K = \frac{a_{CO(g)}^2}{a_{CO_2(g)}}$$

すなわち式(9・32)である。

次に, 気体成分を理想気体とすると活量は $a_i = p_i(\text{bar})/1(\text{bar})$ であるので, 平衡定数 K は気体成分の分圧 p_i を用いて次のように表される。

$$K = \frac{p_{CO(g)}^2}{p_{CO_2(g)}} \tag{9・39}$$

反応式(b), (c)の平衡定数も同様にして式(9・33)で与えられ, 気体成分を理想気体とすると, 平衡定数 K は気体成分の分圧 p_i を用いて次のように表される。

$$K = p_{CO_2(g)} \tag{9・40}$$

ただし気体成分の分圧の単位は bar を用いる。

例題 9・4

$CaCO_3(s)$ を $CaO(s)$ と $CO_2(g)$ に熱分解する。
$$CaCO_3(s) \longrightarrow CaO(s) + CO_2(g)$$
熱分解が起こる温度を求めよ。

[解] 反応の平衡点は平衡定数が $K>1$ で K が大きいほど生成物側よりである。平衡定数の温度による変化は式(9・20・a)で計算できる。必要な 298 K における標準反応エンタルピー $\Delta rH°_{298}$，標準反応エントロピー $\Delta rS°_{298}$ および各物質の熱容量を
$$C_{P,m} = a + bT + cT^2 + dT^3$$
で表したときの生成物と反応物の定数の差 Δa, Δb, Δc, Δd (式(2・55)で与えられる)を付録 1 および 2 のデータで求めると

$\Delta rH°_{298} = +179.2 \times 10^3$ J mol^{-1}, $\quad \Delta rS°_{298} = +160.2$ J K^{-1} mol^{-1}

$\Delta a = -8.514$, $\quad \Delta b = 4.344 \times 10^{-2}$, $\quad \Delta c = -13.81 \times 10^{-5}$, $\quad \Delta d = 9.472 \times 10^{-8}$

したがって平衡定数は次式で計算できる。

$$R \ln K_T = -\frac{18039}{T} - 8.514 \times \ln T + \frac{4.344 \times 10^{-2}}{2} \times T$$
$$- \frac{13.812 \times 10^{-5}}{6} \times T^2 + \frac{9.472 \times 10^{-8}}{12} \times T^3 + 209.4$$

ここに $R = 8.3145$ J mol^{-1} K^{-1} を用いる。計算結果を図 E9・4・1 に示す。$T = 1159$ K 以上で $K>1$ となる。

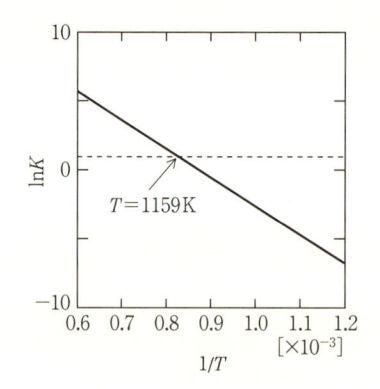

図 E9・4・1

9-6 並行反応の化学平衡

これまで単一反応を考えてきたが，実際の反応では同一反応物から出発して二つあるいはそれ以上の反応が同時に進行する並行反応が少なくない。たとえば，ブタンは大気圧，高温(600～1100 K)で次のように異性化し，1-ブテン，

9-6 並行反応の化学平衡

cis-2-ブテン，$trans$-2-ブテンを生成する。

$$\text{CH}_3\text{CH}_2\text{CH}_2\text{CH}_3 \longrightarrow \text{CH}_2=\text{CHCH}_2\text{CH}_3 + \text{H}_2$$

$$\text{CH}_3\text{CH}_2\text{CH}_2\text{CH}_3 \longrightarrow \begin{array}{c}\text{H}_3\text{C}\\ \\ \text{H}\end{array}\!\!\!C=C\!\!\!\begin{array}{c}\text{CH}_3\\ \\ \text{H}\end{array} + \text{H}_2$$

$$\text{CH}_3\text{CH}_2\text{CH}_2\text{CH}_3 \longrightarrow \begin{array}{c}\text{H}_3\text{C}\\ \\ \text{H}\end{array}\!\!\!C=C\!\!\!\begin{array}{c}\text{H}\\ \\ \text{CH}_3\end{array} + \text{H}_2$$

このような均一気相系の並行反応の化学平衡を考えよう。

いま，ブタンの生成物である異性体を C_1，C_2，C_3 で表し，並行反応を次のように書くことにする。

(a) $\quad A \longrightarrow C_1 + D$
(b) $\quad A \longrightarrow C_2 + D$
(c) $\quad A \longrightarrow C_3 + D$

反応(a)，(b)，(c)の平衡定数を K_1，K_2，K_3 とし系を理想気体とすると，平衡定数は式(9·25)より次のようである。

$$K_1 = P\frac{y_{C_1}y_D}{y_A} \qquad (9\cdot 41\cdot a)$$

$$K_2 = P\frac{y_{C_2}y_D}{y_A} \qquad (9\cdot 41\cdot b)$$

$$K_3 = P\frac{y_{C_3}y_D}{y_A} \qquad (9\cdot 41\cdot c)$$

さて，反応の平衡点は反応(a)，(b)，(c)の反応進行度を ξ_1，ξ_2 および ξ_3 とし，始めの ($\xi_i=0$) A の物質量を 1 mol とすると，化学平衡に達したときの反応物，生成物の物質量は次のようである。

A の物質量	$n_A = 1 - \xi_1 - \xi_2 - \xi_3$
C_1 の物質量	$n_{C_1} = \xi_1$
C_2 の物質量	$n_{C_2} = \xi_2$
C_3 の物質量	$n_{C_3} = \xi_3$
D の物質量	$n_D = \xi_1 + \xi_2 + \xi_3$
全物質量	$\sum n_i = 1 + \xi_1 + \xi_2 + \xi_3$

これより，化学平衡に達したときの各成分のモル分率 y_i は次のようになる。

$$y_A = (1-\xi_1-\xi_2-\xi_3)/(1+\xi_1+\xi_2+\xi_3)$$
$$y_{C_1} = \xi_1/(1+\xi_1+\xi_2+\xi_3)$$
$$y_{C_2} = \xi_2/(1+\xi_1+\xi_2+\xi_3)$$
$$y_{C_3} = \xi_3/(1+\xi_1+\xi_2+\xi_3)$$
$$y_D = (\xi_1+\xi_2+\xi_3)/(1+\xi_1+\xi_2+\xi_3)$$

モル分率を式(9・41・a),(9・41・b),(9・41・c)に代入すると,三つの未知数 ξ_1, ξ_2, ξ_3 を解くことができる.

$$\xi_1 = K_1/\sqrt{K(K+P)} \qquad (9\cdot42\cdot a)$$
$$\xi_2 = K_2/\sqrt{K(K+P)} \qquad (9\cdot42\cdot b)$$
$$\xi_3 = K_3/\sqrt{K(K+P)} \qquad (9\cdot42\cdot c)$$

ただし,$K=K_1+K_2+K_3$ また圧力 P の単位は bar を用いる.これより平衡組成も同時に計算できる.

混合物の相平衡 10

揮発性の液体からなる混合物は，系の温度や圧力に応じて液相と気相が平衡状態をなす気液平衡の状態，あるいは二つの液相が平衡状態をなす液液平衡，さらに，液相と固相が平衡状態をなす固液平衡の状態をとる。このような混合物の相平衡の著しい特徴は，平衡にある相間で成分の組成が異なることであり，気液平衡を利用して蒸留による液体混合物の分離が行われる。また液液平衡に基づいて液液抽出法による成分分離が行われ，固液平衡を用いて結晶化による成分分離が行われる。このため混合物の相平衡の測定が広く行われており，データ集も刊行されている。

多成分系の多相平衡の基準は6章で述べたように，「各相中の各成分の化学ポテンシャル μ_i が等しい」または「各相中の各成分のフガシチー f_i が等しい」ことで与えられる。すなわち

$$\mu_i' = \mu_i'' = \mu_i''' = \cdots$$

または

$$f_i' = f_i'' = f_i''' = \cdots$$

ここに，$', '', ''', \cdots$ は相を示し，$i=1,2,3\cdots$ は系中のすべての成分である。

本章では，二成分系混合物について，気液平衡，液液平衡および固液平衡の相図を説明し，計算法を述べる。相律より二成分系の自由度 F は

$$F = 4 - P$$

であり，二つの相では $F=2$ となる。これより二成分系の二相間平衡では，二つの示強性質 T(温度)と x_1(成分1の液モル分率)，または P(圧力)と x_1 あるいは T と P を指定すると系は記述できるのである。

10-1 二成分系の気液平衡

二成分系気液平衡の存在領域を三次元の圧力-温度-組成図に示したのが図10·1である。二成分系の気液平衡は，成分1の蒸発曲線($t_1 T_{c1}$)と成分2の蒸発曲線($t_2 T_{c2}$)を結ぶ曲線にはさまれる形で存在する。$P=$一定の等圧面には**定**

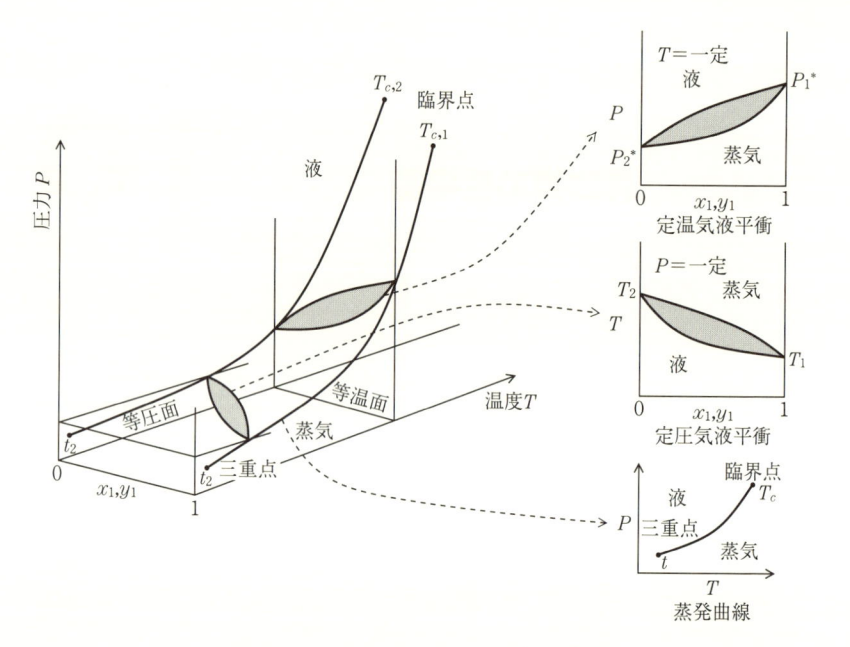

図 10・1 二成分系の圧力-温度-組成図

圧気液平衡が示される。定圧気液平衡は $P=$ 一定のときの x_1(成分1の液モル分率)と T の関係を示す液相線と，y_1(成分1の気モル分率)と T の関係を示す気相線よりなる。図中 T_1 と T_2 は圧力 P における純液体1と2の沸点である。$T=$ 一定の等温面には**定温気液平衡**が示される。定温気液平衡は $T=$ 一定のときの x_1 と P の関係を示す液相線と，y_1 と P の関係を示す気相線よりなる。図中 P_1^*，P_2^* は温度 T における純液体1と2の蒸気圧である。なお，定圧気液平衡と定温気液平衡では，液相線と気相線の位置が逆になることを注意されたい。

● 理想溶液の気液平衡

理想溶液とみなされる 2,3-ジメチルブタン (1)—ヘキサン (2) 系の温度 298 K における定温気液平衡を圧力-組成図に描いたのが図 10・2 である。

図の縦軸に示した 31.3 kPa および 20.2 kPa は，純 2,3-ジメチルブタンおよび純ヘキサンの 298 K における蒸気圧である。二成分系の定温気液平衡は，二つの純液体の蒸気圧を結ぶ液相線(x_1 と P の関係)と気相線(y_1 と P の関係)

10-1 二成分系の気液平衡

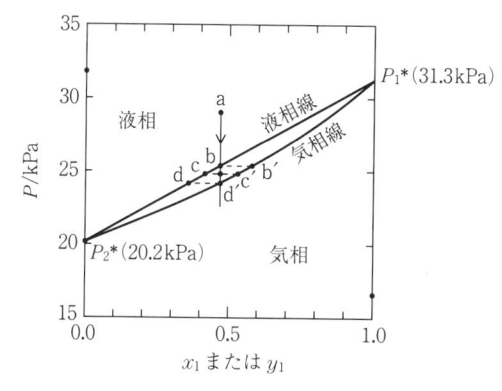

図10・2 2,3-ジメチルブタン(1)＋ヘキサン(2)系の定温気液平衡(温度298 K)

で構成される．いまa点の圧力で組成x_1の液をシリンダーに密閉する，このとき気相は存在しない．圧力をb点まで下げると気相がまさに出現し始める，b′点は液組成x_1と平衡にある気組成y_1を示し，気相は蒸気圧が高い(沸点は低い)2,3-ジメチルブタンが多く含まれる．圧力をさらに下げると液組成はbからcそしてdと低下し，一方，気組成はb′からc′そしてd′へ移る．液がまさに消え去る最後の液滴はd点の組成をもち，d′点はd点と平衡にある気組成を示す．さて直線bb′，cc′，dd′のように同じ圧力，同じ温度で平衡にある液組成x_1と気組成y_1を結ぶ線を**タイライン**(tie-line)という．タイラインがdd′以下の圧力では気相のみが存在する．

図10・3はベンゼン(1)－トルエン(2)系の圧力101.3 kPaにおける，定圧気液平衡を温度-組成図にプロットしたものである．図中縦軸に示したT_1およびT_2，は純ベンゼンおよび純トルエンの101.3 kPaにおける沸点である．二成分系の定圧気液平衡は，二つの純液体の沸点を結ぶ液相線(x_1とTの関係)と気相線(y_1とTの関係)で構成される．いま，a点の温度で組成x_1の液をシリンダーに密封し，温度をb点まで上げると気相がまさに出現し始める，b′点は液組成x_1と平衡にある気組成y_1を示し，直線bb′はタイラインである．温度を上げると液組成はbからcそしてdと低沸点成分が低下し，一方，気組成はb′からc′そしてd′へ移る．液がまさに消えさる最後の液滴の組成はd点であり，d′点はd点と平衡にある気組成を示す．タイラインがdd′以上の温度では気相のみが存在する．

理想溶液の気液平衡の求め方　相平衡の基準は，各相中の各成分の化学ポテンシャルμ_iまたはフガシチーf_iが等しいことで与えられる．気液平衡の場

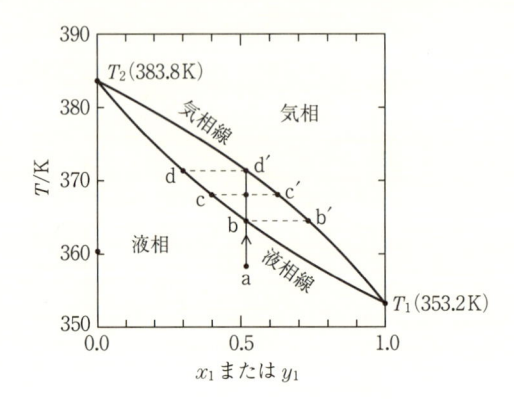

図 10・3 ベンゼン (1) + トルエン (2) 系の定圧気液平衡 (圧力 101.3 kPa)

合にはフガシチーを用いた方が便利であり次式で与えられる。
$$f_i^g = f_i^l \quad (T=\text{一定}, P=\text{一定}) \tag{10・1}$$
ここに，理想溶液ではラウールの法則が成立するので，式(7・14)より気液平衡は次式で表される。
$$f_i^g = f_i^{*l} x_i \tag{10・2}$$
気相が理想気体とみなされるような低圧下では，気相中の成分 i のフガシチー f_i^g は，式(6・21)より分圧 $p_i (=Py_i)$ に等しく，また純液体のフガシチー f_i^{*l} は式(5・46)より系の温度 T における純液体の蒸気圧 P_i^* に等しい。したがって式(10・2)は次式となる。
$$p_i = Py_i = P_i^* x_i \tag{10・3}$$
これは，低圧下(常圧下それ以下の圧)で成立する理想溶液のラウールの法則である。

式(10・3)をすべての成分に加えると，$\sum Py_i = P$ であるから全圧 P は次式で与えられる。
$$P = \sum P_i^* x_i \tag{10・4}$$
液組成 x_1 と平衡にある気組成 y_1 は，式(10・3)より次のように求められる。
$$y_i = \frac{P_i^* x_i}{P} = \frac{P_i^* x_i}{\sum P_i^* x_i} \tag{10・5}$$
これより定温気液平衡は液組成 $x_i (i=1, 2, \cdots)$ を与え，系の温度 T における純液体の蒸気圧 $P_i^* (i=1, 2, \cdots)$ を知って計算できる。一方，定圧気液平衡

では全圧 $P=$ 一定であるが，液組成 x_i によって系の沸点は変化する。したがって沸点を仮定し蒸気圧 P_i^* を求め，式(10・4)の両辺が等しくなる温度を試行錯誤法で計算すれば沸点とこの温度における蒸気圧が求まり，式(10・5)で気組成が計算できる。

例題 10・1

2,3-ジメチルブタン(1)―ヘキサン(2)系は理想溶液とみなされる。温度 298 K の気液平衡を計算せよ。ただし，2,3-ジメチルブタンとヘキサンの 298 K における蒸気圧は $P_1^*=31.32\,\mathrm{kPa}$, $P_2^*=20.19\,\mathrm{kPa}$ である。

[解] 気相を理想気体とすると液組成 x_1 に対する全圧 P と気組成 y_1 は式(10・4)と式(10・5)で計算できる。

例えば，液モル分率 $x_1(2,3$-ジメチルブタン$)=0.4037$ のときの全圧 P は
$$P=P_1^*x_1+P_2^*x_2=31.32\times0.4037+20.19(1-0.4037)$$
$$=24.64\,\mathrm{kPa}$$
気モル分率 y_1 は
$$y_1=\frac{P_1^*x_1}{P}=\frac{31.32\times0.4037}{24.64}=0.513\ \text{モル分率 2,3-ジメチルブタン}$$
実測気組成は 0.5091(表 E 10・1・1 の 2,3-ジメチルブタン(1)―ヘキサン(2)系の 298 K の気液平衡データ)であり，実測値と計算値の偏差は 0.4 モル% である。同様にし

表 E10・1・1 2,3-ジメチルブタン(1)―ヘキサン(2)系の気液平衡実測値

(温度 298 K)[a]

全圧 P/kPa	成分1のモル分率	
	x_1(液相)	y_1(気相)
20.19	0.00	0.00
21.26	0.0992	0.1441
22.41	0.2053	0.2829
23.49	0.3000	0.3969
24.64	0.4037	0.5091
25.66	0.4982	0.6037
26.74	0.5990	0.6960
27.72	0.6842	0.7689
29.08	0.8013	0.8615
30.21	0.9021	0.9345
31.32	1.000	1.000

a) Chen S. S., and B. J. Zwolinski : *J. Chem. Soc. Faraday Trans.*, **70**, 1133(1974).

て，全データ点について気組成を計算し実測値と比較すると，全データについての平均偏差は 0.2 モル％ である。

気液平衡の求め方を説明したが，二成分系理想溶液にかぎっては次の別法で計算することができる。まず $x_1+x_2=1$ であるから，式(10・4)は x_1 について解くことができ次の式(10・6)となる。また式(10・5)は式(10・7)となる。

$$x_1 = \frac{P - P_2^*}{P_1^* - P_2^*} \tag{10・6}$$

$$y_1 = \frac{P_1^*}{P}\left(\frac{P - P_2^*}{P_1^* - P_2^*}\right) \tag{10・7}$$

理想溶液の定温気液平衡では系の全圧 P は，温度 T における純液体1の蒸気圧 P_1^* と純液体2の蒸気圧 P_2^* の間にある。したがって P を P_1^* と P_2^* の間の値を与えることで，液組成 x_1 と気組成 y_1 を計算することができ，温度 T における P-x_1-y_1 の関係を求めることができる。

理想溶液の定圧気液平衡では系の沸点 T は，圧力 P における純液体1の沸点 T_1 と純液体2の沸点 T_2 の間にある。したがって，T を T_1 と T_2 の間の値をとり，この温度における純液体1および2の蒸気圧 P_1^* および P_2^* を求めると，液組成 x_1 と気組成 y_1 を計算することができ，圧力 P における T-x_1-y_1 の関係を求めることができる。なお，この方法は理想溶液だけに用いられ実在溶液には適用できない。

次に，高圧下の気体平衡の求め方を述べよう。高圧気液平衡の基準は式(10・1)より

$$f_i^g = f_i^l \tag{10・1}$$

ここに，気相が理想溶液であるとき，気相フガシチー f_i^g は純気体 i のフガシチー f_i^{*g} と気相中の成分 i のモル分率 y_i との積で表される。また液相が理想溶液であるとき，液相フガシチー f_i^l は純液体 i のフガシチー f_i^{*l} と液相中の成分 i のモル分率 x_i との積で表される。

$$f_i^g = f_i^{*g} y_i \quad \text{および} \quad f_i^l = f_i^{*l} x_i$$

両式を式(10・1)に代入して，理想溶液の高圧気液平衡は次式で表される。

$$f_i^{*g} y_i = f_i^{*l} x_i \tag{10・8}$$

気液平衡は系の温度，圧力において平衡にある液組成 x_i に対する気組成 y_i の関係を求めることであるので，成分 i の平衡比を次のように定義する。

$$\text{平衡比} \quad K_i = \frac{y_i}{x_i} \tag{10・9}$$

10-1 二成分系の気液平衡

式(10・8)が成り立つ理想溶液では，平衡比は純液体と純気体のフガシチーの比で与えられる．

$$K_i = \frac{f_i^{*l}}{f_i^{*g}} \tag{10・10}$$

さて，式(10・9)より $y_i = K_i x_i$ であり，全成分の和をとると $\sum y_i = 1$ であるから次のようになる．

$$K_1 x_1 + K_2 x_2 + \cdots = \sum K_i x_i = 1 \tag{10・11}$$

二成分系では，式(10・11)は液組成 x_1 について解くことができ，また，気組成 y_1 は $y_1 = K_1 x_1$ であるから次式をえる．

$$x_1 = \frac{1 - K_2}{K_1 - K_2} \tag{10・12}$$

$$y_1 = K_1 x_1 = K_1 \left(\frac{1 - K_2}{K_1 - K_2} \right) \tag{10・13}$$

ここに

$$K_1 = f_1^{*l}/f_1^{*g}, \qquad K_2 = f_2^{*l}/f_2^{*g}. \tag{10・14}$$

これより温度 T，全圧 P における気液平衡は純気体 1 と 2 の T，P におけるフガシチー f_1^{*g}，f_2^{*g}（式(5・38)で求まる）と純液体 1 と 2 の T，P におけるフガシチー f_1^{*l}，f_2^{*l}（式(5・45)で求まる）を計算すればよい．

● **実在溶液の気液平衡**

理想溶液からのずれを示す実在溶液の気液平衡として，ベンゼン(1)―シクロヘキサン(2)系の温度 298 K における定温気液平衡を圧力-組成図にプロットしたのが図 10・4 である．また，ベンゼン(1)―シクロヘキサン(2)系の圧力 101.3 kPa における定圧気液平衡を温度-組成図にプロットしたのが図 10・5 である．

実在溶液では系の種類によって，全圧 P は純液体 1 と 2 の蒸気圧 P_1^* と P_2^* より大きい値や小さい値もとる．また沸点 T は純液体 1 と 2 の沸点 T_1 と T_2 より高い値や低い値もとる．さらに，実在溶液では系の種類によって，平衡にある液組成と気組成が等しくなる（二成分系では $x_1 = y_1$，$x_2 = y_2$）共沸点をもつ**共沸混合物**(azeotrope)が形成される．共沸点の組成は共沸組成といい，共沸組成の沸点が定圧条件下で最小（または全圧が定温条件下で最大）のとき**ポジティブ共沸混合物**(positive azeotrope)という．ベンゼン(1)―シクロヘキサン(2)系はポジティブ共沸混合物である．これに対し，共沸組成の沸点が定圧条件下で最大（または全圧が定温条件下で最小）のとき**ネガティブ共沸混合物**(negative azeotrope)という．図 10・6 と図 10・7 に示すアセトン(1)―クロロ

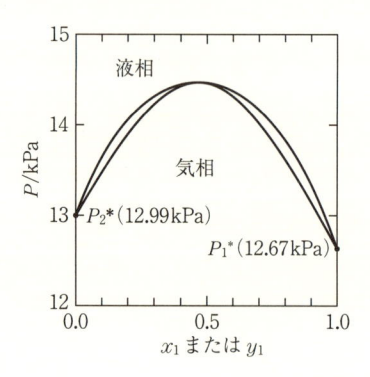

図 10·4 ベンゼン(1)-シクロヘキサン(2)系の定温気液平衡(温度 298 K)

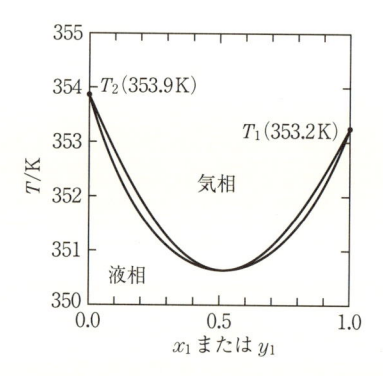

図 10·5 ベンゼン(1)-シクロヘキサン(2)系の定圧気液平衡(圧力 101.3 kPa)

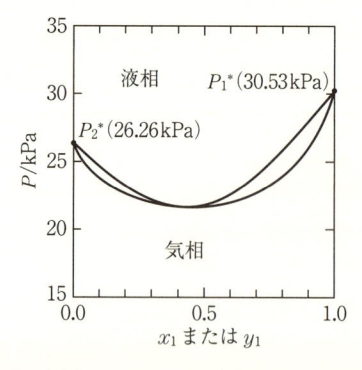

図 10·6 アセトン(1)-クロロホルム(2)系の定温気液平衡(温度 298 K)

10-1 二成分系の気液平衡

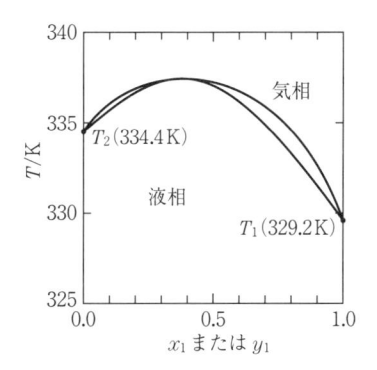

図 10·7 アセトン(1)-クロロホルム(2)系の定圧気液平衡(圧力 101.3 kPa)

ホルム(2)系はネガティブ共沸混合物である。

図 10·6 はアセトン(1)－クロロホルム(2)系の温度 298 K における定温気液平衡の相図, 同じく図 10·7 はアセトン(1)－クロロホルム(2)の圧力 101.3 kPa における定圧気液平衡の相図である。

実在溶液の気液平衡の求め方　気液平衡の基準は式(10·1)で与えられる。実在溶液の気液平衡は式(7·29)より，理想溶液からのずれを示す液相中の成分 i の活量係数 γ_i を用いて次のように表される。

$$f_i^g = \gamma_i f_i^{*l} x_i \tag{10·15}$$

気相が理想気体とみなされるような低圧下では $f_i^g = p_i$, また $f_i^{*l} = P_i^*$ となるので式(10·15)は次式となる。

$$p_i = Py_i = \gamma_i P_i^* x_i \tag{10·16}$$

この式をすべての成分に加えると, 全圧 P は次のように与えられる。

$$P = \sum \gamma_i P_i^* x_i \tag{10·17}$$

液組成 x_1 と平衡にある気組成 y_1 は式(10·16)より次のように求められる。

$$y_i = \frac{\gamma_i P_i^* x_i}{P} = \frac{\gamma_i P_i^* x_i}{\sum \gamma_i P_i^* x_i} \tag{10·18}$$

これより, 実在溶液では溶液中の各成分の活量係数 γ_i が液組成 $x_i (i = 1, 2, \cdots)$ の関数として与えられると, 定温あるいは定圧気液平衡は計算できる。

溶液中の各成分の活量係数(通状対数をとった形 $\ln \gamma_i$ を用いる)を液組成の関数として表す式を**活量係数式**という。

　　　　　　活量係数式　　　$\ln \gamma_i = f(x_1, x_2, \cdots)$

現在までに提案されている活量係数式はすべて半理論式であり，式中に含まれる系の定数を気液平衡実測値を用いて決定して用いらなければならない。これは溶液中の成分分子による分子間相互作用は極めて複雑であり，現状では完全に理論的に解明することが難しいからである。

ここでは二成分系の活量係数式として，実在溶液を取り扱うときの最も簡単なモデルである**正則溶液**（regular solution，正則溶液とは混合エンタルピーは0ではない値をもち，混合エントロピーは理想溶液と同じ値をもつ $\Delta_{mix}H \neq 0$, $\Delta_{mix}S = -R\sum n_i \ln x_i$ の溶液である）の式といわれる次式をとりあげることにする。

$$\left. \begin{array}{l} \ln \gamma_1 = A x_2^2 \\ \ln \gamma_2 = A x_1^2 \end{array} \right\} \tag{10・19}$$

ただし A は二成分系定数であり温度の関数である。正則溶液のモル過剰ギブスエネルギー G_m^E は，式(7・32)より $G_m^E/RT = x_1 \ln \gamma_1 + x_2 \ln \gamma_2$ であるから，次式で表される。

$$G_m^E/RT = A x_1 x_2 \tag{10・20}$$

二成分系定数 A は定温気液平衡データを用いて決定できる，すなわち $(G_m^E/RT)/x_1 x_2$ を x_1 に対してプロットすると，A は液モル分率に独立な一定値として求まる。あるいは $\ln \gamma_1 / x_2^2 = A$, $\ln \gamma_2 / x_1^2 = A$ として求めることもできる。

正則溶液の活量係数式は，$\ln \gamma_1$ と $\ln \gamma_2$ が液組成に対して対称形となる系のみにしか適用できない。非対称形をなす系については，2個の二成分系定数を含む活量係数式が用いられる。参考までに，2個の二成分系定数を含む代表的な活量係数式を付録7Cに示した。

例題 10・2

ベンゼン(1)—シクロヘキサン(2)系の温度298Kにおける気液平衡データは例題7・5の表E7・5・1に示してある。この系を正則溶液とみなして活量係数式($\ln \gamma_1 = A x_2^2$, $\ln \gamma_2 = A x_1^2$)の二成分系定数 A を決定し，活量係数式を用いて気液平衡を計算しデータが再現できるかどうか調べよ。

[**解**] 系を正則溶液とみなすと，活量係数式中の二成分定数 A は式(10・20)より次式で決定できる。

$$(G_m^E/RT)/x_1 x_2 = (x_1 \ln \gamma_1 + x_2 \ln \gamma_2)/x_1 x_2 = A$$

気液平衡データより γ_1 と γ_2 を求め(例題7・5で求めてある)，$(G_m^E/RT)/x_1 x_2$ すなわち $(x_1 \ln \gamma_1 + x_2 \ln \gamma_2)/x_1 x_2$ を x_1 に対してプロットすると A が求まる。平均値をと

と

$$A = 0.485$$

これよりベンゼン(1)－シクロヘキサン(2)系の活量係数は次式で計算できる．

$$\ln \gamma_1 = 0.485 x_2^2, \quad \ln \gamma_2 = 0.485 x_1^2$$

例えば $x_1 = 0.276$ モル分率ベンゼンの溶液の気液平衡を計算すると

$$\ln \gamma_1 = 0.485(1-0.276)^2 = 0.2542, \quad \gamma_1 = 1.289$$
$$\ln \gamma_2 = 0.485(0.276)^2 = 0.0369, \quad \gamma_2 = 1.038$$

全圧 P は式(10・17)より

$$P = \gamma_1 P_1^* x_1 + \gamma_2 P_2^* x_2$$
$$= 1.289 \times 12.67 \times 0.276 + 1.038 \times 12.99 \times (1-0.276)$$
$$= 14.29 \text{ kPa}$$

気組成 y_1 は式(10・18)より

$$y_1 = \frac{\gamma_1 P_1^* x_1}{\gamma_1 P_1^* x_1 + \gamma_2 P_2^* x_2} = \frac{\gamma_1 P_1^* x_1}{P} = \frac{4.508}{14.29} = 0.315 \text{ モル分率ベンゼン}$$

実測気組成は 0.313 であり，実測値と計算値の偏差は 0.2 モル% である．同様にして全データ点について気組成を計算し実測値と比較すると全データについての平均偏差は 0.2% である．

10-2 二成分系の液液平衡

　理想溶液をつくる液体成分はすべての濃度で完全に溶解するので，二液相分離を起こすことはない．しかし，理想溶液からのずれが大きい実在溶液では，系の種類によって二つの液相に分離する現象が起こる．

　たとえば，二液相分離を起こす系の例として，ヘキサン(1)－アニリン(2)系の温度-組成図を図10・8に示す．いま温度303Kでアニリンにヘキサンを加え r 点で示す x_1^F モル分率ヘキサンの溶液をつくると，a′点（組成 x_1'）と a″点（組成 x_1''）の二つの液相に分かれて液液平衡の状態となる．組成 x_1' はアニリン(2)中へのヘキサン(1)の溶解度，すなわち，アニリンにヘキサンを滴下し撹拌しながら加えてゆくと，もはやそれ以上はヘキサンが溶解しない飽和点に達し，このときの組成である．x_1'' はヘキサン(1)中へのアニリン(2)の溶解度である．液液平衡は，成分がお互いに飽和しあい相互に溶解度にある二液相に分かれる現象である．液液平衡にある二つの組成 a′点と a″点を結ぶ直線 a′a″ はタイラインである（二成分系では温度一定の水平線である）．次に，温度を上げ 333 K とすると，b′点と b″点の二液相に分離する．r 点の組成の溶液は 333 K 以上の温度では単一相となる．

　ヘキサン(1)－アニリン(2)系では温度を上げてゆくと二液相を結ぶタイライ

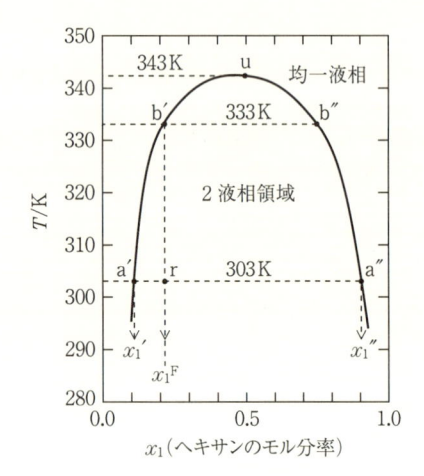

図 10・8 ヘキサン(1)-アニリン(2)系の液液平衡

ンの長さは短くなり，ついに温度343Kで一点となる．この温度は二液相領域の最高温度であり，**上部臨界溶解温度**(upper critical solution temperature, UCSTと略す)という．上部臨界溶解温度以上では，どのような組成でも二つの成分は完全に溶解して単一相となる．上部臨界溶解温度のu点を頂点として，左側の溶解度曲線ub'a'をアニリン相(以下(')相とする)，右側の溶解度曲線ub''a''をヘキサン相(以下('')相とする)という．

さて，二液相領域内の例えばr点で示す溶液をつくると，(')相のa'点と('')相のa''点に分かれて液液平衡の状態となる．相平衡の基準より，(')相と('')相中の各成分の化学ポテンシャルは等しい．

$$\mu_1'(x_1') = \mu_1''(x_1'') \quad および \quad \mu_2'(x_2') = \mu_2''(x_2'') \quad (10\cdot21)$$

また二液相に相分離したとき，(')相の物質量をn'モル，('')相の物質量をn''モルとすると，その比n'/n''は次の簡単な関係で与えられる．

$$\frac{n'}{n''} = \frac{\mathrm{ra}''}{\mathrm{ra}'} = \frac{x_1'' - x_1^F}{x_1^F - x_1'} \quad (10\cdot22)$$

この関係は**テコの原理**といわれる(図10・9に示すように比n'/n''は$n' \times \mathrm{ra}' = n'' \times \mathrm{ra}''$で表され，これは力学の支点をめぐって，力×距離がつり合うテコの原理と同じ形をしているからである)．これより，温度-組成図は相分離したときの二つの液相のモル比n'/n''をも表すのである．テコの原理は，基本的には物質収支を表し次のように説明できる．すなわち，r点の溶液をヘキサン$n_1$mol，アニリン$n_2$mol を加えてつくり，組成を$x_1^F = n_1/(n_1+n_2)$，全物質

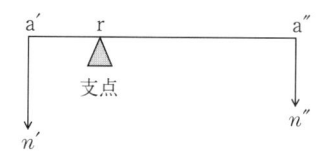

$$(物質量\ n') \times (線分\ \mathrm{ra'}) = (物質量\ n'') \times (線分\ \mathrm{ra''})$$

図 10・9 テコの原理

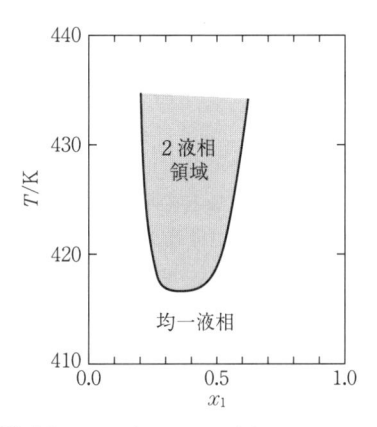

図 10・10 ジエチルアミン(1)-水(2)系の液液平衡

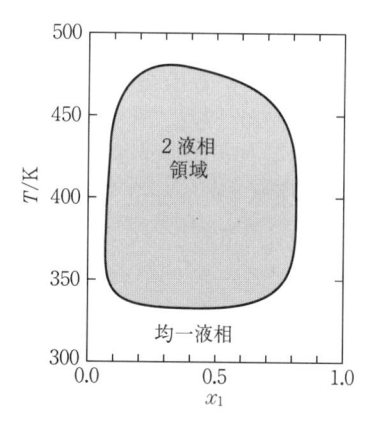

図 10・11 ニコチン(1)-水(2)系の液液平衡

量を $n=n_1+n_2$ とすると，これが n' mol の(′)相と n'' mol の(″)相の二液相に分離する，二液相全体の物質量は $n=n'+n''$ である．ヘキサン(1)の物質収支をとると次のようになり

$$n_1 = n'x_1' + n''x_1'' = (n'+n'')x_1^F \tag{10・23}$$

ただちに式(10・22)をえる．テコの原理は相図一般に適用できる．

　二成分系の液液平衡では，**下部臨界溶解温度**(lower critical solution temperature, LCST と略す)をもつ系，上部臨界溶解温度と下部臨界溶解温度をもつ系がある．下部臨界溶解温度をもつ系の例として，トリエチルアミン(1)—水(2)系の温度—組成図を図 10・10 に示す．また上部と下部の臨界溶解温度をもつ系の例として，ニコチン(1)—水(2)系の温度-組成図を図 10・11 に示す．

● 二液相の形成

　液体成分が完全に溶けあう，あるいは部分的にしか溶解しないで二液相を形成する．さらに，まったく溶解しないなどの現象は溶液の混合ギブスエネルギー $\Delta_{mix}G_m$ を用いて説明できる．いま二種類の純液体 1 と 2 を $T=$ 一定，$P=$ 一定の条件下で，混合して溶液をつくる．ギブスエネルギーの判定基準より，混合は，混合後の溶液のギブスエネルギー G_m が，混合前の純液体のギブスエネルギーの和 ($x_1G_{m,1}+x_2G_{m,2}$) より小さくギブスエネルギーが減少するとき起こる．

$$G_m < x_1 G_{m,1} + x_2 G_{m,2}$$
$$\therefore \ \Delta_{mix}G_m = G_m - (x_1 G_{m,1} + x_2 G_{m,2}) < 0$$

　したがって，液体成分が組成の全範囲で完全に溶解する，あるいは，部分的にしか溶解しないで二液相を形成するときの $\Delta_{mix}G_m$ は，いずれも負でなければならない．そして二液相を形成する場合には図 10・12(b) に示すように $\Delta_{mix}G_m$ は下に凹の曲線部分をもつのである．

　図 10・13 を参照し $\Delta_{mix}G_m$ が下に凹の曲線部分をもつとき，なぜ二液相を形成するかを考えよう．再び，純液体 1 の n_1 mol と純液体 2 の n_2 mol を混合して，液モル分率 $x_1^F = n_1/(n_1+n_2)$ の溶液をつくる．この溶液の混合ギブスエネルギーを r 点とする．混合ギブスエネルギーが下に凹の曲線部分を持つとき，r 点の溶液はこれよりも混合ギブスエネルギーがより小さい r′ 点へ移行する傾向を示す．そして r′ 点の溶液はテコの原理により，全体ではこの点と同じ組成をもつ組成 x_1' の a' 点と組成 x_1'' の a'' 点にわかれて二液相を形成する．つまり r 点の溶液は，よりギブスエネルギーエネルギーの小さい二液相に分かれて安定するのである．

10-2 二成分系の液液平衡

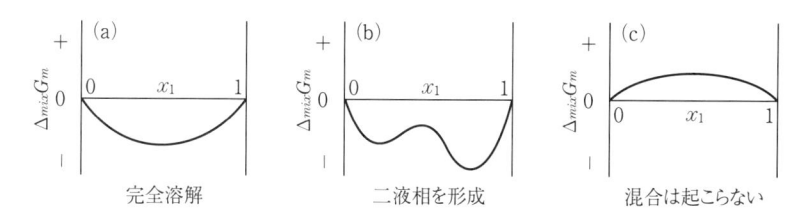

図 10・12 完全溶解，二液相を形成するときの混合ギブスエネルギー

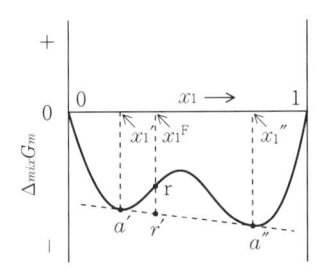

図 10・13 混合ギブスエネルギーと二液相の形成

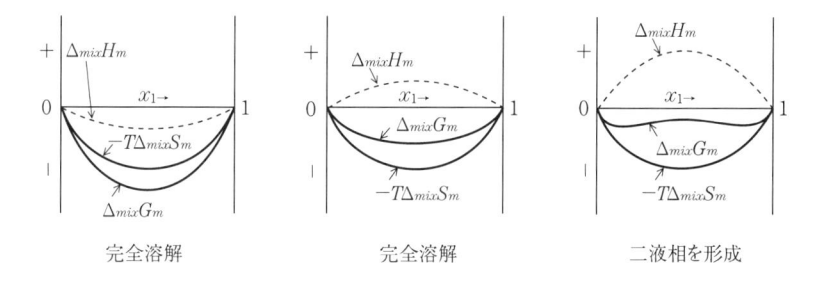

図 10・14 混合ギブスエネルギー $\Delta_{mix}G_m$ は $\Delta_{mix}H_m$ と $-T\Delta_{mix}S_m$ に依存する

さて混合ギブスエネルギー $\Delta_{mix}G_m$ は，混合エンタルピーを $\Delta_{mix}H_m$，混合エントロピーを $\Delta_{mix}S_m$ とすると，ギブスエネルギーの定義 $G = H - TS$ より次式で表せる。

$$\Delta_{mix}G_m = \Delta_{mix}H_m - T\Delta_{mix}S_m \tag{10・24}$$

したがって，$\Delta_{mix}G_m$ の正負は $\Delta_{mix}H_m$ の正負と $-T\Delta_{mix}S_m$ 項（混合過程では系はより乱れた配置をとるので，$\Delta_{mix}S_m$ はつねに正）に依存し，次の場合が考

えられる。

(1) $\Delta_{mix}H_m<0$(発熱)の場合

$-T\Delta_{mix}S_m<0$ であるから，つねに $\Delta_{mix}G_m<0$；完全溶解

(2) $\Delta_{mix}H_m>0$(吸熱)の場合

(a) $T\Delta_{mix}S_m>\Delta_{mix}H_m$ のとき $\Delta_{mix}G_m<0$；完全溶解

(b) $T\Delta_{mix}S_m$ は $\Delta_{mix}H_m$ よりわずかに大きく $\Delta_{mix}G_m<0$；下に凹の曲線部分をつくり，二液相を形成

図 10·14 は，三つの場合の $\Delta_{mix}H_m$ と $-T\Delta_{mix}S_m$ および $\Delta_{mix}G_m$ のプロットである。

二液相が形成される条件 二液相を形成する系の混合ギブスエネルギーは，図 10·13 に示すように下に凹の曲線で特徴づけられる。数学より，下に凹の曲線では $\Delta_{mix}G_m$ の x_1 による二回微分は負となるので，二液相が形成される条件は次式で与えられる。

$$\left(\frac{\partial^2 \Delta_{mix}G_m}{\partial x_1^2}\right)_{T,P}<0 \tag{10·25}$$

式(10·25)を実在溶液に適用するとき，過剰ギブスエネルギー G^E あるいは活量係数で表しておくと便利である。過剰ギブスエネルギー G^E は式(7·32)より，実在溶液の混合ギブスエネルギー $\Delta_{mix}G$ と理想溶液として求めた混合ギブスエネルギー $\Delta_{mix}G$(理想)の差である。

$$G^E=\Delta_{mix}G-\Delta_{mix}G(理想)$$

ここに，$\Delta_{mix}G$(理想)は式(7·20)で与えられるので，二成分系のモル混合ギブスエネルギー $\Delta_{mix}G_m$ はモル過剰ギブスエネルギー G_m^E を用いて次式で表される。

$$\Delta_{mix}G_m=G_m^E+\Delta_{mix}G_m(理想)=G_m^E+RT(x_1\ln x_1+x_2\ln x_2) \tag{10·26}$$

式(10·25)は式(10·26)を用いると次式となる。

$$\left(\frac{\partial^2 \Delta_{mix}G_m}{\partial x_1^2}\right)_{T,P}=\left(\frac{\partial^2 G_m^E}{\partial x_1^2}\right)_{T,P}+RT\left(\frac{1}{x_1}+\frac{1}{x_2}\right)<0 \tag{10·27}$$

これは過剰ギブスエネルギーで表した二液相が形成されるの条件である。

次に，実在溶液である正則溶液について二液相に分離する条件を具体的に調べてみよう。正則溶液では二成分系のモル過剰ギブスエネルギーは式(10·20)より

$$G_m^E/RT=Ax_1x_2 \tag{10·20}$$

式(10·20)を $T=$ 一定，$P=$ 一定で x_1 で 2 回微分すると

$$\left(\frac{\partial^2 G_m^E}{\partial x_1^2}\right)_{T,P}=-2ART \tag{10·28}$$

10-2 二成分系の液液平衡

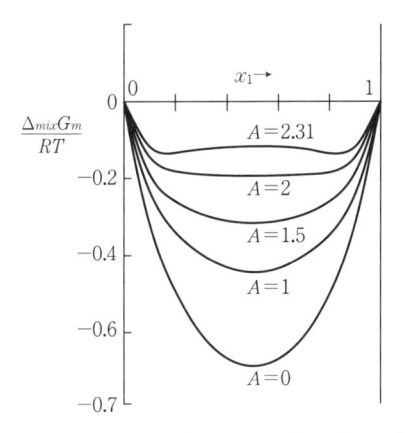

図 10・15 正則溶液のモル混合ギブスエネルギー
（$A>2$ で二液相をつくる）

式(10・27)へ式(10・28)を代入すると

$$-2ART + RT\left(\frac{1}{x_1}+\frac{1}{x_2}\right)<0$$

$$\therefore \quad 2A>\left(\frac{1}{x_1}+\frac{1}{x_2}\right)=\frac{1}{x_1 x_2} \tag{10・29}$$

この不等式を満足する A の最小値は $x_1=x_2=1/2$ のときである。

$$A=2$$

したがって，正則溶液では二液相分離は次の条件で起こる。

$$A>2 \tag{10・30}$$

二成分系正則溶液のモル混合ギブスエネルギー $\Delta_{mix}G_m$ は，式(10・26)に(10・20)を代入して

$$\Delta_{mix}G_m/RT = Ax_1 x_2 + (x_1 \ln x_1 + x_2 \ln x_2) \tag{10・31}$$

この式で計算した $\Delta_{mix}G_m/RT$ を x_1 に対してプロットしたのが図10・15であり，二液相分離は $A>2$ で起こることがわかる。

● **液液平衡にある組成の求め方**

液液平衡の基準は各相中の各成分の化学ポテンシャルが等しいことで与えられ，二成分系では式(10・21)で表される。

$$\mu_1'(x_1') = \mu_1''(x_1''), \quad \mu_2'(x_2') = \mu_2''(x_2'') \tag{10・21}$$

実在溶液では，溶液中の成分 i の化学ポテンシャル μ_i は式(7・29)より次式

で表される。
$$\mu_i(x_i) = \mu_i^*(x_i=1) + RT \ln \gamma_i x_i \quad (T=一定, P=一定) \quad (10\cdot32)$$
式(10·32)を平衡にある(′)相中の成分1(組成 x_1', 活量係数 γ_1'), (″)相中の成分1(組成 x_1'', 活量係数 γ_1'')に適用すると
$$\begin{aligned}\mu_1'(x_1') &= \mu_1^*(x_1=1) + RT \ln \gamma_1' x_1', \\ \mu_1''(x_1'') &= \mu_1^*(x_1=1) + RT \ln \gamma_1'' x_1''\end{aligned} \quad (10\cdot33)$$
この式を式(10·21)に代入すると，成分2についても同様な関係が成立するので，二成分系の液液平衡は次式で表される。
$$\gamma_1' x_1' = \gamma_1'' x_1'', \quad \gamma_2' x_2' = \gamma_2'' x_2'' \quad (10\cdot34)$$
あるいは組成比で表すと，
$$\frac{x_1'}{x_1''} = \frac{\gamma_1''}{\gamma_1'}, \quad \frac{x_2'}{x_2''} = \frac{\gamma_2''}{\gamma_2'} \quad (10\cdot35)$$
式(10·35)より，液液平衡にある組成 x_1' と x_1'' および x_2' と x_2'' は(二成分では $x_2'=1-x_1'$, $x_2''=1-x_1''$), 実在溶液中の成分1と2の活量係数 γ_1, γ_2 が組成の関数として与えられれば計算できるのである。

たとえば，正則溶液では，二成分系の成分1と2の活量係数は式(10·19)で表される。
$$\left.\begin{aligned}\ln \gamma_1 &= A x_2^2 \\ \ln \gamma_2 &= A x_1^2\end{aligned}\right\} \quad (10\cdot19)$$
これを平衡にある二液相に適用すると
$$\begin{aligned}\ln \gamma_1' &= A(1-x_1')^2, \quad \ln \gamma_1'' = A(1-x_1'')^2 \\ \ln \gamma_2' &= A(x_1')^2, \quad \ln \gamma_2'' = A(x_1'')^2\end{aligned}$$
これらの式を式(10·35)へ代入すると
$$\ln \frac{x_1'}{x_1''} = A[(1-x_1'')^2 - (1-x_1')^2] \quad (10\cdot36\cdot a)$$
$$\ln \frac{1-x_1'}{1-x_1''} = A[(x_1'')^2 - (x_1')^2] \quad (10\cdot36\cdot b)$$

ところで，二成分系正則溶液の場合，液液平衡組成 x_1' と x_1'' の関係は対称形であるので
$$x_1' = 1 - x_1''$$
とおくと式(10·36·a)と式(10·36·b)は同じ式となる。したがって，$x_1' \equiv x_1$ とおいて次式で表わすことができる。
$$\ln \frac{1-x_1}{x_1} = A(1-2x_1) \quad (10\cdot37)$$
式(10·37)より二成分定数 A が与えられると，$x_1=x_1'$ また $x_1''=1-x_1'$ が求

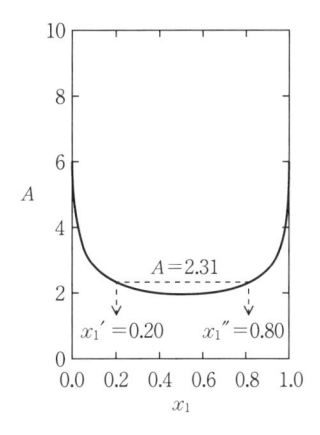

図 10·16 正則溶液の二成分系定数 A と液液平衡組成

まり液液平衡組成が決定できる。正則溶液による二成分系定数 A と液液平衡組成 x_1' と x_1'' の関係を図 10·16 に示す。

10-3 二成分系の固液平衡

　固相と液相の相間の平衡は，液相では成分は完全に溶解するが固相では成分はまったく溶解しない系，固相では部分的に溶解する系および固相でも成分は溶解性を示し（気体や液体が任意の組成の溶液をつくるように）固体が任意の組成の固溶体を形成する系などに分けられる。

　まず，液相では成分は完全に溶解するが，固相では成分はまったく溶解しない系の固液平衡の例として，o-キシレン(1)―p-キシレン(2)系の圧力 101.3 kPa における温度-組成図を図 10·17 に示す。固液平衡は，通常，定圧下で測定される。

　図中縦軸に示した $T_{f,1}$ および $T_{f,2}$ は純 o-キシレン(1)および純 p-キシレン(2)の 101.3 kPa における凝固点(融点)である。いま，A 点で示す組成の均一液体混合物をつくり，これを冷却して b 点の温度とすると，液体溶液は p-キシレンで飽和し(すなわち溶解度に達し)，第二の相である純固体 p-キシレンが結晶となって析出し固液平衡の状態となる。線分 bb′ は平衡にある液相と固相の組成を結ぶタイラインである。ここに純固体 p-キシレンが析出するので固相線は $x_1=0(x_2=1)$ の垂直軸である。次に，温度を下げ C 点とすると，p-キシレンの析出によって液体溶液では o-キシレンの割合が増加し，溶液の組

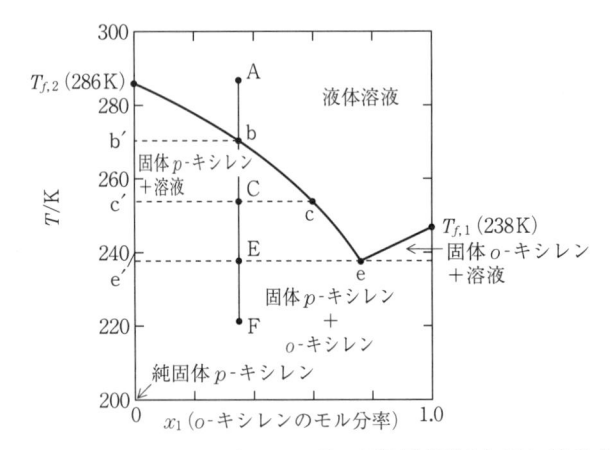

図 10·17 o-キシレン–p-キシレン系の固液平衡(圧力 101.3 kPa)

成は液相線にそって b から c へ変化する。cc′ はタイラインである。また C 点で共存する固相(純固体 p-キシレン)と液相(溶液)の割合はテコの原理により次のようである。

$$p\text{-キシレンの割合} = \frac{\mathrm{Cc}}{\mathrm{cc'}}, \qquad \text{溶液の割合} = \frac{\mathrm{Cc'}}{\mathrm{cc'}}$$

さらに温度を下げると，溶液中の p-キシレンの割合は減少し最後に e 点にいたる。E 点の温度 238 K は液体溶液が存在する最低の温度であり，この点では液体溶液は p-キシレンだけでなく o-キシレンでも飽和し，二種の純固体の結晶が形成される。液体溶液の最低の凝固温度を示す e 点は**共融点**(eutectic point) という。相律より，二成分系が三相をなすときの自由度は 1 であるから，独立変数として圧力を指定すると共融点は定まり**共融温度**と**共融組成**は決まるのである。

E 点では p-キシレンと平衡にある液の組成は e であり，液の割合は e′E/e′e で与えられる。E 点よりさらに温度を下げた F 点は純固体 p-キシレンと共融組成の固体混合物より成り，したがって，固体 p-キシレンと o-キシレンより成る混合物である。o-キシレン—p-キシレン系のように液相では成分が溶解し，固相では溶解せず，共融点をもつ系の固液平衡は，結晶化による成分分離に用いられる。

次に，液相では成分は完全に溶解し，固相でも成分が任意の組成の固溶体をつくる場合の固液平衡を説明しよう。固相での溶液の形成は，二つの成分である溶質と溶媒の結晶構造が基本的に同じであり，溶質元素が溶媒結晶中で溶媒

10-3 二成分系の固液平衡

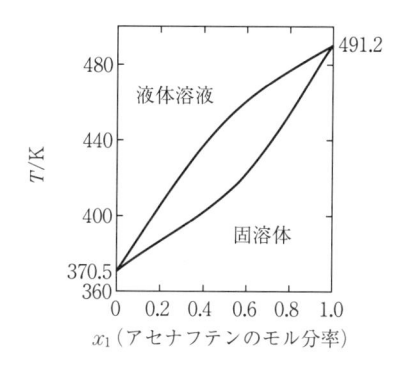

図 10·18 アントラセン-フェナントレン系の固液平衡（圧力 101.3 kPa）

元素と置換するかたち（置換型固溶体），あるいは置換ではなく溶媒結晶格子の間の空間に溶質元素が侵入するかたち（侵入固溶体）で行われる。

一例として，101.3 kPa におけるアントラセン―フェナントレン系の圧力 101.3 kPa における固液平衡を図 10·18 に示す。

固溶体を形成する固液平衡でも（気液平衡の共沸混合物に相当する）系もある。たとえば，系の最低融点で液相と固相の成分組成が等しくなる系として，Na_2CO_3―Na_2SO_4 系，$HgBr_2$―HgI_2 系，ヨードベンゼン―ブロモベンゼン系をあげることができる。最高融点を示す系は少なく，d-カルボオキシム―l-カルボオキシムが知られている。

● **固液平衡の求め方**

固液平衡を取り扱うとき，系をつくる成分の化学的性質や物理的性質が似ているときには，理想溶液とみなすことができる。ここでは理想溶液とみなすことができる系について，固相成分が固溶体をつくる場合と，固相成分が溶解せず共融点をつくる場合の固液平衡の計算法を説明する。

さて，固液平衡の基準は液相と固相中の成分の化学ポテンシャルが等しいことである。

$$\mu_i^l(\text{液相}) = \mu_i^s(\text{固相}) \quad (T=\text{一定}, P=\text{一定}) \quad (10·39)$$

いま，平衡にある液相中の成分 i のモル分率を x_i，固相中の成分 i のモル分率を z_i とし，理想溶液の化学ポテンシャルの式 (7·19) を液相と固相に適用すると

$$\mu_i^l(\text{液相}) = \mu_i^{*l}(\text{純液体 }i) + RT \ln x_i \qquad (10\cdot40)$$

$$\mu_i^s(\text{固相}) = \mu_i^{*s}(\text{純固体 }i) + RT \ln z_i \qquad (10\cdot41)$$

式(10・40),(10・41)を式(10・39)に代入すると

$$\ln \frac{x_i}{z_i} = \frac{\mu_i^{*s}(\text{純固体 }i) - \mu_i^{*l}(\text{純液体 }i)}{RT} \qquad (10\cdot42)$$

ここに上式の右辺はギブス-ヘルムホルツの式(4・21)より,次式のようになる。

$$\frac{\mu_i^{*l}(\text{純液体 }i) - \mu_i^{*s}(\text{純固体 }i)}{RT} = \frac{\Delta_{fus}H_{m,i}}{R}\left(\frac{1}{T} - \frac{1}{T_{f,i}}\right) \qquad (10\cdot43)$$

したがって,理想溶液の固液平衡は次式で表される。

$$-\ln \frac{x_i}{z_i} = \frac{\Delta_{fus}H_{m,i}}{R}\left(\frac{1}{T} - \frac{1}{T_{f,i}}\right) \qquad (10\cdot44)$$

または

$$\boxed{\frac{x_i}{z_i} = \exp\left[-\frac{\Delta_{fus}H_{m,i}}{R}\left(\frac{1}{T} - \frac{1}{T_{f,i}}\right)\right]} \qquad (10\cdot45)$$

次に,液相と平衡にある固相が純固体 i の場合には $z_i = 1$ であるから,次のようになる。

$$-\ln x_i = \frac{\Delta_{fus}H_{m,i}}{R}\left(\frac{1}{T} - \frac{1}{T_{f,i}}\right) \qquad (10\cdot46)$$

または

$$\boxed{x_i = \exp\left[-\frac{\Delta_{fus}H_{m,i}}{R}\left(\frac{1}{T} - \frac{1}{T_{f,i}}\right)\right]} \qquad (10\cdot47)$$

ただし,$T_{f,i}$ は系の圧力 P における純固体 i の融点,$\Delta_{fus}H_{m,i}$ は純固体 i の $T_{f,i}$ におけるモル融解エンタルピーである。なお,参考のために実在溶液の固液平衡式の導出を付録7Dに示した。

例題 10・3

共融点をもつ o-キシレン(1)—m-キシレン(2)の101.3 kPaにおける固液平衡を計算せよ。ただし理想溶液とみなし,o-キシレンの融点は247 K,融解エンタルピーは13598 J mol^{-1},m-キシレンの融点は224 K,融解エンタルピーは11568.8 J mol^{-1} である。

[**解**] 理想溶液とすると,共融点をもつ二成分系の固液平衡は式(10・47)へ題意の数値を代入して計算できる。

$$x_1 = \exp\left[-\frac{13598}{8.3145}\left(\frac{1}{T_e} - \frac{1}{247}\right)\right], \quad x_2 = \exp\left[-\frac{11568.8}{8.3145}\left(\frac{1}{T_e} - \frac{1}{224}\right)\right]$$

共融点の温度 T_e を $x_1 + x_2 = 1$ より試行錯誤法で求めると,同時に共融点の組成 $x_{1,e}$ も決定できる。結果は

10-3 二成分系の固液平衡

$$T_e = 210.8\,\text{K}, \quad x_{1,e} = 0.321\,\text{モル分率}\ o\text{-キシレン}$$

o-キシレンの融点 $T_{f,1}$(247 K)から共融点の温度 T_e までの固液平衡は x_1 の式で，一方 m-キシレンの融点 $T_{f,2}$(224 K)から共融点の温度 T_e までの固液平衡は x_2 の式で求める．たとえば

$$T = 220\,\text{K}, \quad x_1 = 0.107\,\text{モル分率}\ o\text{-キシレン}$$
$$T = 240\,\text{K}, \quad x_2 = 0.176\,\text{モル分率}\ m\text{-キシレン}$$

図 E 10·3·1 は計算結果等を実測値とともにプロットしたものである．

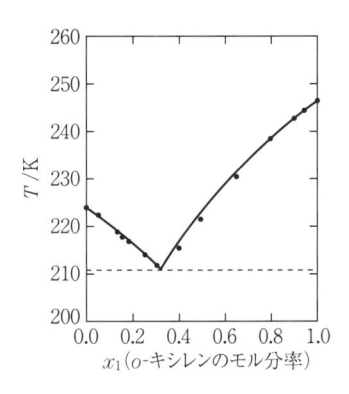

図 E10·3·1 o-キシレン-m-キシレン系の固液平衡（圧力 101.3 kPa）

例題 10·4

アセナフテン(1)－アントラセン(2)系の 101.3 kPa における固液平衡を計算せよ．ただし，理想溶液とみなし，アセナフテンの融点は 368 K，融解エンタルピーは 20.71 kJ mol^{-1}，アントラセンの融点は 489 K，融解エンタルピーは 28.83 kJ mol^{-1} である．

［**解**］ 理想溶液とみなすと固溶体をつくる二成分系の固液平衡は式(10·45)へ題意の数値を代入して計算できる．

$$\frac{x_1}{z_1} = \exp\left[-\frac{\Delta_{fus}H_{m,1}}{R}\left(\frac{1}{T} - \frac{1}{T_{f,1}}\right)\right], \quad \frac{x_2}{z_2} = \exp\left[-\frac{\Delta_{fus}H_{m,2}}{R}\left(\frac{1}{T} - \frac{1}{T_{f,2}}\right)\right]$$

これより，T を与えると平衡にある液組成 x_i と固組成 z_i の比である成分 1 および 2 の平衡比 K_1, K_2 が求まり

$$x_1/z_1 = K_1, \quad x_2/z_2 = K_2$$

$x_1 + x_2 = 1$ より

$$z_1 = (1 - K_2)/(K_1 - K_2), \quad x_1 = K_1 Z_1 = K_1(1 - K_2)/(K_1 - K_2)$$

が計算できる．たとえば $T = 453\,\text{K}$ のとき次のようである．

$$K_1 = x_1/z_1 = 3.561, \quad K_2 = x_2/z_2 = 0.569 \quad \text{で}, z_1 = 0.144, \quad x_1 = 0.513$$

図 E 10·4·1 は計算結果を実測値とともにプロットしたものである．

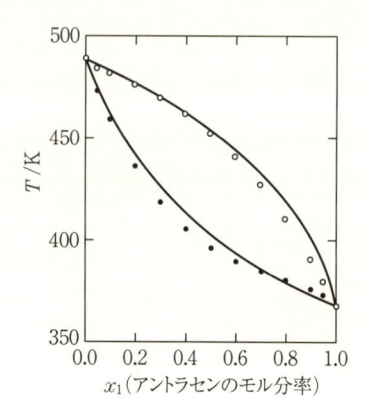

図 **E10・4・1** アセナフテン-アントラセン系の固液平衡
(圧力 101.3 kPa)

付　録

1．気体の定圧モル熱容量

(1) 無機物質

$C_{P,m} = a + bT + cT^2 + dT^3$ ($C_{P,m}$/J K^{-1} mol^{-1},　T/K)

物　質	状　態	a	$b \times 10^2$	$c \times 10^5$	$d \times 10^8$
Br$_2$	g	33.86	1.125	-1.192	0.4534
CO	g	30.87	-1.285	2.789	-1.272
CO$_2$	g	19.80	7.344	-5.602	1.715
CS$_2$	g	27.44	8.127	-7.666	2.673
Cl$_2$	g	26.93	3.384	-3.869	1.547
F$_2$	g	23.22	3.657	-3.613	1.204
H$_2$	g	27.14	0.9274	-1.381	0.7645
HBr	g	30.65	-0.9462	1.722	-0.6238
HCl	g	30.67	-0.7201	1.246	-0.3898
HF	g	29.06	0.06611	-0.2032	0.2504
HI	g	31.16	-1.428	2.972	-1.353
H$_2$O	g	32.24	0.1924	1.055	-0.3596
H$_2$S	g	31.94	0.1436	2.432	-1.176
I$_2$	g	35.59	0.6515	-0.6988	0.2834
N$_2$	g	27.016	5.812	-0.289	—
NH$_3$	g	27.31	2.383	1.707	-1.185
NO	g	29.35	-0.09378	0.9747	-0.4187
N$_2$O	g	21.62	7.281	-5.778	1.830
NO$_2$	g	24.23	4.836	-2.081	0.0293
O$_2$	g	28.11	-0.0003680	1.746	-1.065
SO$_2$	g	23.85	6.699	-4.961	1.328
SO$_3$	g	19.21	137.4	-11.76	3.700

(2) 有機物質

$C_{P,m} = a + bT + cT^2 + dT^3$ ($C_{P,m}$/J K^{-1} mol^{-1}, T/K)

物　質	分子式	状態	a	$b \times 10^2$	$c \times 10^5$	$d \times 10^8$
ギ酸	CH$_2$O$_2$	g	23.48	3.157	2.985	-2.300
ホルムアルデヒド	CH$_2$O$_2$	g	11.71	13.58	-8.411	2.017
メタン	CH$_4$	g	19.25	5.213	1.197	-1.132
メタノール	CH$_4$O	g	21.15	7.092	2.587	-2.852
アセチレン	C$_2$H$_2$	g	26.82	7.578	-5.007	1.412
エチレン	C$_2$H$_4$	g	3.806	15.66	-8.348	1.755
アセトアルデヒド	C$_2$H$_4$O	g	7.716	18.23	-10.07	2.380
酢酸	C$_2$H$_4$O$_2$	g	4.840	25.49	-17.53	4.949
エタン	C$_2$H$_6$	g	5.409	17.81	-6.938	0.8713
エタノール	C$_2$H$_6$O	g	9.014	21.41	-8.390	0.1373
エチレングリコール	C$_2$H$_6$O$_2$	g	3.570	24.83	-14.97	3.010
プロピレン	C$_3$H$_6$	g	3.710	23.45	-11.60	2.205
アセトン	C$_3$H$_6$O	g	6.301	26.06	-12.53	2.038
プロパン	C$_3$H$_8$	g	-4.224	30.63	-15.86	3.215
n-ブタン	C$_4$H$_{10}$	g	9.487	33.13	-11.08	-0.2822
ベンゼン	C$_6$H$_6$	g	-33.92	47.39	-30.17	7.130

Robert, C. B., J. M. Prausnitz and B. E. Poling: The Properties of Gases and Liquids, 4 th ed., McGraw-Hill(1987) より抜粋。なお N$_2$(g) は日本化学会編, "化学便覧基礎編(改訂3版)", p. II-239, 丸善(1984)の値である。

2. 固体の定圧モル熱容量

$C_{P,m} = a + bT + cT^2 + dT^3$ ($C_{P,m}$/J K^{-1} mol^{-1}, T/K)

物　質	状態	a	$b \times 10^2$	$c \times 10^5$	$d \times 10^8$
C(黒鉛)	s	-6.626	6.439	-5.078	1.451
C(ダイヤモンド)	s	-12.94	8.352	-7.168	2.197
CaCO$_3$(カルサイト)	s	30.70	24.93	-24.96	9.303
CaO	s	2.386	21.93	-33.17	17.06
CaSO$_4$	s	67.97	11.16	-1.738	0.760
MgCO$_3$	g	-24.54	52.05	-76.37	44.78
MgO	s	18.67	9.02	-9.10	3.32
Mg(OH)$_2$	s	54.60	6.58	0.055	-0.037

3. 標準生成エンタルピー，標準エントロピー，標準生成ギブスエネルギー

(1) 無機物質

物　質	状態	標準生成エンタルピー $\Delta_f H°$/kJ mol^{-1}	標準エントロピー $S°$/J K^{-1} mol^{-1}	標準生成ギブスエネルギー $\Delta_f G°$/kJ mol^{-1}
Ag	s	0.0	42.6	0.0
Ag	g	284.9	173.0	246.0
Al	s	0.0	28.3	0.0
Al	g	330.0	164.6	289.4
Al$_2$O$_3$(α)	s	−1675.7	50.9	−1582.3
Ar	g	0.0	154.8	0.0
Br	g	111.9	175.0	82.4
Br$_2$	l	0.0	152.2	0.0
Br$_2$	g	30.9	245.5	3.1
C(黒鉛)	s	0.0	5.7	0.0
C(ダイヤモンド)	s	1.9	2.4	2.9
C	g	716.7	158.1	671.3
CO	g	−110.5	197.7	−137.2
CO$_2$	g	−393.5	213.8	−394.4
CS$_2$	l	89.0	151.3	64.6
CS$_2$	g	116.6	237.8	67.1
Ca	s	0.0	41.6	0.0
Ca	g	177.8	154.9	144.0
Ca(OH)$_2$	s	−985.2	83.4	−897.5
CaC$_2$	g	−59.8	70.0	−64.9
CaCl$_2$	s	−795.4	108.4	−748.8
CaCO$_3$(アラゴナイト)	s	−1207.8	88.0	−1128.2
CaCO$_3$(カルサイト)	s	−1207.6	91.7	−1129.1
CaO	s	−634.9	38.1	−603.3
Cl	g	121.3	165.2	105.3
Cl$_2$	g	0.0	223.1	0.0
Cu	s	0.0	33.2	0.0
Cu	g	337.4	166.4	297.7
CuO	s	−157.3	42.6	−129.7
F	g	79.4	158.8	62.3
F$_2$	g	0.0	202.8	0.0
Fe	s	0.0	27.3	0.0

物　質	状態	標準生成エンタルピー $\Delta_f H°/\text{kJ mol}^{-1}$	標準エントロピー $S°/\text{J K}^{-1}\text{mol}^{-1}$	標準生成ギブスエネルギー $\Delta_f G°/\text{kJ mol}^{-1}$
Fe	g	416.3	180.5	370.7
Fe_2O_3	s	−824.2	87.4	−742.2
Fe_3O_4	s	−1118.4	146.4	−1015.4
H	g	218.0	114.7	203.3
H_2	g	0.0	130.7	0.0
HBr	g	−36.3	198.7	−53.4
HCl	g	−92.3	186.9	−95.3
HF	g	−273.3	173.8	−275.4
HNO_3	l	−174.1	155.6	−80.7
HNO_3	g	−135.1	266.4	−74.7
H_2O	l	−285.8	70.0	−237.1
H_2O	g	−241.8	188.8	−228.6
H_2S	g	−20.6	205.8	−33.4
He	g	0.0	126.2	0.0
I	g	106.8	180.8	70.2
I_2	s	0.0	116.1	0.0
I_2	g	62.4	260.7	19.3
K	s	0.0	64.7	0.0
K	g	89.0	160.3	60.5
KBr	s	−393.8	95.9	−380.7
KCl	s	−436.5	82.6	−408.5
$KClO_3$	s	−397.7	143.1	−296.3
KI	s	−327.9	106.3	−324.9
Mg	s	0.0	32.7	0.0
Mg	g	147.1	148.6	112.5
MgO	s	−601.6	27.0	−569.3
$MgSO_4$	s	−1284.9	91.6	−1170.6
Mn	g	280.7	173.7	238.5
MnO	s	−385.2	59.7	−362.9
MnO_2	s	−520.0	53.1	−465.1
Mn_2O_5	s	−959.0	110.5	−881.1
Mn_3O_4	s	−1387.8	155.6	−1283.2
N	g	472.7	153.3	455.5
N_2	g	0.0	191.6	0.0
NH_3	g	−45.9	192.8	−16.4
NO_2	g	33.2	240.1	51.3
N_2O	g	82.1	219.9	104.2

物　質	状態	標準生成エンタルピー $\Delta_f H°$/kJ mol^{-1}	標準エントロピー $S°$/J K^{-1} mol^{-1}	標準生成ギブスエネルギー $\Delta_f G°$/kJ mol^{-1}
N_2O_3	g	83.7	312.3	139.5
N_2O_4	l	-19.5	209.2	97.5
N_2O_4	g	9.2	304.3	97.9
N_2O_5	s	-43.1	178.2	113.9
N_2O_5	g	11.3	355.7	115.1
Na	s	0.0	51.3	0.0
Na	g	107.5	153.7	77.0
NaCl	s	-411.2	72.1	-384.1
$NaNO_3$	s	-467.9	116.5	-367.0
NaOH	s	-425.6	64.5	-379.5
Ni	s	0.0	29.9	0.0
Ni	g	429.7	182.2	384.5
O	g	249.2	161.1	231.7
O_2	g	0.0	205.2	0.0
Pb	s	0.0	64.8	0.0
Pb	g	195.2	175.4	162.2
S(斜方)	s	0.0	31.8	0.0
S(単斜)	s	0.3	32.6	0.1
S	g	277.2	167.8	236.7
SO_2	g	-296.8	248.2	-300.1
SO_3	s	-454.5	70.7	-374.2
SO_3	l	-441.0	113.8	-373.8
SO_3	g	-395.7	256.8	-371.1
Si	s	0.0	18.8	0.0
Si	g	450.0	168.0	405.5
SiC(α, 六角形)	s	-62.8	16.5	-60.2
SiC(β, 立方)	s	-65.3	16.6	-62.8
$SiCl_4$	l	-687.0	239.7	-619.8
$SiCl_4$	g	-657.0	330.7	-617.0
Sn(α)	s	-2.1	44.1	0.1
Sn(β)	s	0.0	51.2	0.0
Sn	g	301.2	168.5	266.2
Zn	s	0.0	41.6	0.0
Zn	g	130.4	161.0	94.8
$ZnCl_2$	s	-415.1	111.5	-369.4
ZnO	s	-350.5	43.7	-320.5
$ZnSO_4$	s	-982.8	110.5	-871.5

(2) 有機物質

物質		状態	標準生成エンタルピー $\Delta_f H°/\text{kJ mol}^{-1}$	標準エントロピー $S°/\text{J K}^{-1}\text{mol}^{-1}$	標準生成ギブスエネルギー $\Delta_f G°/\text{kJ mol}^{-1}$
ギ酸	CH_2O_2	l	-424.7	129.0	-361.4
メタン	CH_4	g	-74.4	186.3	-50.3
メタノール	CH_4O	l	-239.1	126.8	-166.6
メタノール	CH_4O	g	-201.5	239.8	-162.6
アセチレン	C_2H_2	g	228.2	200.9	210.7
エチレン	C_2H_4	g	52.5	219.6	68.4
アセトアルデヒド	C_2H_4O	l	-191.8	160.2	-127.6
アセトアルデヒド	C_2H_4O	g	-166.2	263.7	-132.8
酢酸	$C_2H_4O_2$	l	-484.5	159.8	-389.9
酢酸	$C_2H_4O_2$	g	-432.8	282.5	-374.5
エタン	C_2H_6	g	-83.8	229.6	-31.9
エタノール	C_2H_6O	l	-277.7	160.7	-174.8
エタノール	C_2H_6O	g	-235.1	282.7	-168.5
アセトン	C_3H_6O	l	-248.1	199.8	—
アセトン	C_3H_6O	g	-217.3	297.6	-153.4
プロパン	C_3H_8	g	-104.7	269.9	-24.2
ブタン	C_4H_{10}	g	-125.6	310.7	-16.6
1-ブテン	C_4H_8	l	-20.5	227	—
1-ブテン	C_4H_8	g	0.1	305.9	71.6
1-ペンテン	C_5H_{10}	l	-46.9	262.6	—
1-ペンテン	C_5H_{10}	g	-21.3	346.2	78.8
ペンタン	C_5H_{12}	l	-173.5	—	—
ペンタン	C_5H_{12}	g	-146.9	349.4	-8.8
1-ヘキセン	C_6H_{12}	l	-74.2	295.2	—
1-ヘキセン	C_6H_{12}	g	-43.5	385.3	85.6
ヘキサン	C_6H_{14}	l	-198.7	—	—
ヘキサン	C_6H_{14}	g	-167.1	388.7	-0.02
ベンゼン	C_6H_6	l	49.0	—	—
ベンゼン	C_6H_6	g	67.5	269.3	114.3
ヘプタン	C_7H_{16}	l	-224.2	—	—
ヘプタン	C_7H_{16}	g	-187.7	428.1	8.3

CRC Handbook of Chemistry and Physics, 5-1~47, CRC Press. より抜粋。

4. 融点，沸点，臨界温度，臨界圧力，臨界圧縮係数

(1) 無機物質

物質	融点 T_m/K	沸点 T_b/K	臨界温度 T_c/K	臨界圧力 P_c/MPa	臨界圧縮係数 $Z_c/-$
Ar	83.8	87.3	150.8	4.87	0.291
Br_2	266.0	331.9	588.0	10.3	0.268
Cl_2	172.2	239.2	416.9	7.98	0.285
D_2	18.6	23.5	38.4	1.66	—
D_2O	277.0	374.6	644.0	21.66	0.225
F_2	53.5	85.0	144.3	5.22	0.288
HBr	187.1	206.8	363.2	8.55	—
HCl	159.0	188.1	324.7	8.31	0.249
HF	190.0	293.0	461.0	6.48	0.117
HI	222.4	237.6	424.0	8.31	—
H_2	14.0	20.3	33.0	1.29	0.303
H_2O	273.2	373.2	647.3	22.12	0.235
H_2S	189.6	213.5	373.2	8.94	0.284
NH_3	195.4	239.8	405.5	11.35	0.244
He	—	4.25	5.19	0.227	0.302
I_2	386.8	457.5	819.0	—	—
Kr	115.8	119.9	209.4	5.50	0.288
NO	109.5	121.4	180.0	6.48	0.250
NO_2	261.9	294.3	431.0	10.1	0.473
N_2	63.3	77.4	126.2	3.39	0.290
N_2O	182.3	184.7	309.6	7.24	0.274
O_2	54.4	90.2	154.6	5.04	0.288
SO_2	197.7	263.2	430.8	7.88	0.269
O_3	80.5	181.2	261.1	5.57	0.228
SO_3	290.0	318.0	491.0	8.21	0.256

(2) 有機物質

物質		融点 T_m/K	沸点 T_b/K	臨界温度 T_c/K	臨界圧力 P_c/MPa	臨界圧縮係数 Z_c/―
ギ酸	CH_2O_2	281.5	373.8	580.0	―	―
ホルムアルデヒド	CH_2O_2	156.0	254.0	408.0	6.59	―
メタン	CH_4	90.7	111.6	190.4	4.60	0.288
メタノール	CH_4O	175.5	337.7	512.6	8.09	0.224
アセチレン	C_2H_2	―	188.4	308.3	6.14	0.270
エチレン	C_2H_4	104.0	169.3	282.4	5.04	0.280
アセトアルデヒド	C_2H_4O	150.2	294.0	461.0	5.57	0.220
エチレンオキサイド	C_2H_4O	161.0	283.7	469.0	7.19	0.259
酢酸	$C_2H_4O_2$	289.8	391.1	592.7	5.79	0.201
エタン	C_2H_6	89.9	184.6	305.4	4.88	0.285
エタノール	C_2H_6O	159.1	351.4	513.9	6.14	0.240
エチレングリコール	$C_2H_6O_2$	260.2	470.5	645.0	7.70	―
プロピレン	C_3H_6	87.9	225.5	364.9	4.60	0.274
アセトン	C_3H_6O	178.2	329.2	508.1	4.70	0.232
プロパン	C_3H_8	85.5	231.1	369.8	4.25	0.281
1-ブテン	C_4H_8	87.8	266.9	419.6	4.02	0.277
cis-2-ブテン	C_4H_8	134.3	276.9	435.6	4.20	0.271
trans-2-ブテン	C_4H_8	167.6	274.0	428.6	3.99	0.266
イソブタン	C_4H_{10}	113.6	261.4	408.2	3.65	0.283
n-ブタン	C_4H_{10}	134.8	272.7	425.2	3.80	0.274
1-ペンテン	C_5H_{10}	107.9	303.1	464.8	3.53	0.31
n-ペンタン	C_5H_{12}	143.4	309.2	469.7	3.37	0.263
ベンゼン	C_6H_6	278.7	353.2	562.2	4.89	0.271
1-ヘキセン	C_6H_{12}	133.3	336.6	504.0	3.17	0.260
n-ヘキサン	C_6H_{14}	177.8	341.9	507.5	3.01	0.264
トルエン	C_7H_8	178.0	383.8	591.8	4.10	0.263
ヘプタン	C_7H_{16}	182.6	371.6	540.3	2.74	0.263
スチレン	C_8H_8	242.5	418.3	647.0	3.99	―
エチルベンゼン	C_8H_{10}	178.2	409.3	617.2	3.60	0.262
n-オクタン	C_8H_{18}	216.4	398.8	568.8	2.49	0.259

Robert, C. B., J. M. Prausnitz and B. E. Poling: The Properties of Gases and Liquids, 4th ed., McGraw-Hill (1987) より抜粋。

5. 一般化された圧縮因子図

　Z_c が 0.27 の物質では，P_c, T_c を知って，温度 T ($T_r = T/T_c$)，圧力 P ($P_r = P/P_c$) における圧縮因子 Z は図 A5・1 よりただちに求まる。Z_c が 0.27 以外の物質では，まず図 A5・1 および図 A5・2 で $Z_c = 0.27$ における圧縮因子 $Z_{0.27}$ を求める。次に補正因子 D を図 A5・3 で求めると，圧縮因子 Z は次式で与えられる。

$$Z = Z_{0.27} + D(Z_c - 0.27)$$

なお $T_r > 3$ 以上は次の表 A5・1 を利用する。

[計算例]　$NH_3(g)$ ($Z_c = 0.244$, $T_c = 405.5$ K, $P_c = 1.135$ MPa) の温度 673 K，圧力 5 MPa における圧縮因子とモル体積を求めよ。

$$T_r = 673/405.5 = 1.66, \quad P_r = 5/1.135 = 4.40$$

図 A5・1 より，$Z_{0.27} = 0.88$，図 A5・3 より (外挿して) $D = 0.02$

$$Z = Z_{0.27} + D(Z_c - 0.27) = 0.88 + 0.02(0.244 - 0.27) = 0.88$$

モル体積は

$$V_m = ZRT/P = 0.88 \times 8.3145 \times 673/5 \times 10^6 = 9.85 \times 10^{-4} \, \text{m}^3$$

　参考までに理想気体法則で求めた値は

$$V_m = RT/P = 1.12 \times 10^{-3} \, \text{m}^3$$

表 A5・1　圧縮因子 Z
($T_r > 3$ 以上における値。Z_c の値にかかわりなく使用できる。)

T_r \ P_r	1.4	1.6	1.8	2.0	4.0	6.0	8.0	10.0	20.0	30.0
3.00	1.000	0.997	0.995	0.986	0.990	1.008	1.068	1.130	1.500	1.84
4.00	1.000	1.000	0.997	0.992	1.000	1.014	1.065	1.120	1.400	1.66
6.00	1.004	1.003	1.000	1.000	1.013	1.024	1.064	1.100	1.300	1.50
8.00	1.008	1.008	1.005	1.005	1.016	1.030	1.063	1.085	1.250	1.40
10.00	1.010	1.010	1.008	1.010	1.020	1.035	1.062	1.080	1.185	1.30
15.00	1.020	1.020	1.020	1.020	1.030	1.045	1.061	1.070	1.140	1.20

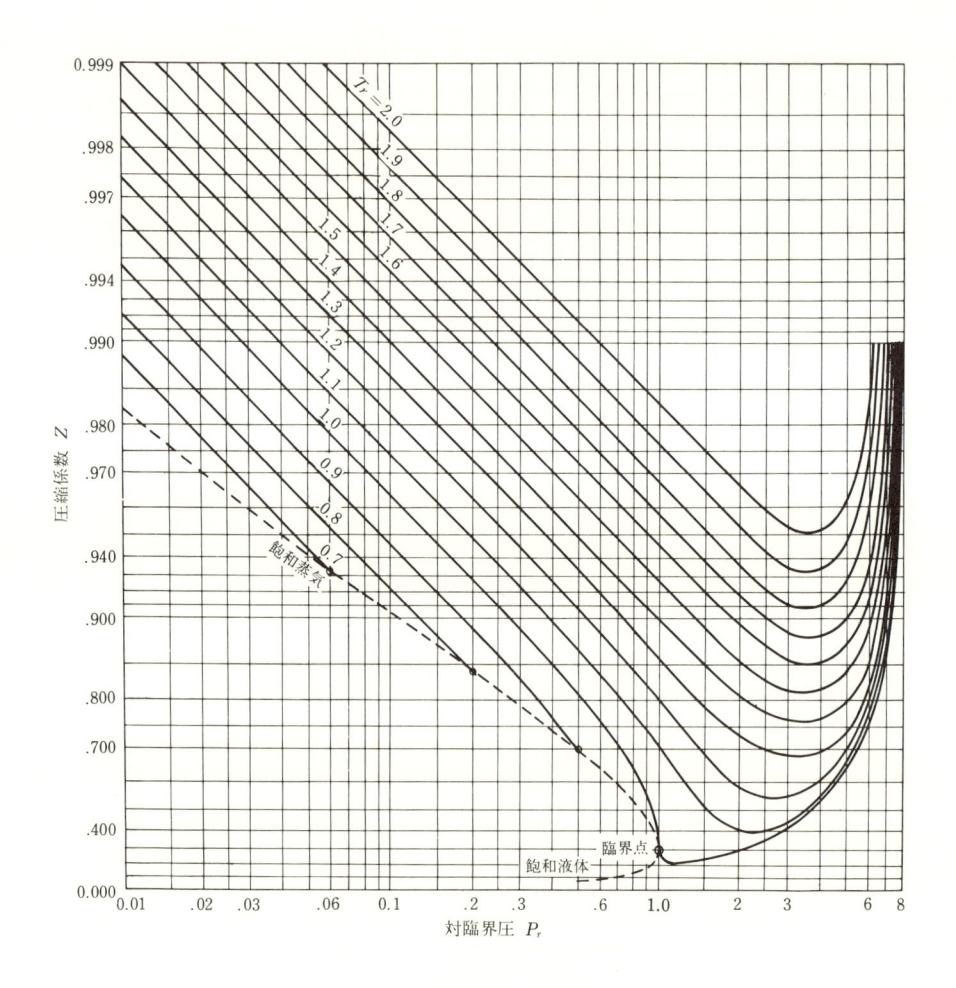

図 **A5・1**　気体の一般化された Z 線図 $(Z_c = 0.27)$ (1)

付　録

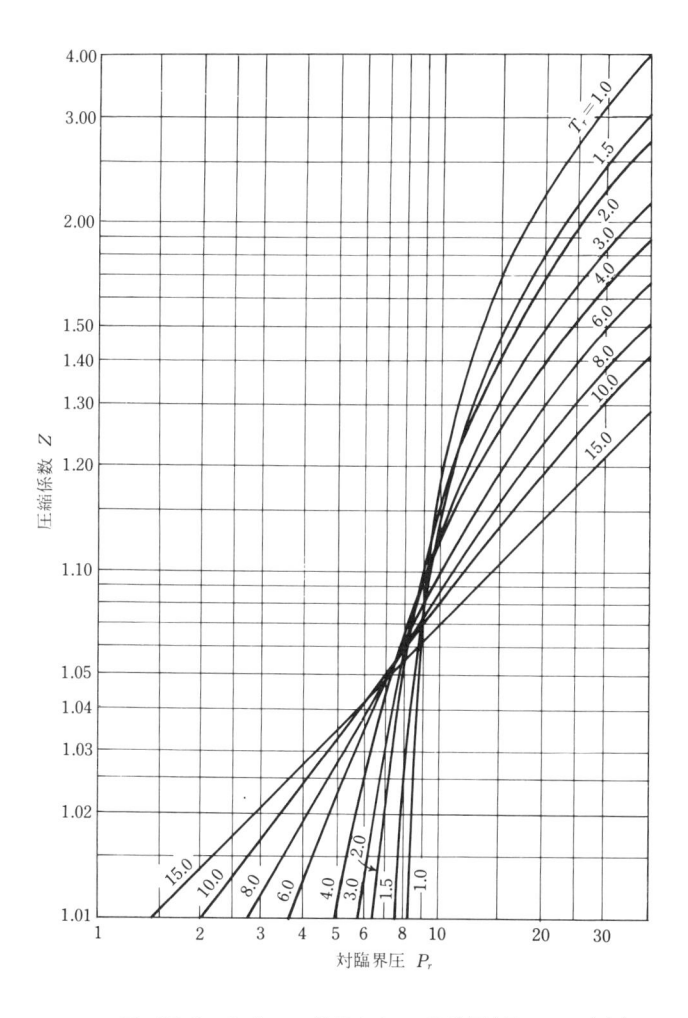

図 **A5・2**　気体の一般化された Z 線図 $(Z_c = 0.27)(2)$

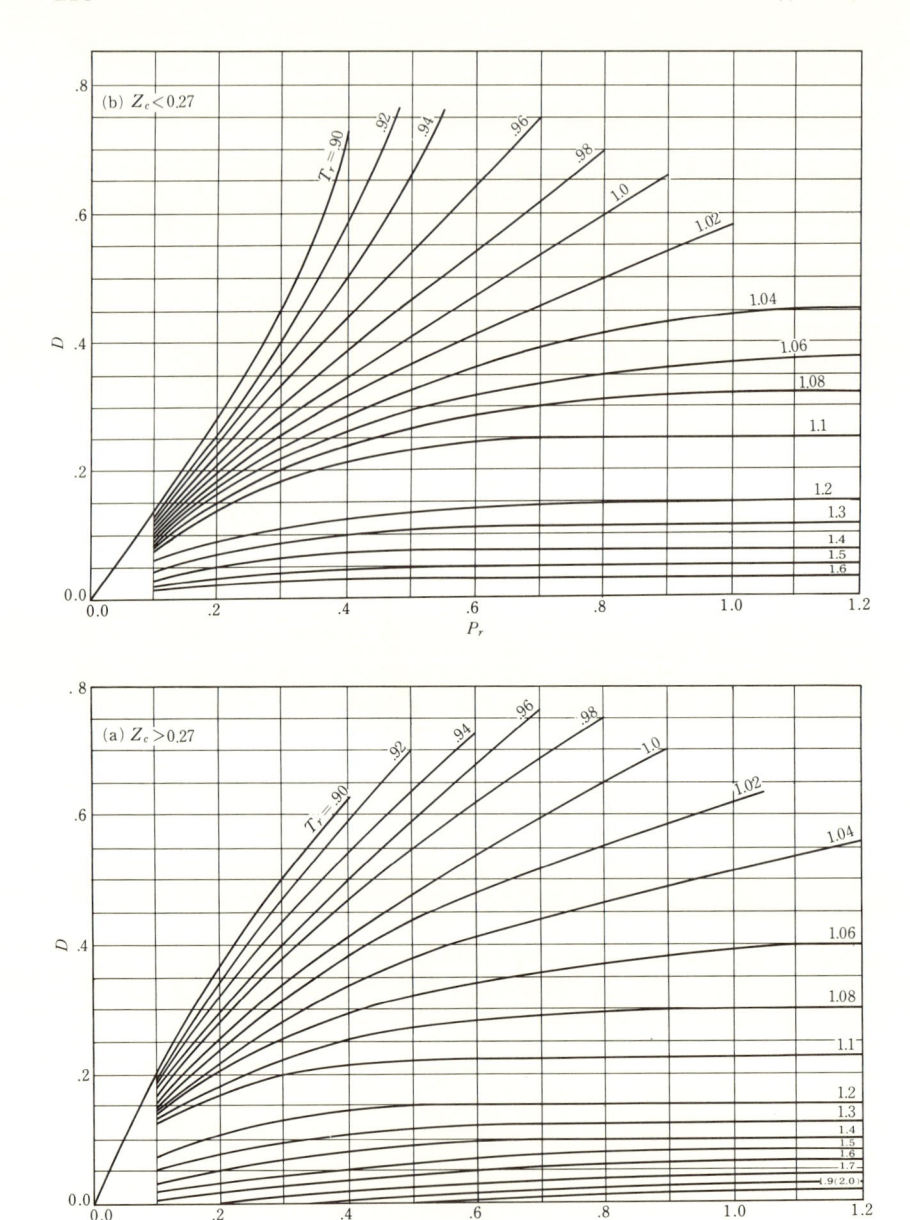

$$Z = Z_{0.27} + D(Z_c - 0.27)$$

図 **A5・3**　一般化 Z の補正因子 D

6. 一般化されたフガシチー係数図

　Z_c が 0.27 の物質では，P_c，T_c を知って，温度 T ($T_r = T/T_c$)，圧力 P ($P_r = P/P_c$) におけるフガシチー係数 $\phi = f/P$ は図 A6·1 よりただちに求まる。Z_c が 0.27 以外の物質では，まず図 A6·1 で $Z_c = 0.27$ におけるフガシチー係数 $(f/P)_{0.27}$ を求める。次に補正因子 D を図 A6·2 で求めると，フガシチー係数 (f/P) は次式で与えられる。

$$(f/P) = (f/P)_{0.27} \times 10^{D(Z_c - 0.27)}$$

なお $T_r > 3$ 以上は次の表 A6·1 を利用する。

[計算例]　$NH_3(g)$ ($Z_c = 0.244$，$T_c = 405.5$ K，$P_c = 1.135$ MPa) の温度 673 K，圧力 5 MPa におけるフガシチー係数とフガシチーを求めよ。

$$T_r = 673/405.5 = 1.66, \quad P_r = 5/1.135 = 4.40$$

図 A6·1 より $(f/P)_{0.27} = 0.825$，図 A6·2 より (補外して) $D = -0.02$
したがって

$$(f/P) = 0.825 \times 10^{-0.02(0.244 - 0.27)} = 0.824$$
$$\therefore \quad f = 0.824 \times 5 = 4.12 \text{ MPa}$$

表 A6·1　フガシチー係数 f/P
($T_r > 3$ 以上における値。Z_c の値にかかわりなく使用できる。)

T_r \ P_r	1.4	1.6	1.8	2.0	4.0	6.0	8.0	10.0	20.0	30.0
3.00	1.000	1.000	1.000	0.999	0.989	0.986	0.994	1.016	1.242	1.621
4.00	1.000	1.000	1.000	1.000	0.991	0.989	0.999	1.019	1.204	1.476
6.00	1.000	1.000	1.000	1.000	0.996	0.995	1.005	1.024	1.171	1.372
8.00	1.000	1.000	1.000	1.001	1.001	1.001	1.010	1.027	1.148	1.306
10.00	1.000	1.000	1.003	1.003	1.003	1.004	1.015	1.031	1.124	1.224
15.00	1.000	1.000	1.006	1.008	1.025	1.042	1.057	1.071	1.145	1.220

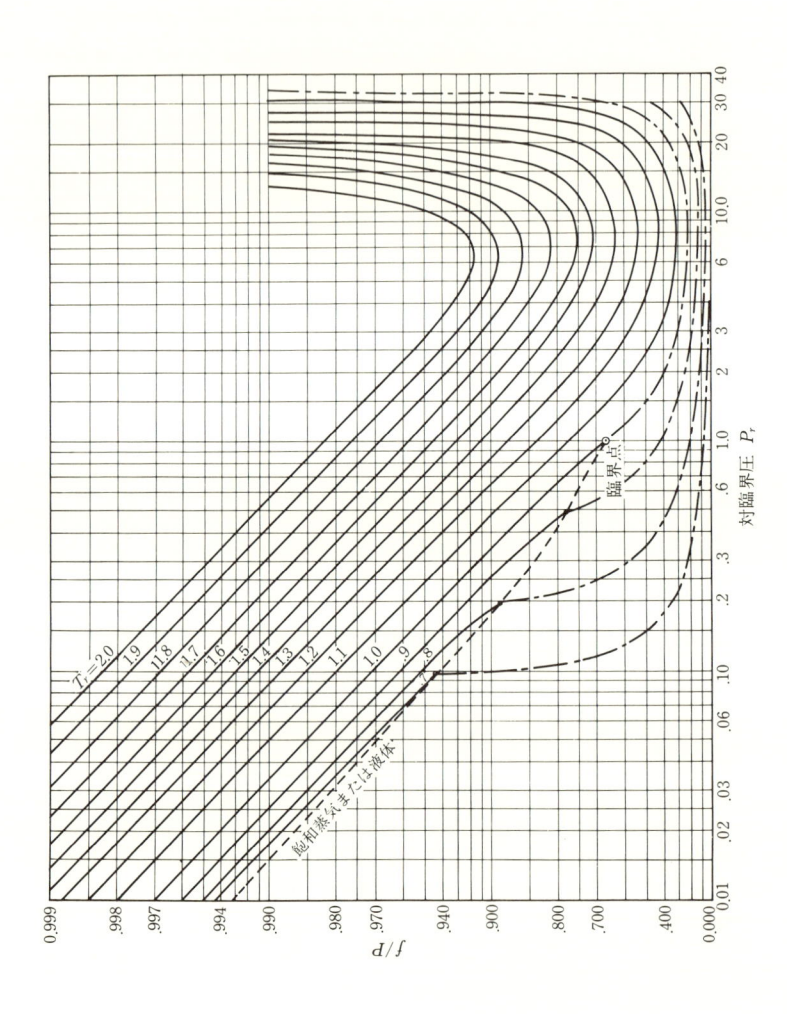

図 **A6・1** 気体および液体の一般化されたフガシチー線図 ($Z_c = 0.27$)

付　録　　　　　　　　　　　　　　　　　　　　　　221

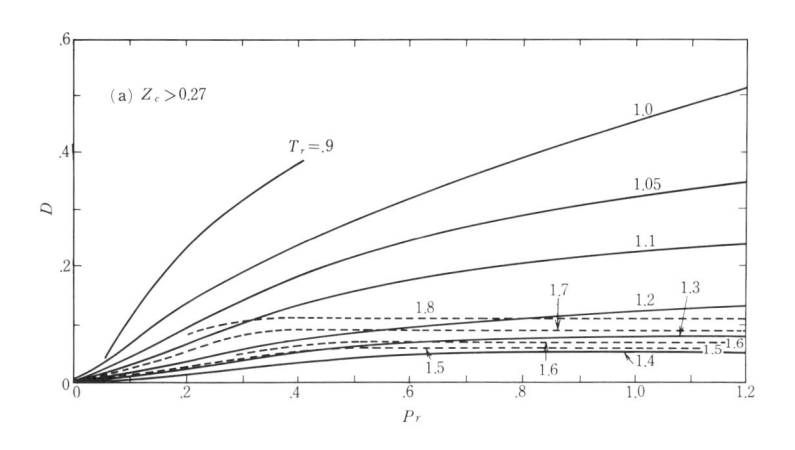

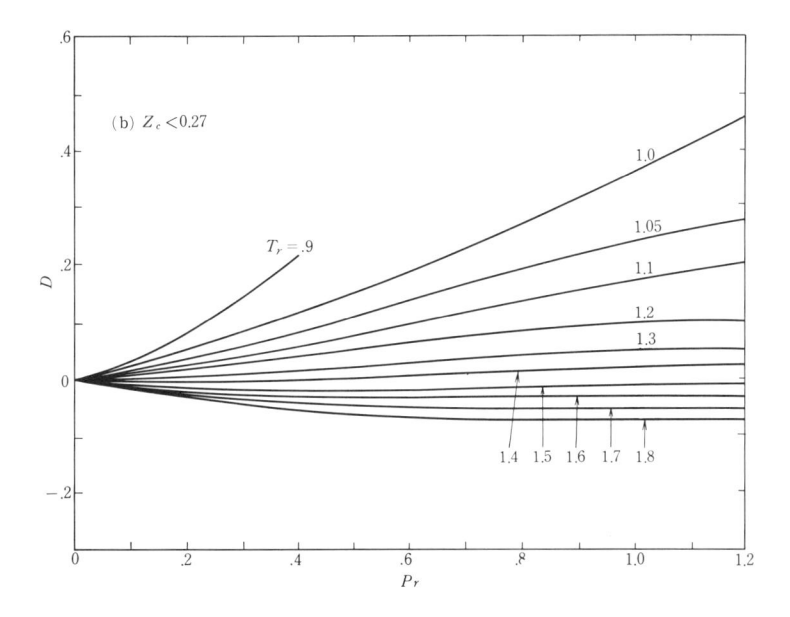

(a) $Z_c > 0.27$

(b) $Z_c < 0.27$

$$f/P = (f/P)_{0.27} \times 10^{D(Z_c - 0.27)}$$

図 **A6·2**　一般化 f/P の補正因子 D

7A. カルノーサイクル

カルノーサイクルは，1824年フランスの物理学者カルノー(N. L. S. Carnot)によって提案された，熱を仕事に変換するエンジンのサイクルである。カルノーサイクルは二つの定温可逆過程と二つの断熱可逆過程より成りエンジンの作業流体には理想気体が用いられる。

図A7·1の図aおよびbを参照しカルノーサイクルの構成は次のようである。

1. 定温膨張($A \to B$)。系である作業流体は温度 $T_1 =$ 一定で高熱源より熱 q_1 を可逆的にもらって定温膨張し可逆的仕事をする。
2. 断熱膨張($B \to C$)。系はさらに付加的に断熱膨張し可逆的仕事をして，系の温度は T_1 から T_2 まで下がる。
3. 定温圧縮($C \to D$)。系は $T_2 =$ 一定で熱 q_2 を可逆的にすて定温圧縮される。
4. 断熱圧縮($D \to A$)。系はさらに可逆的に断熱圧縮され系の温度は T_1 から T_2 へ上昇し元の状態にもどりサイクルを完成する。

さて理想気体の定温過程ではジュールの法則により内部エネルギー変化は0であり，式(2·25)より系がもらった熱は系の可逆的な膨張仕事である。

$$q_T = -w_T = nRT \ln \frac{V_2}{V_1}$$

また断熱過程では $q=0$ であり，式(2·26)より系の内部エネルギーの減少にともなって系は可逆的仕事をする。

$$-w_T = -\varDelta U = -C_V(T_2 - T_1)$$

1から4までの各過程に第一法則を適用すると

1. $A \to B$　　$-w_{AB} = q_1 = nRT_1 \ln \dfrac{V_B}{V_A}$　　　　　(1·a)
2. $B \to C$　　$-w_{BC} = -\varDelta U_{BC} = -C_V(T_2 - T_1)$　　　　　(1·b)
3. $C \to D$　　$+w_{CD} = -q_2 = -nRT_2 \ln \dfrac{V_D}{V_C}$　　　　　(1·c)
4. $D \to A$　　$w_{DA} = \varDelta U_{DA} = C_V(T_1 - T_2)$　　　　　(1·d)

カルノーサイクルでなされた全仕事を $-w$ とすると

$$\begin{aligned}-w &= (-w_{AB}) + (-w_{BC}) - (+w_{CD}) - (+w_{DA}) \\ &= -[w_{AB} + w_{BC} + w_{CD} + w_{DA}]\end{aligned} \quad (2)$$

全仕事 $-w$ は図bの面積ABCDで与えられる。また，サイクル変化では内部

付　録

エネルギー変化は 0 となるので，カルノーサイクルでは第一法則は次式で表される。

$$-w = q_1 + q_2 \tag{3}$$

さてカルノーサイクルに加えられた熱 q_1 でカルノーサイクルがなした全仕事 $(-w)$ を割った値はカルノーサイクルの効率 η という。

$$\eta = \frac{-w}{q_1} = \frac{q_1 + q_2}{q_1} \tag{4}$$

次にこの効率がどのような熱力学量で表されるかを考える。理想気体の断熱過程では式 (2・34) より次式が成立する。

$$TV^{\gamma-1} = K''(\text{一定})$$

したがって断熱過程 2.(B→C)，4.(D→A) について

$$T_1 V_B^{\gamma-1} = T_2 V_C^{\gamma-1} \quad \text{および} \quad T_2 V_D^{\gamma-1} = T_1 V_A^{\gamma-1} \tag{5}$$

これより

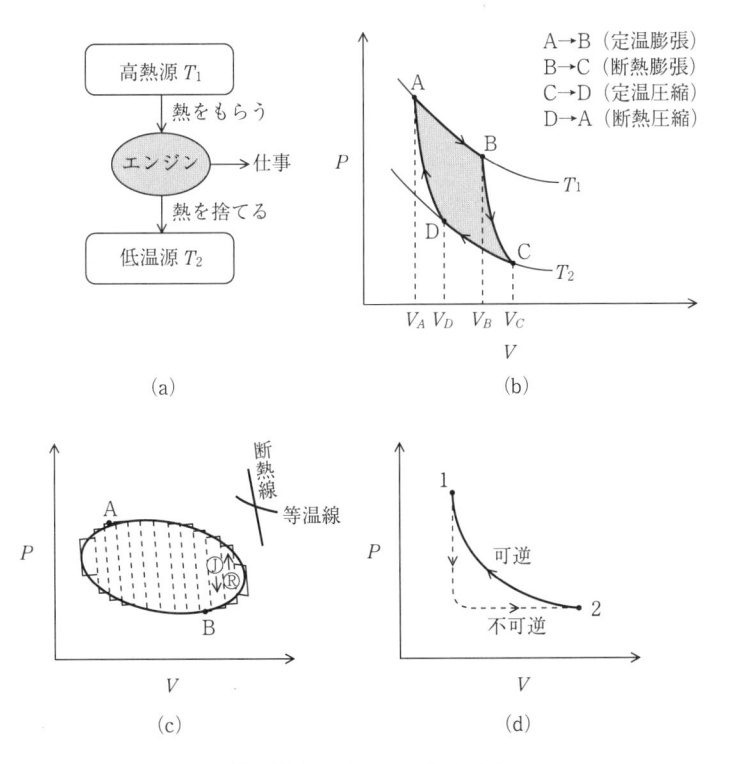

図 **A7・1**　カルノーサイクル

$$\frac{V_B}{V_C} = \frac{V_A}{V_D} \quad \therefore \quad \frac{V_B}{V_A} = \frac{V_C}{V_D} \tag{6}$$

式(1・a)および(1・c)と式(6)を用いると効率は次式で表される。

$$\eta = \frac{-w}{q_1} = \frac{q_1 + q_2}{q_1} = \frac{T_1 - T_2}{T_1} \tag{7}$$

式(7)はカルノーサイクルについての最も重要な式であり「カルノーサイクルの効率は高熱源と低熱減の温度だけで決められる」ことを表明する。このことは可逆過程でも熱は100%仕事に変換できないことを示す。ただし $T_2=0$ のときには $-w=q_1$ となる。

式(7)はエントロピー導入の基礎となる重要な式でもある。すなわち，式(7)より

$$1 + \frac{q_2}{q_1} = 1 - \frac{T_2}{T_1}$$

書き直すと

$$\frac{q_1}{T_1} + \frac{q_2}{T_2} = 0 \tag{8}$$

式(8)は作業流体である理想気体を可逆的にサイクル変化させたとき q/T の総和は0となることを示す。このことをあらためて次のように書いておく。

$$\sum_{\text{サイクル}} \frac{q}{T} = 0 \tag{9}$$

カルノーサイクルは，定温変化と断熱変化よりなるので特別な状態変化と考えられがちである。しかし，図cに示す任意のサイクル変化（A → B → A）も多数の等温線（$PV=$一定）と多数の断熱線（$PV^\gamma=$一定）を引くことにより，定温変化と断熱変化で構成される多数の小カルノーサイクルに分けることができる。この場合，となり合う二つの小カルノーサイクル，例えば R, J については上向きの断熱線 $\overrightarrow{JK}$ と下向きの断熱線 $\overrightarrow{JK}$ は相互に打ち消しあうことになる。したがって，すべての小カルノーサイクルの和は任意のサイクル変化を近似的に表すことになる。小カルノーサイクルはいくらでも細分化できるので，微分的大きさに細分化した小カルノーサイクルは任意のサイクル変化を完全に表すのである。いま，微分的に細分化した小カルノーサイクルで温度 T の等温線で可逆的に吸収された熱を $dq_\text{可逆}$ とすると，サイクル変化では

$$\sum_{\text{サイクル}} \frac{dq_\text{可逆}}{T} = \oint \frac{dq_\text{可逆}}{T} = 0 \tag{10}$$

ここで，エントロピー S を次式で定義すると

$$ds = \frac{dq_\text{可逆}}{T} \tag{11}$$

付　録

式(10)は次のようになり

$$\oint ds = \oint \frac{dq_{可逆}}{T} = 0 \tag{12}$$

エントロピーは状態量であることが明らかになる。

　次に不可逆過程とエントロピーについてであるが，不可逆過程は無効エネルギーを生じるので不可逆カルノーサイクルの効率 $\eta_{不可逆}$ は，可逆カルノーサイクルの効率 $\eta_{可逆}$ より小さいことがわかっている。すなわち，

$$\frac{q_1 + q_2}{q_1} < \frac{T_1 - T_2}{T_1} \tag{13}$$

これより

$$\frac{q_1}{T_1} + \frac{q_2}{T_2} < 0 \quad (不可逆過程) \tag{14}$$

したがって，サイクル変化を可逆過程で行ったときの式(10)に対して不可逆過程では次式が与えられる。

$$\oint \frac{dq}{T} < 0 \quad (不可逆過程) \tag{15}$$

さて図dを参照し，サイクル変化としてまず状態1から2へ系を不可逆的に変化させ，次に状態2から1へ可逆的に変化させる場合を考える。全体は不可逆過程であるから，このサイクル変化に対して，式(15)は次にように書くことができる。

$$\underbrace{\oint \frac{dq}{T}}_{不可逆} = \underbrace{\int_1^2 \frac{dq}{T}}_{不可逆} + \underbrace{\int_2^1 \frac{dq}{T}}_{可逆} < 0 \tag{16}$$

エントロピーは可逆過程で定義されるので，可逆過程での状態1から2へのエントロピー変化を ΔS とすると

$$\Delta S = S_2 - S_1 = \int_1^2 \frac{dq_{可逆}}{T} = -\int_2^1 \frac{dq_{可逆}}{T} \tag{17}$$

式(16)は式(17)を用いると次のようになる。

$$\int_1^2 \frac{dq_{不可逆}}{T} < \Delta S \quad (不可逆過程) \tag{18}$$

あるいは微分形では次式となる。

$$ds > \frac{dq_{不可逆}}{T} \quad (不可逆過程) \tag{19}$$

すなわち，不可逆過程では系のエントロピー変化 ds は系に加えられた熱 $dq_{不可逆}$ を温度 T で割った $dq_{不可逆}/T$ より大きい。式(19)は3章の式(3・12)すなわち，クラジウスの不程式である。

7B. 不可逆過程での仕事の損失は全エントロピー増加によって起こる

序章で可逆過程と不可逆過程を説明し，可逆過程ではエネルギーの全てが有効に使われるのに対して，不可逆過程では無効となるエネルギーが生ずることを指摘した。そして具体的に系が外界になす可逆仕事$(-w_{可逆})$は常に不可逆仕事$(-w_{不可逆})$より大きく，次の式(1・6)が成立し

$$(-w_{可逆}) > (-w_{不可逆}) \quad (1)$$

可逆仕事が最大であることを確かめた。なぜ不可逆過程では有効に用いられない仕事の損失が起こるのであろうか。この問題は全エントロピー増大則と深くかかわっている。

不可逆過程で失われる仕事の損失は損失仕事(lost work)といわれ，系が外界に仕事をする場合には可逆仕事は最大であるので次式で定義される。

$$w_{lost} = (-w_{可逆}) - (-w_{不可逆}) \quad (2)$$

ここに損失仕事 w_{lost} は必ず正である。

さて系のエントロピー変化 $\Delta S_{系}$ は(式(3・3)と(3・12)より)熱 q が系に流入する境界面の温度を T とし次式で表される。

$$\Delta S \geq \frac{q}{T} \quad (3)$$

ただし，等号は可逆，不等号は不可逆過程である。不可逆過程で系内に生成する不可逆エントロピーを $S_{生成(系)}$ とすると(生成するので必ず $S_{生成}>0$)式(3)は等号を用いて次式で表される。

$$\underbrace{\Delta S_{系}}_{\text{エントロピー変化}} = \underbrace{\frac{q}{T}}_{\text{移動エントロピー}} + \underbrace{S_{生成(系)}}_{\text{不可逆エントロピー}} \quad (4)$$

式(4)を利用するとき問題となることは，熱 q が流入する境界面の温度 T が常にわかるとは限らないことである。熱 q に関して容易にわかるのは，系がおかれている外界の温度 T_0(たとえば大気温度で一定とみなされる)である。そこで，外界の温度 T_0(一定)を考慮して系のエントロピー変化を表してみよう。そのために q/T を次のように変形する。

$$\frac{q}{T} = \frac{q}{T_0} + \left(\frac{q}{T} - \frac{q}{T_0}\right) \quad (5)$$

右辺の $q(1/T - 1/T_0)$ は，外界において T_0 と T の温度差で熱 q が移動したときの不可逆エントロピーであり，外界で生成する不可逆エントロピー $S_{生成(外界)}$ である。

付　録

$$\left(\frac{q}{T}-\frac{q}{T_0}\right)=q\left(\frac{T_0-T}{TT_0}\right)=S_{\text{生成(外界)}} \qquad (6)$$

ここに $T_0>T$ のとき熱は外界から系へ流れ，系が外界からもらう熱 q は正である。また，$T>T_0$ のとき熱は系から外界へ流れ系が失う熱は負であるので，不可逆エントロピー $S_{\text{生成(外界)}}$ は必ず正である。

式(5)は式(6)を用いると

$$\frac{q}{T}=\frac{q}{T_0}+S_{\text{生成(外界)}} \qquad (7)$$

次に，式(7)を式(4)へ代入すると，系のエントロピー変化は次のように表される。

$$\Delta S_{\text{系}}=\frac{q}{T_0}+S_{\text{生成(系)}}+S_{\text{生成(外界)}}=\frac{q}{T_0}+S_{\text{生成(全)}} \qquad (8)$$

ただし $S_{\text{生成(全)}}$ は系および外界で生成する不可逆エントロピーの和である。

$$S_{\text{生成(全)}}=S_{\text{生成(系)}}+S_{\text{生成(外界)}} \qquad (9)$$

式(8)より

$$S_{\text{生成(全)}}=\Delta S_{\text{系}}-\frac{q}{T_0} \qquad (10)$$

特に，孤立系を考えると $q=0$ であり，このとき系は孤立系となるので

$$S_{\text{生成(全)}}=\Delta S_{\text{孤立系}} \qquad (11)$$
$$=\Delta S_{\text{系}}+\Delta S_{\text{周囲}}=\Delta S_{\text{全}}$$

すなわち，$S_{\text{生成(全)}}$ は全エントロピー増加 $\Delta S_{\text{全}}$ にほかならない。

次に式(10)を q について解くと

$$q=T_0\Delta S_{\text{系}}-T_0 S_{\text{生成(全)}} \quad (\text{不可逆過程}) \qquad (12)$$

さて第一法則 $\Delta U=q+w$ より，系が外界になす仕事 $(-w)$ は

$$(-w)=q-\Delta U \qquad (13)$$

ここに系も外界も可逆である完全な可逆過程では $S_{\text{生成(全)}}=0$ であるから式(12)を式(13)に代入して

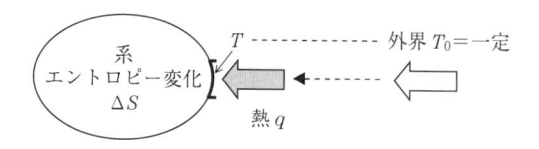

図 **A7·2**　不可逆過程での仕事の損失は全エントロピー増加によって起こる

$$(-w_{可逆}) = T_0 \Delta S_系 - \Delta U \qquad (可逆過程) \qquad (14)$$

一方，不可逆過程では $S_{生成(全)} > 0$ であり式(12)を式(13)に代入して

$$(-w_{不可逆}) = T_0 \Delta S_系 - T_0 S_{生成(全)} - \Delta U \qquad (不可逆過程) \qquad (15)$$

式(14)と式(15)を式(2)に代入すると損失仕事は次式で与えられる。

$$w_{lost} = T_0 S_{生成(全)} \qquad (16)$$

あるいは

$$w_{lost} = T_0 \Delta S_全 \qquad (17)$$

すなわち，不可逆過程で失われる損失仕事は全エントロピー増加によって与えられるのである。可逆過程では $\Delta S_全 = 0$ であるから $w_{lost} = 0$ で損失仕事はない。式(17)はグイ-ストドラの原理(Gouy-Stodola theorem)[注]として知られている。この原理はプロセスで全エントロピー増加が大きいほど(あらゆる変化は $\Delta S_全 > 0$ でないと起きない)損失仕事が大きくなることを示し，化学プロセスの省エネルギー解析を行うための基礎式として重要である。

注）・Gouy, G., "Sur l'energie utilisable", *Jounal de physique 8* (2 nd series), p. 501-518 (1889).
　　・Stodola, A., "Die kreisprozesse der Gasmachinen", 2, *Ver dt, Ing.*, 42, p. 1088(1898).

7C. 二成分系の活量係数式

実在溶液中の成分 i の活量係数 γ_i は理想溶液からのずれを示し（理想溶液では $\gamma_i=1$），低圧下では次式で与えられる。
$$\gamma_i = Py_i/P_i^* x_i$$
$T=$一定（または $P=$一定）の系では γ_i は液組成の関数である。活量係数（理論的にあつかうときには対数をとり $\ln \gamma_i$ を用いる）を液組成の関数として表す式を活量係数式という。

現在までに提案されている活量係数式はすべて半理論式である。活量係数式の導出は熱力学的に興味深いが，ここでは導出された結果の式だけを示す。

ひろく知られている活量係数式は

　　　　　　　Margules（マーギュレス）の式，

　　　　　van Laar（ファン・ラール）の式

1964 年に提案され二成分系から多成分系が予知できる最初の式である

　　　　　　　Wilson（ウィルソン）の式

ただしこの式は均一溶液だけにかぎられ，部分溶解系には適用できない。そこで完全溶解系だけでなく部分溶解系にも適用できる

　　　　　NRTL（Non Random Two-Liquid の略）式

などである。

正則溶液の式　　$\ln \gamma_1 = A x_2^2$
　　　　　　　$\ln \gamma_2 = A x_1^2$

Margules の式　$\ln \gamma_1 = x_2^2 [A + 2(B-A)x_1]$
　　　　　　　$\ln \gamma_2 = x_1^2 [B + 2(A-B)x_2]$

van Laar の式　$\ln \gamma_1 = \dfrac{A}{\left(1 + \dfrac{A}{B} \cdot \dfrac{x_1}{x_2}\right)^2}, \quad \ln \gamma_2 = \dfrac{B}{\left(1 + \dfrac{B}{A} \cdot \dfrac{x_2}{x_1}\right)^2}$

Wilson の式　　$\ln \gamma_1 = -\ln(x_1 + \Lambda_{12} x_2) + x_2 \left[\dfrac{\Lambda_{12}}{x_1 + \Lambda_{12} x_2} - \dfrac{\Lambda_{21}}{\Lambda_{21} x_1 + x_2} \right]$

　　　　　　　$\ln \gamma_2 = -\ln(\Lambda_{21} x_1 + x_2) - x_1 \left[\dfrac{\Lambda_{12}}{x_1 + \Lambda_{12} x_2} - \dfrac{\Lambda_{21}}{\Lambda_{21} x_1 + x_2} \right]$

　　　　　　　$\Lambda_{12} = \dfrac{V_{m,2}^l}{V_{m,1}^l} \exp\left[-\dfrac{A}{RT}\right], \quad \Lambda_{21} = \dfrac{V_{m,1}^l}{V_{m,2}^l} \exp\left[-\dfrac{B}{RT}\right]$

NRTL(<u>N</u>on <u>R</u>andom <u>T</u>wo-<u>L</u>iquid)式

$$\ln \gamma_1 = x_2^2 \left[\tau_{21} \left(\frac{G_{21}}{x_1 + x_2 G_{21}} \right)^2 + \frac{\tau_{12} G_{12}}{(x_2 + x_1 G_{12})^2} \right]$$

$$\ln \gamma_2 = x_1^2 \left[\tau_{12} \left(\frac{G_{12}}{x_1 G_{12} + x_2} \right)^2 + \frac{\tau_{21} G_{21}}{(x_2 G_{21} + x_1)^2} \right]$$

$$G_{12} = \exp(-\alpha_{12} \tau_{12}), \qquad G_{21} = \exp(-\alpha_{12} \tau_{21})$$

$$\tau_{12} = \frac{B}{RT}, \qquad \tau_{21} = \frac{A}{RT}$$

これらの式は(正則溶液をのぞき)2個の二成分系定数 A および B(ただし NRTL 式の場合は α_{12} を含め3個の定数)を含んでいる。二成分系定数は二成分系の気液平衡実測値,すなわち γ_i の実測値を用いて決定する。Margules 式,van Laar 式の場合には $\ln \gamma_1$, $\ln \gamma_2$,あるいはモル過剰ギブスエネルギー $G_m^E/RT (= x_1 \ln \gamma_1 + x_2 \ln \gamma_2)$ と組成 x_1 との関係は線形であり

$$(G_m^E/RT)/x_1 x_2 = A + (B-A) x_1 \qquad \text{Margules}$$
$$(x_1 x_2)/(G_m^E/RT) = (1/A) + (1 + B - 1/A) x_1 \qquad \text{van Laar}$$

二成分系定数 A, B は最小二乗法で決定できる。これに対し Wilson, NRTL 式では二成分系定数はボルツマン因子 $\exp[-(\text{エネルギー})/RT]$ の形で含まれるので非線形であり,二成分系定数 A および B は非線型最小二乗法で決定する。

7D. 固液平衡式の導出

固液平衡の基準は,液相と固相中の成分の化学ポテンシャルが等しいことである。

$$\mu_i{}^l(液相) = \mu_i{}^s(固相) \quad (T=一定,\ P=一定) \quad (1)$$

実在溶液中の成分の化学ポテンシャルは式(7・29)より

$$\mu_i{}^l(液相) = \mu_i{}^{*l}(純液体\ i) + RT\ln\gamma_i x_i(液相) \quad (2)$$
$$(T=一定,\ P=一定)$$

$$\mu_i{}^s(固相) = \mu_i{}^{*s}(純固定) + RT\ln z_i \varGamma_i(固相) \quad (3)$$
$$(T=一定,\ P=一定)$$

ただし x_i と z_i は平衡にある液相と固相中の成分 i のモル分率,γ_i と $\varGamma_i$ は液相と固相中の成分 i の活量係数である。

式(2),(3)を式(1)へ代入すると成分 i の固液平衡は次式で与えられる。

$$RT\ln\frac{\varGamma_i z_i}{\gamma_i x_i} = \mu_i{}^{*l}(純液体\ i) - \mu_i{}^{*s}(純固体\ i) \quad (4\cdot a)$$

または

$$\frac{\varGamma_i z_i}{\gamma_i x_i} = \exp\frac{\mu_i{}^{*l}(純液体\ i) - \mu_i{}^{*s}(純固体\ i)}{RT} \quad (4\cdot b)$$

次に系の温度 T,圧力 P における純液体 i の化学ポテンシャル $\mu_i{}^{*l}(T,P)$ と純固体 i の化学ポテンシャル $\mu_i{}^{*s}(T,P)$ との差を求める。この差は圧力 P (一定)における純固体 i の融点を $T_{f,i}$ として,次の三過程での化学ポテンシャル変化の和で与えられる。

(a) 純固体 i を系の温度 T から $T_{f,i}$ へ冷却

(b) 融点 $T_{f,i}$ で純固体 i の純液体 i への融解

(c) 純液体 i の $T_{f,i}$ から T への加熱。

$$\mu_i{}^{*l}(T) - \mu_i{}^{*s}(T)$$
$$= \underbrace{[\mu_i{}^{*l}(T) - \mu_i{}^{*l}(T_{f,i})]}_{(c)} + \underbrace{[\mu_i{}^{*l}(T_{f,i}) - \mu_i{}^{*s}(T_{f,i})]}_{(b)} + \underbrace{[\mu_i{}^{*s}(T_{f,i}) - \mu_i{}^{*s}(T)]}_{(a)}$$
$$(P=一定) \quad (5)$$

$P=$一定で,温度による化学ポテンシャルの変化は式(4・20)より次式で表される。

$$d\mu_i = -S_{m,i}dT \quad (P=一定) \quad (6)$$

また相平衡の基準より,融点 $T_{f,i}$ では成分 i の液相と固相の化学ポテンシャ

ルは等しい．したがって

$$\mu_i^{*l}(T) - \mu_i^{*l}(T_{f,i}) = -\int_{T_{f,i}}^{T} S_{m,i}^{*l} dT \qquad (7)$$

$$\mu_i^{*l}(T_{f,i}) - \mu_i^{*s}(T_{f,i}) = 0 \qquad (8)$$

$$\mu_i^{*s}(T_{f,i}) - \mu_i^{*s}(T) = -\int_{T}^{T_{f,i}} S_{m,i}^{*s} dT \qquad (9)$$

式(7)，(8)，(9) を式(5)へ代入して

$$\mu_i^{*l}(T) - \mu_i^{*s}(T) = -\int_{T_{f,i}}^{T} (S_{m,i}^{*l} - S_{m,i}^{*s}) dT \qquad (P=一定) \quad (10)$$

さて式(10)右辺の積分項中のエントロピー差$(S_{m,i}^{*l} - S_{m,i}^{*s})$も式(5)と同様に次の三過程でのエントロピー変化の和に等しい．

$$\begin{aligned}S_{m,i}^{*l}(T) &- S_{m,i}^{*s}(T) \\ &= [S_{m,i}^{*l}(T) - S_{m,i}^{*l})T_{f,i}] + [S_{m,i}^{*l}(T_{f,i}) - S_{m,i}^{*s}(T_{f,i})] \\ &\quad + [S_{m,i}^{*s}(T_{f,i}) - S_{m,i}^{*s}(T)] \qquad (P=一定) \end{aligned} \qquad (11)$$

$P=$一定で温度によるエントロピー変化は式(3・16)より次式で与えられる．

$$\Delta S_p = \int_{T_1}^{T_2} \frac{C_P}{T} dT \qquad (P=一定) \quad (12)$$

また，融点 $T_{f,i}$ での融解エントロピー $\Delta_{fus} S_{m,i}$ は式(3・25)で与えられる．したがって

$$S_{m,i}^{*l}(T) - S_{m,i}^{*l}(T_{f,i}) = \int_{T_{f,i}}^{T} \frac{C_{P,m,i}^{*l}}{T} dT \qquad (13)$$

$$S_{m,i}^{*l}(T_{f,i}) - S_{m,i}^{*s}(T_{f,i}) = \frac{\Delta_{fus} H_{m,i}}{T_f} \qquad (14)$$

$$S_{m,i}^{*s}(T_{f,i}) - S_{m,i}^{*s}(T) = \int_{T}^{T_{f,i}} \frac{C_{P,m,i}^{*s}}{T} dT \qquad (15)$$

式(13)，(14)，(15)を式(11)へ代入すると

$$S_{m,i}^{*l} - S_{m,i}^{*s} = \int_{T_{f,i}}^{T} \frac{(C_{P,m,i}^{*l} - C_{P,m,i}^{*s})}{T} dT + \frac{\Delta_{fus} H_{m,i}}{T_{f,i}} \qquad (16)$$

ここで，$C_{p,m,i}^{*l}$，$C_{p,m,i}^{*s}$ を一定として上式の右辺を積分すると

$$S_{m,i}^{*l} - S_{m,i}^{*s} = (C_{P,m,i}^{*l} - C_{P,m,i}^{*s}) \ln \frac{T}{T_{f,i}} + \frac{\Delta_{fus} H_{m,i}}{T_{f,i}} \qquad (17)$$

式(17)を式(10)へ代入すると

$$\mu_i^{*l} - \mu_i^{*s} = \int_{T}^{T_{f,i}} \left[(C_{P,m,i}^{*l} - C_{P,m,i}^{*s}) \ln \frac{T}{T_{f,i}} + \frac{\Delta_{fus} H_{m,i}}{T_{f,i}} \right] dT \qquad (18)$$

これを $T_{f,i}$ および $\Delta_{fus} H_{m,i}$ を一定として積分し ($\int \ln T \, dT = T \ln T - T$) 両辺を RT で割ると結局，次式をえる．

付　録

$$\frac{\mu_i^{*l}-\mu_i^{*s}}{RT}$$
$$=\frac{\Delta_{fus}H_{m,i}}{R}\left(\frac{1}{T}-\frac{1}{T_{f,i}}\right)+\left(\frac{C_{P,m,i}^{*l}-C_{P,m,i}^{*s}}{R}\right)\left(1-\frac{T_{f,i}}{T}+\ln\frac{T_{f,i}}{T}\right) \tag{19}$$

純固体と純液体の定圧モル熱容量は等しいとして次式を用いることが多い。

$$\frac{\mu_i^{*l}-\mu_i^{*s}}{RT}=\frac{\Delta_{fus}H_{m,i}}{R}\left(\frac{1}{T}-\frac{1}{T_{f,i}}\right) \tag{20}$$

式(20)を式(4·b)へ代入すると固液平衡は次式で与えられる。

$$\frac{\Gamma_i z_i}{\gamma_i x_i}=\exp\left[\left(\frac{\Delta_{fus}H_{m,i}}{R}\right)\left(\frac{1}{T}-\frac{1}{T_{f,i}}\right)\right] \tag{21}$$

ここで固相が純固体の場合には $z_i=1$, $\Gamma_i=1$ であるから式(21)は次式となる。

$$\frac{1}{\gamma_i x_i}=\exp\left[\left(\frac{\Delta_{fus}H_{m,i}}{R}\right)\left(\frac{1}{T}-\frac{1}{T_{f,i}}\right)\right] \tag{22·a}$$

または

$$\gamma_i x_i=\exp\left[-\left(\frac{\Delta_{fus}H_{m,i}}{R}\right)\left(\frac{1}{T}-\frac{1}{T_{f,i}}\right)\right] \tag{22·b}$$

次に液相が理想溶液の場合には $\gamma_i=1$ であるから式(22·b)は次式となる。

$$x_i=\exp\left[-\left(\frac{\Delta_{fus}H_{m,i}}{R}\right)\left(\frac{1}{T}-\frac{1}{T_{f,i}}\right)\right] \tag{23}$$

索　引

あ　行

圧縮因子　99
位置エネルギー　11
一般化された圧縮因子図　101, 215
運動エネルギー　11
液体のフガシチー　108
エネルギー保存則　15
エンタルピー　19
　　——変化　22
エントロピー
　　——の定義　46, 47
　　——変化　47
　　——変化の計算式　51

か　行

外　界　2
火炎温度　40
化学反応のエントロピー変化　65
化学平衡　5, 168
　　——の基準　165
化学ポテンシャル　115, 116
可逆過程　5
　　——での体積変化の仕事　8
可逆仕事　8
可逆的な加熱と冷却　6
可逆的な膨張と圧縮　7
過剰化学ポテンシャル　146
過剰ギブスエネルギー　146

活　量　121
　　——係数　144
　　——係数式　191, 229
　　——による化学ポテンシャルの表現
　　　　式　152
過　程　5
下部臨界溶解温度　196
カルノーサイクル　45, 222
完全微分　16, 17
ギブスエネルギー　72
　　——の圧力による変化　76
　　——の温度による変化　75
　　——の判定基準　83
ギブス-デュエムの式　130
ギブスの相律　123
ギブス-ヘルムホルツの式　76
凝固点降下　155
　　——定数　157
共沸混合物　189
共融温度　202
共融組成　202
共融点　202
キルヒホッフの法則　37
均一液相反応の化学平衡　177
均一気相反応の化学平衡　172
クラウジウス-クラペイロンの式　90, 91
クラジウスの不等式　50

クラペイロンの式　90
系(物質)　2
　　——の状態　3
　　——の全エネルギー　12
結合エンタルピー　38
固液平衡の計算法　203
固体のフガシチー　108
孤立系　2
混合過程における状態量の変化　130
混合物中の成分のフガシチー　120
混合物中の成分の部分モル量　124
混合物中の成分 i のフガシチー　120
混合物の相平衡の基準　118
混合量　130

さ 行

三重点　83
C_P と C_V の関係　77
示強性質　3
仕　事　13
実在気体系の化学平衡　175
実在気体混合物　138
　　——中の成分 i の化学ポテンシャル　120
　　——中の成分 i のフガシチー　120
実在気体とフガシチーの導入　103
実在気体のフガシチーの求め方　105
実在溶液の化学ポテンシャル　145
実在溶液の気液平衡　189, 191
ジュールの法則　23
ジュール-トムソン係数　25
ジュール-トムソン効果　25
純粋固体と気体よりなる不均一反応　178
準静的過程　6
純物質　83
　　——の液固平衡　83
　　——の化学ポテンシャル　118
　　——の気液平衡　83

　　——の固液平衡　83
　　——の相図　83
　　——の二相間の平衡の基準　86
　　——のフガシチー　120
昇華エントロピー　55
昇華曲線　85, 94
状態変化　5
状態方程式　96
状態量　3
蒸発エントロピー　54
蒸発曲線　84, 90
上部臨界溶解温度　194
示量性質　3
浸　透　162
浸透圧　162
正則溶液　192
成分のフガシチーを用いた相平衡の基準　122
全エネルギー　12
相　図　83
相平衡　5, 83
相変化にともなうエントロピー変化　54
相律　122
束一的性質　164

た 行

第一法則と第二法則の結合式　74
対応状態の原理　101
体積変化の仕事　8
タイライン　185
多成分系多相平衡の基準　119
断熱過程　27, 52
超臨界流体領域　84
定圧過程　22, 29, 51
　　——のエントロピー変化　51
定圧気液平衡　183
定圧熱容量　20
定圧反応熱　30
定圧モル熱容量　207, 208

索　　引

定温過程　　27, 52
定温気液平衡　　184
定容過程　　23, 29, 51
　　　――のエントロピー変化　　51
定容熱容量　　20
定容反応熱　　30
等エントロピー過程　　52
閉じた系　　2
トルートンの規則　　55

な　行

内部エネルギー　　12
　　　――変化　　23
内部生成エントロピー　　50
二液相が形成される条件　　198
二液相の形成　　196
二成分系の液液平衡　　193
二成分系の固液平衡　　201
ネガティブ共沸混合物　　189
熱　　13
熱平衡　　5
熱容量　　20
熱力学の第一法則　　15
　　　――の表現式　　15, 16
熱力学の第三法則　　65
熱力学の第二法則　　46
　　　――の表現式　　46
燃　焼　　40

は　行

反応エンタルピー　　31
反応ギブスエネルギー　　166
反応進度　　166
　　　――による物質量と組成の表し方　　171
反応熱　　30
P-V-T 関係式　　96
比熱容量　　20
標準エントロピー　　65, 66, 209
標準状態　　31

標準生成エンタルピー　　34, 209
標準生成ギブスエネルギー　　78, 209
標準燃焼エンタルピー　　41
標準反応エンタルピー　　31
標準反応エントロピー　　66
　　　――の温度による変化　　67
標準反応ギブスエネルギー　　79, 167
　　　――の温度による変化　　80
開いた系　　2
ビリアル状態方程式　　99
ファン・デル・ワールス定数　　98
ファン・デル・ワールスの式　　97
ファント・ホッフの式　　163, 170
不可逆エントロピー　　50
不可逆過程　　6
　　　――とエントロピー　　49
不可逆仕事　　9
フガシチー　　101, 102, 103
　　　――係数　　105, 219
　　　――係数の求め方　　106
　　　――のラウールの法則　　140
　　　――は純物質の相平衡の基準　　107
沸点上昇　　159
　　　――定数　　161
部分モル量　　123
　　　――の求め方　　127
分圧のラウールの法則　　139
分子の位置エネルギー　　12
分子の運動エネルギー　　12
平均結合エンタルピー　　40
平　衡　　5
平衡状態　　5
平衡定数　　168
　　　――の温度による変化　　169
ヘスの法則　　33
ヘルムホルツエネルギー　　73
ヘンリーの法則　　149
ポジティブ共沸混合物　　189
ボルツマンの式　　57

ま 行

マクスウェルの関係式　74
モル熱容量　20
モル分率　114
モル濃度　114

や 行

融解エントロピー　55
融解(または凝固)曲線　85, 93
溶解エンタルピー　132

ら 行

力学的平衡　5
理想気体　96
　　——系の化学平衡　172
　　——混合物　136
　　——混合物の性質　137
　　——のエントロピー変化　52
　　——の混合エントロピー　64
　　——の C_P と C_V の関係　26
　　——のジュールの法則　23
　　——の状態変化　27
理想希薄溶液　149, 150
理想溶液
　　——の化学ポテンシャル　140
　　——の気液平衡　184, 185
　　——のラウールの法則　139, 186
理論火炎温度　41
臨界圧縮因子　101
臨界点　84

著者紹介

小 島 和 夫
(こじま かずお)

1927年 神奈川県半原に生れる
日本大学名誉教授
工学博士(1961年東京工業大学)

著 書

化学技術者のための熱力学(改訂版)
(1996年, 培風館)
エネルギーとエントロピーの法則
(1997年, 培風館)
プロセス設計のための相平衡
(1977年, 培風館)
ほか

Ⓒ 小 島 和 夫 2001

2001年11月13日 初 版 発 行
2014年 1月31日 初版第10刷発行

かいせつ 化学熱力学

著 者 小 島 和 夫
発行者 山 本 格
発行所 株式会社 培 風 館
東京都千代田区九段南4-3-12・郵便番号102-8260
電話(03)3262-5256(代表)・振替 00140-7-44725

中央印刷・牧 製本
PRINTED IN JAPAN

ISBN 978-4-563-04591-3 C3043